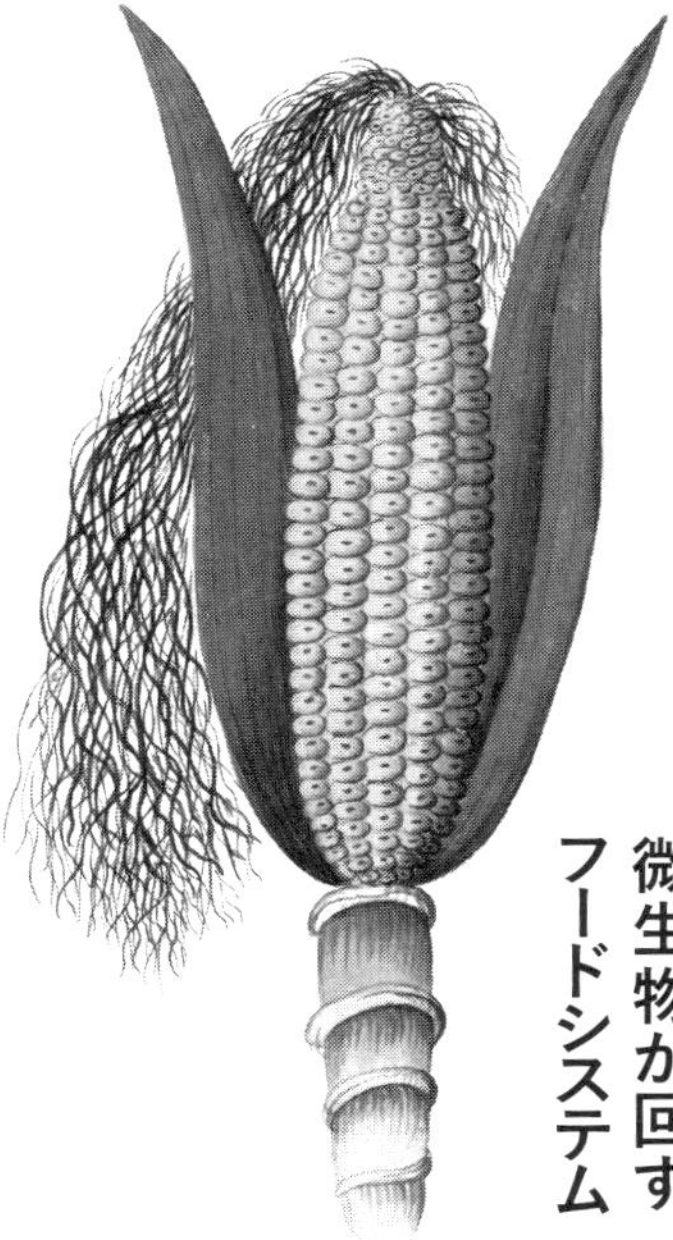

土と脂《あぶら》

微生物が回す
フードシステム

What Your Food Ate:
How to Heal Our Land and Reclaim Our Health
by David R. Montgomery, Anne Biklé

デイビッド・モントゴメリー＋アン・ビクレー 著
片岡夏実 訳

築地書館

土に生命を取り戻すために
打ち込んでいる
農家、科学者、食べる人々に

WHAT YOUR FOOD ATE
How to Heal Our Land and Reclaim Our Health

Japanese translation by Natsumi Kataoka
Published in Japan by Tsukiji-Shokan Publishing Co., Ltd., Tokyo

---

画像クレジット
P.33 iStock.com/w-ings P.107 Wikimedia Commons/W. Atlee Burpee Company P.193 Wikimedia Commons/John Frederick Herring P.293 Wikimedia Commons /Internet Archive Book Images

序章——「土壌の健康が食物の質に影響する」は本当か？

　ほとんどの人は友人や家族と食卓についたとき、土のことなど考えない。だが考えるべきなのだ。みんな、新鮮なモモが山盛りのしょっぱいポテトチップスより健康的であることを知っているが、健康に対するもう一つの側面は見失われがちだ。つまり、そのモモに何が含まれていて、どのようにしてそこまでやってきたのか——食べものをどう育てているのかだ。

　何を食べるべきだとか何を食べてはいけないとかいう扇情的な見出しが世の中にはあふれているが、普通の食料品店のニンジンは、私たちの曽祖母がその子どもたちに食べさせていたものより含まれる亜鉛が少ないとか、網の上でじゅうじゅうと音を立てている牛肉は、私たちの祖父母が子どものころ食べていたものより、たぶん鉄分がはるかに少ないことを、知る者はほとんどいない。栄養が減少しているという気がかりな報告は、果物や野菜から穀類、肉、乳製品まで、人間のあらゆる食物にわたっている。農業の将来をめぐる議論の中で聞こえてくるものは、主に有機農業と慣行農業〔化学肥料・農薬の使用、定期的な耕起を伴う農業〕の違いが中心だが、実際のところはそんな単純なものではない——そしてはるかに面白い。

　過去一世紀、農業慣行〔農業のやり方〕は、食事によって得ることのできる有益な成分の量を減らす方向に食べものを変えてきた。それは果物や野菜に含まれるがんを防ぐのに役立つものから、炎症を抑える肉や乳製品の脂肪にまでわたる。脂肪が身体にいいなどと聞いたこともない、植物由来のファイトケミカルが食事に足りないと健康に悪影響があることも知らない人はあまりに多い。しかし一生の健康のこととなると、そうした成分が適切に供給されることが、十分な運動と同様に重要なものだと思われる。

何を食べるべきかという意見は尽きることがない。人々は、肉は控えるべきだ、もっと食べるべきだ、一切食べるべきではない、人工肉を食べるべきだなどと延々と論じあっている。食物の選択という枠組みからたいがい抜け落ちているのは、われわれが食べるものをどのように育てるかだ。作物や家畜の育て方は、食べものの選択と同じくらい重要であることは明らかだ。

土壌生物がもたらす作物の健康

土壌生物がどのように植物の生長を助けるのか、どのような影響を、植物の身体を作り、ひいてはわれわれの身体となるものにおよぼすのかは、まだ完全にはわかっていない。よりよい土壌は、よりよいモモやニンジンを作る上でどのような役割を果たすのだろうか？　もっとも健康によい食物を作ろうとする際、有機農業は役に立つのか？　こうした疑問に答えるためには、すべての植物が多種多様な土壌生物と長きにわたって築いてきた関係を調べる必要がある。人間のマイクロバイオーム、特に大腸に棲み、入ってきたものを人間の健康にとって有益な物質に変える腸内細菌叢《そう》が重要であることは、読者も聞いたことがあるかもしれない。同じように、極小の土壌生物は作物の健康に影響する。そしてヒトの身体に当てはまるものは作物にも当てはまる。日常的に微生物との協力関係を壊したり邪魔したりすれば、宿主にとっていいことはめったにない。

土壌は、大地がもたらす食べものの出発点であり、圧倒的な証拠、観察結果、研究が、正当に評価されていない要素——農地や牧場の土壌の健康——が食物の質に寄与することを指摘している。これから本書で述べるように、相当な証拠によって土地の状況が作物の健康に、よきにつけ悪しきにつけ影響することが示されている。また牧草、飼料作物、放牧地の栄養状況は、家畜の健康を大きく左右する。しかし土壌の健康はヒトの健康にも影響するのだろうか？　自分たちの食べものが食べたものは、どれくらい自分の健康に関係するのだろう？　農家がどのように土壌を扱い、作物を栽培し、家畜に餌を与えるのかを、皿に、グラスに、身体に入れるものと、数珠つなぎにすることができるのだ。

土地の扱いは、土地が人間にもたらすものとなって還ってくる。今日の慣行農業の柱、つまり日常的な耕起と化学肥料のふんだんな使用で比較的少品種の高収量作物を栽培することは、土壌の健康状態の悪化と食品中の栄養の低下という双子の問題を助長した。過去一世紀にわたり、銅や亜鉛のような私たちが微量に必要とするミネラルも、カルシウムやマグネシウムのようにもっと多量に必要なものも、食物から失われている。昔は「一日一個のリンゴは医者を遠ざける」と言ったものだが、今では一日に五、六個食べないと同じ効果は得られないだろう。

こうした変化は意図したものではなく、不用意に量だけを追求した結果として起きたことだ。ここ数十年で私たちは、作物がミネラルやその他健康のために重要な栄養素や物質を、どのようにして得たり失ったりするのかわかるようになった。地下の土壌共生細菌と菌類の群集が、植物に栄養と情報を提供するために人知れずはたらいているのだ。そして、農業慣行がこうした群集を形成し、したがって作物、肉、乳製品の中に——究極的には私たちの体内に——作り出される、健康の増進に役立つミネラル、脂肪、ファイトケミカル*の種類と量を決定づける。しかし主流の農業で行なわれる主力のやり方は、土壌マイクロバイオームを混乱させ、近代農業が化学物質に依存するきっかけとなった。有益な土壌生物の代わりに化学合成された資材に頼る農家が増えるほど、後者が必要になり、前者は失われるのだ。

幸い、これから見るように、農家が土壌生物を繁殖させ、より健康な食物を生産できる、実用的で費用対

＊ファイトケミカルは、植物が身を守り、生長を促進し、意思を伝達するために作る物質である。

効果の高い方法がある。しかしそうするためには、土壌に対する考え方を変えることが必要だ。次章以降では、土壌生物を失えば食物の栄養素が減少し、人間の健康が損なわれるという負のスパイラルにつながることに前々から気づいていた先見的な人々を紹介し、土地に生命を、作物に栄養を取り戻している革新的な農家について述べる。これは、大地から私たちへと健康がどのように流れるかという話だ。問題は農業のやり方であり、環境の健康と人間の健康のどちらかを選ぶ必要はないのだ。私たちは土地とみずからの身体両方の健康を築き、守るように食料を供給できるのだ。

健康な土と良い食べものをつなぐ科学的な根拠

環境再生型《リジェネラティブ》農業慣行は、土壌侵食を押しとどめ、土壌の健康を増進し、土壌有機物（土壌炭素）を蓄積するのに役立つ。それは燃料、化学肥料、農薬への出費を削減するとして、アメリカの農家のあいだで流行し始めている。実際、リジェネラティブ農業慣行を採用した農家は、それまで農業化学メーカーから買っていたもののほとんどを、生物に置きかえられることに気づく。同時に、より持続可能な商品を消費者が求めるようになったことが契機となって、リジェネラティブ農場をサプライチェーンに取り込もうとする企業が増えている。だがこうした農産物は、本当に健康にいいことが証明されているのだろうか？　健康で肥沃な土壌からはよい食べものが収穫できるという主張に、科学の裏付けはあるのか？　あるとすればリジェネラティブ農業は人間の栄養にとって――そして公衆衛生にとって――どのような意味を持ちうるのだろうか？

食生活に関連する病気は特定の栄養素の不足から起きると、われわれは考えがちだ。壊血病を例に取ろう。ビタミンCが豊富な柑橘類を摂るようになると、壊血病はすぐによくなる。これは英国の海軍軍医ジェームズ・リンドが、一七四九年に軍艦ソールズベリー号で行なった有名な医学実験で証明している。このように簡単に治ることもある。だが、ある種の疾患の治療や、そもそも健康を維持するのは、はるかに複雑だ。この場合、ヒトの食事に含まれる食品の組み合わせが重要になる。ファイトケミカル、ミネラル、脂肪、その他の食品中の物質は相乗的に作用しあうからだ。そして農業慣行がそのすべてに影響するという事実は、不穏な疑問を私たちに投げかける。近代農業はわれわれの健康にとって、実のところどれほどよいものなのだろうか？

もちろん、私たちは、劣化した土壌で育った食べものが、人類が直面する厄介な健康上の動向すべての原因だなどと主張しているわけではない。たしかに、私たちの健康——よいにせよ、悪いにせよ、その中間にせよ——は、遺伝子、食事、身体活動のレベル、マイクロバイオームから、居住し、働き、遊ぶ環境での毒物や病原体への曝露《ばくろ》まで、相互作用する多彩な要素を反映する。また、過去一世紀のあいだに、慢性疾患の発生数と種類が大幅に増えているのは、診断と観察の範囲が広がったことも一因だ。だが近年、治癒と老化のプロセスと同様に、ヒトの免疫システムの解明が進んできたことを考えると、今こそ主流の農業慣行が、頑健な身体の維持に必要なものすべてを作物と家畜に取り込ませているかどうかを見直すときだ。

ジャンクフードの下に隠された飢餓

食物の栄養素の減少に気づく人がきわめて少ない主な理由は、たぶん一時的にせよ、ほとんど解決してしまった大昔からの課題——すべての人を養えるだけの作物を生産すること——に社会が執着していることだ。十分な食料を手に入れることが明らかに困難な人々は、依然としてあまりに多いが、隠れた飢餓は、欧米化された現代世界にあふれる安くありあまるカロリーの洪水の下に沈んでいる。面積あたり収量、動物の体重、牛乳の量というような収穫高を重視するのは結構なことだ。それは腹を満たし、農家が収入を得るのに役に立つ。だが収穫物の量は、その食べものに十分な量の栄養が適切な組み合わせで含まれているか、私たちが若いときは成長を助け、生涯を通じ、特に高齢になってからも健康を満たすものであるかについて、何も言っていない。

ゆっくりとした進化の過程で磨かれた私たちの身体は、先天的な栄養学の知恵を発達させた。人間の生命現象に深く埋め込まれたそれは、私たちを健康的な食事へと導く羅針盤のような役割をする。その過程で、触覚、嗅覚、味覚は、何を食べ何を食べるべきでないかを判断するのに役立つ。人間の脳の約半分は見たものを処理し、選別し、解釈するためにもっぱら使われている。そして食べものの外見と味は、われわれを栄養へと導くものとして頼りにする手がかりを含んでいたのだ。

だが今日、われわれの栄養の知恵に頼って、現代の食料品店にある食物の質を判断しようというのは危なっかしい考えだ。私たちの誰もが、見かけは立派だがパサパサしたモモやスカスカのリンゴをかじってがっかりした経験を持っている。現代のマーケティングとどこにでもある高度に加工された食品は、生まれながらに持っている栄養の知恵をさらに混乱させ、あらぬ方向に誘導する。目に鮮やかなキャンディのように、いかにもおいしそうな写真をあしらったカラフルなパッケージ入りの高度加工食品は、魅力的な味付けをされたエンプティ・カロリー〔カロリーが高く栄養価が低い食品〕の摂りすぎへと私たちを誘惑する。加えて、育種家は一般に、収量、収穫のしやすさ、輸送、貯蔵を、味や栄養より重視して選択する。食べものに何が入っているのか、失われているかもしれないものは何か、それになぜなと疑問を持つ人が増えているのは不思議ではない。

では健康を意識する消費者はどうしたらいいのか？　オーガニック食品はその簡単な解答になるのだろうか？　必ずしもそうではない。これから見るように、栄養豊富な食物を届けるために、見慣れた緑と白のオーガニック・ラベルはいつも当てになるわけではないのだ。ほとんどの有機農家は、こと農業のもっとも象徴的な行為である耕起となると、慣行農家とあまり変わりがない。そして生きている生態系の中に犂《すき》を通すことは、家を竜巻が襲うようなものなのだ。植物が依存する土壌生物は傷つけられ、そのすみかはばらばらになる。さらに、議論はあるものの現在オーガニックの名の下で認められている慣行——土を使わない水耕栽培や乳牛のつなぎ飼い、ニワトリのケージ飼い——は、栄養や動物福祉のような、ほとんどの消費者がオーガニック食品と結びつけて考えるものをもたらすとは限らない。

食べものの育て方を気にかける理由は、台所の外にもいくらでもある。なにしろ、現代農業の幅広い影響力は、農場を飛び出して下流の水質汚染や気候変動にまでおよんでいるのだ。その上、農場で働く人々の健康と福祉は、われわれすべてが考えるべき社会的公正の問題となっている。土地全体にとって——とりわけ土壌の健康にとって——よりよい農業慣行を採用することは、こうした関連問題に取り組む上でも役に立つだろう。

私たちは量と質のどちらかを選ばなければならないのだろうか？　それともすべての人を養うに足るものを作れるのだろうか？　リジェネラティブ農業で不毛の土壌を改善すれば、土地に生産力を回復させ、病んだ人々を癒やし、私たちの生活の質を向上できるのだろうか？　大まかに定義すれば、リジェネラティブ農業慣行とは土壌有機物を蓄積し、やがては生産力を高め維持するような方向で土壌生物を支えるものだ。

人間と農業と健康のつながりを問い、解き明かす私たちの探究は、過去の三冊の本から始まった。最初の本、『土の文明史』では、土壌の侵食と劣化が過去の文明社会の寿命に果たした役割を検討した。『土と内臓』では、植物と人間のマイクロバイオームの最新科学を伝え、土壌と人間の腸には驚くべき共通点があることを明らかにし、農業と医学に変革が求められていることを指摘した。三冊目の『土・牛・微生物』は、この最新科学と歴史の教訓を利用して、環境再生型農業がどのように土壌の健康を再建し、炭素を地下に貯留し、農薬の使用を大幅に減らすことができるかを探究した。これら以前の本はそれぞれ歴史、科学、解決策に対応しているが、読者はどの順番で読んでもいいし、本書から読み始めてもいい。

地質学者（デイビッド）と生物学者（アン）の目と経験を通して、私たちは農業慣行が土壌から植物、動物、そして人間へと伝わる様子を掘り下げようと思う。人間と土地との関係の背後にある複雑な歴史と科学を探り、健康、医学、人体、それらと食物と農業との交差点を再検討する。その過程で、農学、微生物学から環境科学、栄養学、言うまでもなくウシとヒトの生物学も探究するつもりだ。これらの分野をつなぐ知見は、リジェネラティブ農業慣行が、なぜ、いかにして土壌を回復させ、土地に生命を呼び戻し、人間が健康を取り戻すために必要な栄養豊富で風味豊かな食物を作ることができるのかを説明している。このつながりを理解してしまえば、植物、動物、人間いずれにとっても、健康の根は健康な土壌から生えることが明らかになるだろう。

もくじ

土
SOIL

植物 PLANT

第6章 植物の身体…108

第7章 偉大なる園芸家…127

動物

ANIMAL

人間 PEOPLE

第14章 健康の味…294

第15章 バランスの問題…315

第16章 作物に栄養を取り戻す……337

第17章 畑の薬……365

第18章 健康を収穫する……385

＊本文中の〔　〕は訳者による注記です。

第1章　健康というパズルの重要なピース

健康こそが真の富である。
――マハトマ・ガンディー

食べものの役割に関心が薄い医学

今日、食べものを薬として使うことのまわりに希望と嘘が渦巻いている。けれども知れば知るほど、健康的な食事が慢性病を予防する――可能性としては治療する――確固とした基礎として見えてくる。だが、これは実は新しい発想ではない。紀元前四〇〇年ごろ、医学に理性をもたらしたことで広く知られるギリシャの医師が、病気や体調不良のもっとも優れた予防策として栄養のある食事を提唱した。医師が常に質問すべき項目のリストの中に、ヒポクラテスは患者の食物の出所を含めている。人が食べたものとそれが育った土壌の性質は、よいにせよ悪いにせよ健康というパズルの重要なピースだと、ヒポクラテスは考えたのだ。

ヒポクラテスの説を傍流に押しやった西洋医学は、急性疾患やさまざまなきわめて悪性の感染症に対する効果的な処置や治療法の開発に長けていることが明らかになった。われわれの祖父母の世代は、チフスや猩紅熱《しょうこうねつ》のような疫病を恐れていたが、今では恐ろしげな名前のみが知られているだけだ。

しかし上水道の整備、抗生物質やワクチンの普及など公衆衛生対策により感染症の発生が減少すると、病気の性質は時と共に根本的に変わった。今日、過去の世代にはなじみの薄かった病気が、かつてないほどに人間を苦しめている。われわれは医療技術を向上させてきたが、その結果、現在多くのアメリカ人を苦しめている慢性疾患と自己免疫疾患の発生率の増大に直面している。

いったい何が起きたのか。もちろん、一部の人が特定の慢性病にかかりやすかったりかかりにくかったりする理由を、遺伝によって説明することはできる。しかしそれは、現代の慢性病の急増を完全には説明できない。人間の遺伝子はそんなに速く変化しないのだ。

何が変化したのか？　食べるものとその作り方だ。二〇世紀を通してわれわれの食事はホールフード〔加工や精製をまったく行なっていないか最小限にとどめた食品〕から、過度に加工され繊維質が少なく糖分が多いもの、化学肥料と農薬を大量に使って栽培したものへと移っていった。意図的ではないにせよ、こうした食事と農業の変化が公衆衛生を損なっていることは、だんだんはっきりしてきている。農業が栄養の質よりもカロリーを追求するにつれて、食品加工は食べものを徹底的に作りかえ、医学研究は食餌の疾病予防に果たす役割の研究に優先して、新しい治療法と新薬の開発に集中するようになった。

「正しい食べもの」がかつて含んでいた栄養

書店で健康と食生活の棚を眺めたり、通販サイトアマゾンで売れ筋の栄養学書のタイトルを見たりしても、何を食べてもいいのかわからないままだろう。食と食事療法の本は概して、健康に至る道は「正しい」食べものを食べ「悪い」食べものを避けることにあるという考えを押しつけている。パレオ、ケト、ビーガンなどの食事法は、それぞれ相容れないやり方で特定の食物を食べ、炭水化物、タンパク質あるいは脂肪を多く摂ったり控えたりすることを強調する。おしなべて、食事に対するアドバイスは何をどれだけ食べるかに重点が置かれがちであり、農業慣行がどのように食物の栄養価に影響するか、「正しい食べもの」にかつて含まれていた栄養が今も入っているかには驚くほど注意を払っていない。

私たちが食べるものは時代と共に変わっているため、何が健康的な食事を構成するかに対する理解も変わってきている。食事は単なるカロリーや脂肪、炭水化物、タンパク質という単純な区別にとどまらないものであることを知るにつれて、栄養の知恵は変化したのだ。脂肪はすべて太る原因なのではなく、糖を摂りすぎると代謝の邪魔をし、蓄積されて――想像通り――脂肪になる。遺伝子とマイクロバイオームは個々人で異なり、必要な栄養は生涯を通じて変わるので、万人にとって最適な食事というものはない。このように本質的に変動が大きいものであるが、それでも食事は健康の基礎である。

ヒトマイクロバイオームの最新科学も、食事がヒトの健康と福祉におよぼす影響をめぐる理解の深化に寄与している。人間の腸内細菌は食物に含まれる繊維などの物質を食べて、さまざまな代謝物を生産しており、その多くは人体が必要とするものだ。人体を循環する分子のざっと四〇パーセントが、直接的あるいは間接的に腸内細菌叢から発生したものだという事実は、食事と健康の関係に新たな要素を与えた。これから見るように、人間の腸内細菌叢が食べるものが、果物と野菜たっぷりの食事という現在標準となっている栄養の知恵を説明するのに役立つのだ。

数百万年前、人類の最古の祖先であった類人猿は、果物を主食にしていた。のちに原始人類は筋っぽい根や植物を一日中嚙み、腸の下部に棲む細菌叢がさらに消化できるようにしていた。長い年月を経てわれわれは小さな間借人と共存共栄するように進化し、健康を増進する栄養および微生物代謝産物と引き換えに、彼らに食物とすみかを与えるようになった。

原始人類の祖先が火を使って調理するようになると、その身体は変わりだした。霊長類学者のリチャード・ランガムは、約一八〇万年前に調理を始めたことがホモ・エレクトスの進歩につながったと主張している。この時代の原始人類の解剖学的形態に見られる変化に基づいた理論だ。厳密な始まりの時期には議論があるが、われわれの祖先が五〇万年くらい前までには火を操っていたことについては、ほとんどの研究者の意見が一致しているようだ。数え切れない世代を経て、生《なま》から調理した食物への移行に伴い栄養摂取の効率が高まったことで、それまで消化に使われていたエネルギーが脳の成長と活動に使われるようになった。調理によって遠い先祖は肉を――手に入ったときには――食事に組み込むこともできるようになった。

ヒトの食事に関するもう一つの大きな変化は、約一万年前に起きた。後氷期の世界で人類は、狩猟採集生活から作物の栽培と動物の飼育――農耕へと移行した。牧畜は肉の安定供給をもたらした。もう肉を手に入れるのに朝から晩まで命がけで獲物を追い、仕留めたものを引きずって帰らなくてもいいのだ。また家畜は乳という副産物ももたらした。それは生ですぐに飲んでもいいし、発酵させてヨーグルトやチーズにすれば、栄養豊富で風味もいい短期的な保存食になる。家畜は畜糞を産出し、これが作物の生長を助ける強力な天然肥料になった。

牧畜と農耕は、狩猟採集よりも多くの人に確実に食料を供給した。人類の後氷期の食事を劇的に作りかえた農作物は、葉物野菜ではなくカロリーと栄養素に富む穀類で、貯蔵しやすく年間を通じて食べものを提供することができた。これは少人数で多くの人を食べさせられるということで、職業の専門化と大規模で複雑化する文明への扉を開いた。

食べるものとその栽培法についてのもっとも新しい、近代的転換は、大変動を特にわれわれの腸内細菌叢にもたらした。発酵性食物繊維の摂取量を減らすことで、その腸内細菌の取り分も減らしてしまったのだ。人体が必要とするように進化した、微生物代謝物の産出がそれにより妨げられることはよくわかっていなかった。さらに、新しい添加物と化学物質が食物に加わると、ヒトマイクロバイオーム（と人間）に影響をおよぼし、その影響は今わかり始めたばかりだ。同様に、現代の耕作方法は土壌生物、作物、家畜の関係を変えた。こうしたことは私たちの健康にどれくらい影響を与えたのだろう？　それは予想以上だった。

収量という罠

農家とじっくり話をすると、そのうちこんなようなことを言い出す。「倉庫にないものは、どうでもいい」。その言わんとするところは、自分たちの収穫分は自分たちの収入になるということだ。そして安く豊富な食糧を意味する大量の作物は、飢える世界にとっては朗報のようだが、それが必ずしも健康によいわけではないのだ。

ではこの奇妙な地点――栄養価の低い大量の収穫物――にわれわれはどのようにしてたどり着いたのだろう？　第二次世界大戦後、農家は作物収量を飛躍的に高めるため、耕耘機《こううんき》、化学肥料、農薬に頼るようになっていった。その効果は魅力的であり中毒性があった――収量は上がるが、代わりに農地を劣化させるのだ。社会はこの食の恵みがすなわち人間の健康だと考えた。それにももっともな理由があった。史上何度も、飢饉が人口を減らしてきたからだ。こうしたことを背景に急速な人口増加を考えると、現代農業の高収量はまるで奇跡のようだ。今日、西洋世界の住民は大規模な飢餓と生涯無縁でいる。地球全体では、分配が公平なら、全人類に食べさせられる食糧を生産しているのだ。

一方で農業関係者にはよく知られていることだが、高収量で収穫、加工、輸送が楽な新品種では、栄養価が低くなっている。コムギを精白小麦粉に加工すると、穀物が持つ栄養をはぎ取ってしまうことは、秘密でも何でもない。そしてそもそも、栄養が食べものに取り込まれないのではどうしようもない。

人間には、大きいことはいいことだと信じる――もっと大きなリンゴ、大きなトマト、大粒のコムギ、たくさん牛乳を出すウシを求める――傾向があり、そのためカロリーを栄養の代用品だと考えるようになっている。だが私たちは、そうしたカロリーに欠けているかもしれないものに注意を払うのを怠っていた。十分なカロリー以上に健康に大切なものがあることを知っていながら。今日われわれを苦しめている慢性疾患や症状は、食餌と関係しているのだ。

ビタミンやミネラルのような食品中のカロリーのない成分も健康に重要な役割を果たしていることが発見されると、よい食餌とは何かという認識は、満腹になればいいというだけにとどまらなくなった。ビタミンやある種のミネラルは、少量あればいいことから、よく「微量栄養素」と呼ばれる。だから、たとえば無機栄養素の銅は、大量に必要ではないが、ごく少量は免疫系がはたらくために必要である。とはいえ鉱石や金属片や銅貨を食べるわけにはいかない。食物の中に銅が含まれていなければならないのだ。銅や、その他の微量栄養素のミネラル、たとえば亜鉛、鉄、マンガン、セレンなどがなければ、健康を損ねることになる。

隠れた飢餓――親より寿命が短くなるアメリカ人

世界的に、微量栄養素不足は現在、カロリー不足よりも一般的だ。鉄不足は推定二〇億人を苦しめている。亜鉛不足は少なくとも人類の五分の一に、特にサハラ以南のアフリカと南アジアで影響を与えている。アメリカの人口の約三分の一は、少なくとも一種類のビタミン不足で、約四分の一は十分に鉄が摂れていない。子どもと若者は高い確率でミネラルが添加された食品に頼っている。しかしこのような栄養強化食品があっても、多くのアメリカ人が推奨されるレベルのビタミンとミネラルを摂っていない。たとえば、私たちの大部分はマグネシウムが不足している。ビタミンDが足りているアメリカ人は三分の一に満たず、子どもとティーンエイジャーでは問題はさらに深刻だ。残念ながら、ほとんどのアメリカ人は、カロリーは豊富だが微量栄養素とファイトケミカルに乏しい食事による隠れ飢餓と共に暮らしている。途方もない数の人々が、十分すぎるほどのものを食べながら、十分に栄養を摂れずにいるのだ。

二〇世紀後半までに、心臓病、高血圧、２型糖尿病は寿命を縮める健康状況として珍しくないものとなっていた。現在、アメリカ人の一〇人に七人は慢性病で死亡し、半数はこうした疾患の少なくとも一つを抱えて生きている。かつて珍しかった自己免疫疾患は、喘息、消化器系の問題から、ある種のがん、自閉症やアルツハイマー病のような神経系の疾患まで、西洋社会を悩ませる現代病の多くを占めている。総じて、慢性疾患は患者本人とその家族に、生活の質の低下、苦痛、挫折など計り知れない犠牲を強いる。

その損失はとてつもないものだ。二〇一六年の時点で、慢性疾患の治療には、アメリカ国内で一年間に支出される医療費約三兆三〇〇〇億ドルの四分の三が使われている。国民一人あたり約五〇〇〇ドルだ。薬物療法がほとんどすべての慢性疾患に行なわれており、二〇一四年にはアメリカの医師は三七四〇億ドル分を処方している。平均すると、子どもを含めたアメリカ居住者一人あたり一〇〇〇ドルほどになる。そして、他の先進国と比べて一人あたり二倍の医療費を出費しているのに、私たちは——そして子どもたちは——共通の健康指標で最低近くにいる。平均寿命ですら他の国々と大きな開きがある。厳しい現実として、今日の子どもたちはアメリカの史上初めて、親よりも寿命が短く不健康な生涯を送ることが予想されている。これは進歩とは言えない。

慢性疾患を増加させるもっとも大きな要因の一つが、生涯のかなりの期間を体重超過や肥満の状態で過ごすことだ。それは人体の主要なシステムのほとんどを傷つけるのだ。アメリカ疾病予防管理センターの報告によれば、アメリカ人の三分の二以上が体重超過であり、一〇人に四人が肥満である。子どもたちの状況もやはりよいとは言えない。一九七〇年以来、肥満の青年は三倍、肥満の子どもは四倍に増えている。ある試算では、肥満に由来する疾患がアメリカの医療費支出に占める割合は五分の一を超えているという。

一九五〇年代以降、収入に占める食費の割合は半分に減る一方、医療費の社会的コストは倍以上になっている。一世紀にわたるわれわれの慣行農業の実験は、消費カロリーという観点ではこれまでになく食料事情を改善したものの、慢性疾患の増加に揺らいでいるように思われる。もしかしたら安い食料は、長い目で見るとそれほど安くないのかもしれない。

カロリー中心的価値観への執着は、食品に含まれる他の成分、特に微量栄養素とファイトケミカルの軽視につながった。ビタミンは、多岐にわたる細胞の正常な機能に必要な酵素の部品を構成する。たとえば亜鉛のような微量栄養素は免疫系の活動を助け、数百におよぶ体内の酵素反応に不可欠だ。特定のファイトケミカルは慢性疾患の発症や進行を抑制または防止する遺伝子を活性化する。残念ながら現代の作物と西洋式の食餌は、こうした健康に欠かせないものの不足を招いている。

食べものの栄養素密度を予防医学として考える

ヒトの健康と結びついた微量栄養素は動物の健康においても同じような役割を果たす。ウシなどの反芻《はんすう》動物は適切な量を摂るための方策を持っている。機会があれば、こうした動物はさまざまな種類の牧草を幅広く食べようとするのだ。多様性を持つことで、栄養の偏りや不足を防いだり是正したりするために役に立つ餌を選ぶことができる。そして後述するように、ウシが食べたものは私たちが食べる肉、牛乳、チーズなどの栄養に波及する。

一世紀前、典型的な西洋の食事はある程度の肉と、最小限に加工した植物性食品で主に構成され、後者の栽培にあたって化学肥料や農薬は、使われたとしてもわずかなものだった。今日、肉の量ははるかに多く、動物の飼育条件は不適切で、植物性食品は高度に加工され単糖類と植物性油脂を多く含み、大量の農薬と化学肥料を使って栽培されている。平均的なアメリカ人は現在、添加された脂肪と甘味料から摂取するカロリーが野菜や果物からの五倍にのぼり、年間七〇キロ近い糖を摂取している。その多くはコーンシロップから来るものだ。アメリカ人は一九六一年に比べて一日に約二五パーセント多くカロリーを摂取しているが、ホールフード、生鮮食品を食べる量は大幅に減り、野菜や果物の摂取量が一日の推奨量に足りているアメリカ人は一〇人に一人しかいない。全体的に見て、アメリカ人とカナダ人が摂っているカロリーの半分以上が、今では超加工食品に由来している。

おそらく私たちはヒポクラテスの助言を書き直し、食べものを予防医学として、そして健康を増進し、守り、そもそも薬を常用しなければならない事態を避けるための方法として、考えたほうがいいだろう。

ほとんどの人は、失ったり脅かされたりしないかぎり、健康についてじっくり考えない。同じことが、人間に食べものをもたらす土地の健康や肥沃度についても言える。状態がいいときには、私たちは自分の、あるいは土壌の健康を当たり前のものだと思いがちだ。そして揺らぎ始めると、医学界や農業界の目端が利く人たちが、症状を抑えるための商品を売り込みにかかる。

本物の食べものを食べよう、食べすぎないようにしよう、定期的に運動をしようなどというアドバイスは多くの人が耳にしてきた。しかしこうしたものは、健康というパズルのもう一つのピースを忘れている。私たちが食べているものは、身体が必要とするものを十分に含んでいるのだろうか？　驚いたことに、農業慣行が食物の栄養水準にどう影響するかの追跡は、ほとんど行なわれていないのだ。慣行農法による作物のほうが残留農薬が多いというわかりきった点以外で、食料の栽培方法がわれわれの健康にどのように影響するかを論じるのは、だいたい有機農法の推進派に任されている。

しかし問題はそれだけではない。多くの慢性疾患や自己免疫疾患の根は炎症に由来し、食物の選択によって慢性的な炎症を促進することも緩和することもできる。ホールフードや加工が最小限の植物性食品——たとえば野菜や全粒穀物——が不足した食事は、抗酸化物質やその他、炎症を正常レベルに保つ役割をするファイトケミカルやある種のビタミンなどの成分が少なすぎるのだ。そして家畜の育てられ方によって、肉、乳製品、卵も抗炎症物質の重要な供給源になる。反対に、ある種の食品は炎症を促進したり、抗酸化力を持たなかったりする。たとえば精製した炭水化物（糖質）、高度に加工された肉、自然界には存在せず、最近になって加工食品の形で食事の中に入ってきたトランス脂肪をはじめとする多くの植物油などだ。

方向転換はある意味で驚くほど単純だ。とにかく、食べる量を減らし、もっと栄養のあるものを食べる必要がある。これは栄養素密度という概念に要約できる。すなわち栄養素とカロリーの比率だ。私たちはみな、栄養素密度の高い食品を構成するものについて、ある程度わかっている。精白小麦粉で作ったクッキーや、砂糖たっぷりのアイシングがかかったケーキは、栄養素密度が低い。フムス〔ヒヨコマメのペースト〕を載せた全粒粉のクラッカーは高い。それでは、ファイトケミカル、必須ミネラル、必須脂肪酸のような栄養が豊富な、栄養素密度の高い食品を栽培するには、どうすればいいのだろうか？

土壌の健康を通して農法を考える

土壌の健康を通して見ることで、農業慣行がヒトの健康におよぼす影響をはっきりと理解できる。慣行農法か有機農法かというお決まりの議論を、手早く済ますことができるからだ。思慮深い慣行農家は農地の健康を立て直すことができ、工業化された有機農業は同じくらい確実に土壌肥沃度を損なうことがある。世界の農地の約三分の一は、深刻な表土の侵食や肥沃度の減少で損なわれ、これが少なくとも三二億人の生活を危うくしている。駄目を押すかのように二〇一五年の国連のアセスメントは、このように結論している。農業慣行が原因で土壌の劣化が続けば、われわれは地球上の農地の生産力を、来世紀にはさらに三分の一失う。食料の生産方法——われわれが土地にしてきたこと——は文明の農業基盤とすべての人間の健康を傷つけているのだ。

全世界の農地で、土壌生物が繁殖する表土と炭素に富む有機物が失われ、見過ごされているが地球規模の災害が起きている。それが突きつける現実は奇妙なものだ。今日の収穫は祖先が目を見張るほどのものだ。いったいどうして劣化した土壌からより多く作物ができるのか？　今のところは、無機肥料と化学肥料が、除草剤や殺虫剤などの農薬と共に、くたびれて不健康な土壌を補っているのだ。

しかし工業型農業についてどのような考えを持っていようと、不健康な土壌を近代農業だけのせいにはできない。なにしろ古代ローマの農民は、農業化学製品が登場するはるか以前にイタリア中部、シリア、リビアの土を荒廃させたのだから。どうやって？　あまりに大規模に、あまりにひんぱんに耕すことでだ。彼らは収量を上げるために畜糞を使ったが、ひっきりなしの耕起は、長期的には土地の生産力を足元から蝕んでいったのだ。

数千年にわたり世界中の農民は、未来の収穫を確実にするため、よりよい収穫を願って祈ったり犠牲を捧げたりすることから、肥沃度を高めるような農法の採用まで、さまざまなことをやってきた。アフリカ、アジア、ヨーロッパ、ネイティブアメリカンの農民は、いずれも輪作や、さまざまな作物の混作が有効であることを知っていたし、エンドウ、インゲン、クローバー、アルファルファのようなマメ科植物を栽培すると土地を回復させる力があることも見つけていた。やがて、それぞれの地域で被覆作物を植えたり収穫後の畑に家畜の糞を撒いたりというような伝統的農業慣行が始まった。こうした方法が伝統として固まったのは、土壌の肥沃度を高めるからだ。それはうまくいった――少なくともしばらくのあいだは。

しかしそうした慣行は、特に一貫性を欠いていたり、やり方がまずかったりすると、耕起されたむき出しの農地から、水や風で土壌がはぎ取られるのを止めることができない。次から次へと、農地から、地域から、肥沃な表土が失われた。だが土壌喪失はたいていきわめてゆるやかに起きたので、先手を打って対処しなければならないほど差し迫っているようには思われなかったのだ。

土壌劣化が広がるにつれ、農家は化学肥料と、昆虫、雑草、菌類を殺すために開発された農薬を使い始め、のちには完全に依存するようになった。このような新商品は収量を大きく増やし、そのためかつて肥沃度を維持していた伝統的な土壌管理法は顧みられなくなり、隅へ追いやられ、忘れ去られた。収穫高の虜《とりこ》となった世界は、進歩を追って農芸化学の道をひた走った。

現在、食料を供給すべき人口は数十億増加し、世界の農地と牧場の土壌は、多くが自然に任せていたときよりもはるかに悪い状況にある。従来の農法で土地の劣化が続く中、農業は今後一世紀で——何らかの形で——変わるだろう。問題はどのように変わるかだ。こうした災厄が起きている現状は、土壌の健康を立て直し、農業の可能性——収穫の量と質の両方において——を認識するよい機会でもある。

いったい土壌の健康とは何だろう？　アメリカ農務省（ＵＳＤＡ）の定義は、植物、動物、人間を支える重要な、生きた生態系として機能する土壌の継続的な能力、としている。この思想が根ざすのは、土壌生物が窒素やその他の元素を、土壌から作物、家畜、人間へと循環させるプロセスに果たす中心的な役割だ。実際、生物は生きている土と死んだ土の区別ができるのだ。

土壌が不健康になると、農家は大量の作物を栽培するために、自然の土壌の生物と化学以外の方法に頼るようになった。農家は化学肥料と農薬で収穫を支え、消費者は現代に特有の慢性病に対処するため薬に依存することで、世界の農地のほとんどは不健全になり、人間もますますそうなりつつあるというのが不穏な現状だ。

土地の劣化という歴史的傾向の流れを変えるには、古代の知恵と現代の科学を融合して、土壌有機物を再建し、劣化した農地の肥沃度を回復させるようなきわめて生産性の高い農業慣行を開発、採用することが必要だ。この目標に向けて、環境再生型《リジェネラティブ》農業運動は、急速に拡大している。これは、一つには農家が土壌の健康を回復させ、燃料、化学肥料、農薬への出費を減らせば利益を増やせるという認識に基づいている。健康な土壌は、慣行農家がインプットを減らしながら同じくらいの収穫を得るのに役立つ。このことは環境活動家の間だけでなく、保守的なアメリカ中央部の農業会議においても話題となった。土壌有機物を増やす農家は、光合成によって大気から取り出された炭素を、地下で利用できる。その炭素は、作物の健康に欠かせない土壌生物の養分となる。

関心が高まっているもう一つの問題は、リジェネラティブ農家が栽培する作物のほうが栄養価が高いかどうかだ。この質問には、歴史を振り返ってみれば答えの指針が見つかるだろう。数十年前に土壌科学者のウィリアム・アルブレヒトは、土壌の健康とヒトの健康の関係をピラミッドとして見ることを提唱した。アルブレヒトは、土壌の健康が植物の健康の基礎であり、植物の健康は動物の、そして最終的にはヒトの健康を支えるものとして考えた。有機農業推進の第一人者、J・I・ロデールはそれを単純な等式に表わした。健康な土壌＝健康な作物＝健康な人間。土壌の健康と人間の健康をここまで直接的に関連づけるのは、今もって簡単なことではないが、こうした方向に沿って、土壌の健康と作物の健康、作物の健康と家畜の健康、その両方とヒトの健康の個々のつながりを探ることで解き明かしていこうと思う。

どこから始めればいいだろう？　もちろん地面から、つまり植物が岩を食べて緑の身体を作るのに、土の中の生物がどう役に立っているかからだ。

土

SOIL

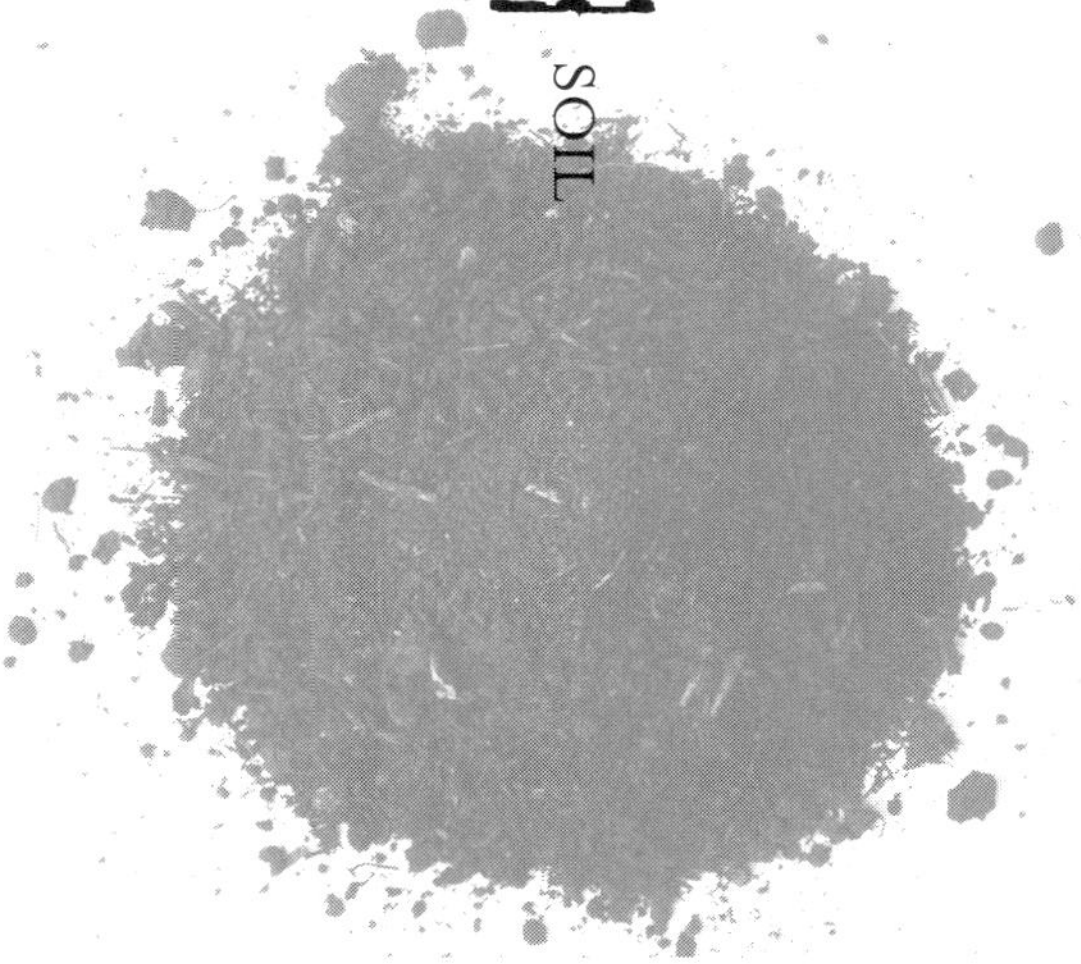

第2章　人は岩でできている

万物は土より生じ、万物は土に還る。
——クセノパネス

店頭のニンジンとホウレンソウの栄養価

食料品店に入っていって、カリウムやベータカロテンの含有量を計測できる手持ちの機器でニンジンを調べたとしよう。『スタートレック』か何かの話だろうって？　それが今や現実なのだ。

そのような機器——バイオニュートリエント・メーター——は消費者の知識、選択、権利の拡大への道を一気に開くかもしれない。バイオニュートリエント・フード・アソシエーション（バイオ栄養食品協会）の創設者、ダン・キットレッジが発案したこの機器は、既知の周波数帯の光を対象物に照射して、反射光を計測する。分光特性は、言わば指紋のようなものだ。この装置はたとえば店頭にあるニンジンの分光特性と、アーカイブ内にあって特定の栄養価がわかっているニンジンのスペクトル・データを比較する。このように即時に評価できれば、消費者は一番よいものを選べるだろう。この発想は何十年も前から、人工衛星による鉱物探査に用いられてきた。キットレッジのチームはその技術を巧みに応用して、食品を調べる手持ち機器を作ったのだ。

彼らがこの仕掛けの試運転をホウレンソウとニンジンで始めると、ミネラルとファイトケミカルの含有量におそろしく幅があることがわかった。ミネラルのレベルは、その種類にもよるが四倍から一八倍の開きがあった。控えめに言って、上質のホウレンソウの葉やニンジンには、質の悪いホウレンソウやニンジンの少なくとも四倍の栄養価があるということだ。人間の健康に重要な抗酸化物質やポリフェノールについては、変動はさらに大きく、もっとも栄養素密度の高いニンジンやホウレンソウは、もっとも少ないものの二〇〇倍を含んでいた。

しかし消費者の権利を拡大する新時代を拓くためには、バイオニュートリエント・フード・アソシエーションはデータベースを充実させる必要がある。もちろん時間がかかるだろう。それでも、やがて消費者が買い物の際に食品の栄養価を検査、比較できる力を備えて、農業の形を変革する役割を担うだろうと、キットレッジは考えている。

岩を食べた植物を食べる人間

ニンジンやその他の作物で特定のミネラルがどれほど不足していようが、共通していることが一つある。ミネラルが私たちの体内に取り込まれるには、まず土壌から、私たちの食物となる動植物に移動しなければならないことだ。では植物はどうやってものを食べるのだろう？　この一見単純な問いに答えるために、何百年もかかった。初めにこのようなことを考えた一握りの人物の大半は、植物が土壌中の腐敗した有機物を消費している——植物は腐植を食べる——のだと信じていた。その後一九世紀初め、植物は光合成によって水と大気中の二酸化炭素を結合して、生長のエネルギーを作れることが発見され、定説は覆された。のちの実験で、腐植を構成するものの中で水に溶けるのは、したがって植物が水と共に根から吸い上げることができるものは、ごく一部であることが証明された。

このような発見は、根本的に新しい、化学中心の土壌観へと道を開いた。それは二世紀たった今も伝統的な思想を支配している。ひと言で言えば、水溶性の化学物質を土壌に加えることが、生長の鍵となる栄養――窒素（N）、リン（P）、カリウム（K）――を植物に取り込ませる、効率的で手っ取り早い方法なのだ。

植物、人間、その他の生物に含まれる炭素は、光合成を通じて生物界に入る。炭素以外にも窒素に代表されるいくつかの例外はあるが、それらを除けば生物に含まれる元素は、もともと岩石や土壌由来だ。微生物や植物は幾世代にもわたり、身体を作るためにそうした供給源を利用してきたのだ。酵素やタンパク質のような、複雑ですべての生命に必要な分子は、植物、動物、ヒトの生物量を充実させるために、他にリン、カリウム、カルシウム、マグネシウム、硫黄などの元素を要求する。その中には普通の岩石に豊富に含まれているものもあれば、あまり含まれていないものもある。窒素と共にこれらの元素が、大半の無機肥料に共通して入っているのは偶然ではない。

有機物は、かつて生きていたものの死骸なので、生命に必要な元素を幅広く含んでいる。だから生物系に組み込まれれば、それは生命、死、腐敗、再生という自然の大いなる輪に沿って循環する。流転しながら世代から世代へ引き継がれるのだ。

窒素は、生命が大量に必要とする元素の中で、地質学的には変わり種だ。岩の中にはほとんどないが、タンパク質を構成するアミノ酸を作るために必要なので、植物には欠かせない。そしてタンパク質は、言うまでもなく、われわれの身体の相当部分を構成するものであり、身体を動かす筋肉や、抗体、酵素など人体の生化学的作用の基礎となる分子の元となるものだ。

奇妙なことだが、植物も人間も一日中窒素の中に浸っている。というのは、地球の大気の約八〇パーセントは窒素でできているからだ。しかし気体窒素の二個の原子は、きわめて安定した三重結合で結びついている。この双子の原子は離れたがらず、他の元素とも遊びたがらない。このため気体窒素はかなり不活性だ。植物は、二酸化炭素の場合のように、光合成によって葉から窒素を取り込むということはできない。代わりに窒素は、特殊な土壌細菌のはたらきによって、生き物の中に取り込まれる。*その細菌は、窒素原子の強力な結合を破り、解き放たれた個々の原子を水素や酸素と化合させ、水溶性の高いアンモニアや硝酸塩を作ることができるのだ。

植物は他にも銅、鉄、マンガン、亜鉛など十数種のミネラルを微量に必要とする。こうした微量栄養素は植物の中できわめて多くの役割を果たす。なじみのもの、たとえば鉄や亜鉛は果実や野菜の生長と発育に重要だ。あまり耳慣れないモリブデンというミネラルは、植物が窒素を利用したり日光を炭水化物に変換したりするのを助ける。カルシウムや硫黄のように多量に必要な鉱物元素が土壌に不足している場合、それを足してやれば生長と収穫を大幅に高めることができる。

当たり前だが、人間は岩を食べられない。だが岩を食べたものを食べることはできる。たとえば植物の緑の部分がそうだし、植物を食べる動物もそうだ。そしてそれらが有する無機微量栄養素は、私たちの体内で決定的な機能を持つ。たとえば亜鉛は、傷の治癒と免疫系の感染抑制を助ける。また味覚と嗅覚が正しくはたらくために主要な役割を果たす。銅は心臓、肺、免疫系の正常な機能にも、細胞の呼吸と鉄の代謝にも必須なものだ。鉄は、赤血球が酸素を身体中に運ぶために必要なヘモグロビンを作るのに欠かせない。クロロフィルとヘモグロビンは、それぞれの分子を構成する一四三個の原子の中の一個しか違わないことを考えてみたい。マグネシウムはクロロフィルの構造をつなぎ止める役割を持つ。鉄はヘモグロビンをつなぎ止め、不足すると貧血を起こす。もし農法によって作物が取り込む鉄などの元素の濃度が低くなれば、それは人間が取り込むものにも影響するのだ。

*落雷も土壌に硝酸塩が生成される源だ。

ミネラルは、酵素のような有機分子を折りたたんで異なる構造にするときにも、重要な役割を果たす。こうしてできたさまざまな形の分子はすべて、結果として化学と生物学をつなぐ多機能性をもたらす。このようにミネラルは、レゴブロックの特殊パーツのようなはたらきをするのだ。小さなブロックにできることには限界がある。しかし、たった数個の特殊パーツがあれば、可能な組み合わせや形の範囲で、まったく新しい工夫を加えることができる。微量栄養素は、われわれの組織を作ったり細胞のエネルギーとなったりするものと比べれば、比較的少量しか必要ではないが、細胞の維持を左右し健康に欠くことのできない酵素を作ることを可能にするのだ。

リンは動植物が必要とするものの中で特に重要な元素だ。これは人間の体内で二番目に多いミネラルで、DNAと細胞膜の主材料である上、骨と歯を作るのにも不可欠であり、人体内でのエネルギーの利用と貯蔵に絶対必要なものだ。しかし当然ほとんどの岩には——したがって鉱物土壌には——ごくわずかしか含まれない。特に不都合なのは、土壌中のリンはすぐに酸化して、安定したほぼ不溶性の化合物となるため、植物がほとんど利用できないことだ。わずかに存在するものはたいてい地質学的領域から動くことがなく、生物学的循環から遮断されている。しかし窒素のように、リンやその他生物に欠かせないミネラルの供給源がもう一つある——死骸、有機物だ。それを取り出して運ぶには、微生物のパートナーさえいればいい。

植物の生長と健康を支える極小のパートナー

はるか昔に自然は、生命に必要なミネラルを生物に戻す方法を見つけ出した。土壌はこれが起きる場所だ。考えてみれば熱帯のジャングル、グレートプレーンズの原生の草原、太平洋岸北西部の原生雨林には誰も肥料をやっていない。しかしここに挙げたいずれの環境でも、生い茂る植物は多量元素と微量元素の両方を土壌から、唯一そこに届く部分、根を通じて体内に取り込んで生きている。どのようにしてそんなことが可能になったのだろう？　数兆もの小さな味方のおかげだ。

土壌細菌と菌類は地下世界の働きバチだ。それは酵素と有機酸を産出し、岩や有機物が抱えるミネラルを放出させて植物が取り込めるようにする。そして有機物を消費した土壌細菌や菌類、さらにそれらを食べた生物は、餌を代謝して水溶性の栄養分に変え、植物がもう一度取り込んで利用できる。このようにして、土壌微生物は植物のために、特にリン、鉄、亜鉛のような一般に移動性が低いミネラルの調達および供給システムとしてはたらくのだ。

食物を摂取・消化すると、それは分子のブロックに分解され、われわれの体内で細胞や組織に組み立てなおされる。ある意味、それは食べるということの生物学的な目的のすべてだ。われわれは腸内マイクロバイオームの少なからぬ助けを借りている。一方、陸上植物は外部の胃袋としてはたらく土壌マイクロバイオームを頼りに、体外で消化を行なう。土壌マイクロバイオームは、植物が身体を作るために必要なさまざまな栄養素や物質の多くを供給するだけでなく、下ごしらえの役割も果たす。

どのミネラルが土壌微生物のはたらきで植物が利用できる形になるかによって、作物の中に、さらにそれを食べた動物の中に、何が取り込まれるかが決まる。亜鉛を例に取ろう。土壌が違えば含まれる量も違うが、大量に含まれていることはない。菌根菌は植物の根の延長としてはたらく。亜鉛のありかを突き止めて土壌粒子や有機物の中から引き出し、植物に渡すのだ。シャベルでひとすくいの土壌には糸よりも細い、時には何キロメートルにも及ぶ菌糸が含まれており、地下の栄養探査と輸送システムの役割を担っている。すべての土壌菌類が植物の根と直接つながっているわけではない。非菌根型菌類は有機物の分解に特殊化し、植物がすぐに吸収できる形で栄養を放出する。

コムギ、トウモロコシ、イネ、ダイズ、ジャガイモ、バナナ、ヤムイモ、アマ、コーヒーなど多くの作物が菌根菌と共生関係を結んでいる。なぜ菌類は植物が亜鉛のようなミネラルを吸収するのを助けるのだろうか？　菌類自身は光合成ができない。だから植物と取引をする――亜鉛と太陽が作った食物を交換するのだ。こうした交換は、われわれの足元にある未開拓地、根圏と呼ばれる場所で行なわれている。この輪状の領域は、一本一本の根と根毛のまわり数ミリから一センチほどの範囲に広がっている。ここは活気あふれる場所だ。根のすぐまわりの土壌には、微生物のために根から根圏へと分泌される栄養豊富な餌を目当てに、大きく賑やかな市が開かれている。菌根菌と土壌細菌はこうした分泌物をなめ、見返りとして植物に生長と抵抗力を後押しする栄養と代謝物を与える。また菌根菌は地下で植物に信号を送り、トマトべと病などを引き起こす病原体に対する防御を固めるのを助ける。分泌物で根圏を満たしておくことで植物が得る利益は、植物界における医療制度を支えているのだ。

勢いよく成長し健康であるためには、植物も人間も多量栄養素と微量栄養素をもれなく摂取する必要がある。ところが市販の化学肥料は、多量栄養素に偏りがちだ。たとえば定番の三要素である窒素、リン、カリウム、あるいは石膏に含まれるカルシウムと硫黄、石灰岩粉末（チョーク）に含まれるカルシウムとマグネシウムなどだ。こうしたミネラルと化成肥料はたしかに作物の生長を促進する――大幅に、劣化した土壌では特に。窒素肥料は特に収量とタンパク質含有量を高める。しかし機械耕起、農芸化学、単一栽培《モノカルチャー》という農学の三本柱は、食物の栽培法を根本から変え、土壌生物がミネラルを獲得して植物に手渡すために重要なつながりを断ち切った。

土壌微生物の植物学的重要性に気づく

根圏にある太古からの関係を断ち切れば、微量栄養素の作物への移動に影響があるのは当然だ。これは今度は、家畜に、そして人間に手渡されるものに影響する。作物に栄養が少なかったりなかったりすれば、人間をはじめとする動物が得る量も少なくなる。作物と土壌生物との長きにわたる共生関係をはぐくむよりも、化学的な解決策に重きを置くことを昔から訓練されてきた農学者にも、今では土壌微生物が土壌の健康に持つ重要性がはっきりと見えてきている。

菌根を最初に発見したとき、人間はそれを物珍しいだけの取るに足りないものとして見ていた。しかし一九三〇年代、土壌生物が植物に対して重要な役割を果たしていることがはっきりとわかり始めた。微生物の植物学的重要性に最初に気づいた科学者はセルマン・ワクスマン、ラトガース大学の教授で、のちに魔法の薬ストレプトマイシンとなるものを土壌細菌が作り出せることを発見し、「抗生物質」という言葉を作った人物だ。一九三一年の著書 *The Soil and the Microbe*（土壌と微生物）の中で、ワクスマンと共著者のロバート・スターキーは、土壌微生物がかつて生きていたものの分解に、つまり元素を土壌から植物、動物、そして再び土壌へと循環させるプロセスで、中心的な役割を果たすことについて述べた。ワクスマンは、土壌細菌と菌類が植物のために何をしているのかを理解し始めていたが、なぜ微生物がそうするのかは謎のままだった。数十年後になってようやく、植物と微生物のあいだにある化学言語が解読され、動くことができない植物の生活の課題を克服する要となる複雑な相互作用が明らかになった。

農業を背景として相互関係を理解するということは、炭素が自然の地下経済における主要通貨であると理解することだ。炭素は土壌有機物のおよそ半分を構成する。植物の根から根圏ににじみ出る分泌物は、もう一つの炭素源だ。土壌は一般に、根圏に比べて炭素が乏しいので、ほとんどの土壌微生物は根圏の範囲内か、ごく近くに生息する。植物が土壌中に放出する特定の有機化合物や混合物——糖、タンパク質、有機酸、ビタミン、酵素、さらには脂肪まで——は、特定の微生物を引き寄せ、根圏にコロニーを作らせる。こうした新参の微生物は実に多彩だ。あるものは物理的に病原体の根への接近を阻む。またあるものは抗菌物質を産生して特定の病原体を追い払う。そのようにして、植物は自分自身の繁栄に役立つ微生物の群集を能動的に招集して扶養し、植物の――そして作物の――健康にとってきわめて重要な関係を構築しているのだ。

有機物を形成する枯れた葉、茎、根など植物の組織も、地下経済の一部である。細菌、菌類、その他の微生物の死骸も同様だ。しかし旧来の農業慣行、特に耕起は土壌有機物の分解を早める。『ネイチャー』誌に掲載された一九九四年の研究は、熱帯地域の畑を耕起して採算が取れるのはわずか一〇年未満だと報告している。それ以後は、ごくわずかな有機物しか残らないので、追加の施肥が必要になる。同様に、温帯草原土壌の自然生産力は、定期的な耕起を行なった場合、一般に半世紀と少ししか持たない。

炭素が土壌有機物から放出される速度が、土壌生物が炭素を新たなバイオマスに混ぜ込む能力を上回ったとき、余剰の炭素はただ消えるわけではない。それは空に昇るのだ。一九七〇年代末の研究で、産業革命以来大気中に増えた炭素の三分の一は、農地土壌で分解途中の有機物に由来することが明らかにされた。これまでのところ、北米の農地は自然の賜物である土壌有機物の約半分を失っている。だいたい同じことが全世界の農地土壌で進行している。有機物とそれが支える土壌生物は、長期的な肥沃さを維持する鍵なので、世界中の土壌から大量の有機物が急激に失われれば、複雑にからみあう生命の綾がばらばらになってしまうおそれがある。

植物と土壌生物が地下で行なう複雑な交換と相互作用は、地上の私たちになじみ深い植物と花粉媒介者との関係と同じように複雑で繊細に営まれている。歴史的に見ると、生物学者は競争を重視する傾向がある。アルフレッド・テニスンの詩の「自然は歯も爪も血に赤く染まっている」という有名な一節に体現されるものだ。しかしマイクロバイオーム科学と生態学における近年の発見で、新たな認識が生まれている。共生は、それまで考えられていた以上に普通であり、広く起きていることだったのだ。この観点から見ると根圏は、関係するすべての生命を守りはぐくむ、躍動する生きた盾なのだ。

微生物は日和見主義の政治的同盟者

言うまでもなく、微生物は意図を――よいにせよ、悪いにせよ――持たない。なにしろ脳が存在しない単細胞生物なのだから。しかし、ある種の微生物群は、植物や人間の健康のために欠かせないという意味ではよいものだと言える。微生物の大多数は、人間にとって無害か、何らかの形で有益なものであることがわかっている。だが「よい」微生物は、日和見主義の政治的同盟者のように、利害が一致するあいだに限り役割を果たしているだけだ。植物が分泌物を与える取り決めを怠るといったように、状況が変われば宿主に敵対するかもしれない。人間が農業で広域殺生物剤を日常的に見境なく使い、生態学的空白をくり返し作り出すと、とてつもなく大きな利益を与えてくれる複雑な微生物生態系に打撃を加えることになる。同じことが医療における抗生物質の使いすぎでも起きている。そして土壌でもヒトの腸内でも、農地や人体に再び増殖の余地があると、最初に立ち直るのは雑草のような種なのだ。

数世紀にわたる微生物との戦争は、われわれをどこに連れてきたのだろう？　われわれは多くの感染症を制御したが、今や耐性菌に、また自己免疫疾患と慢性疾患という現代病に直面している。農場ではよく似たなりゆきで、土壌肥沃度の低下から起こる害虫の発生に対抗するために、農薬への依存が進んでいる。こうした経緯から人間は、医薬品と農薬に取り憑かれたようになった。

それとは別の現場の戦略、抗生物質や農薬の効果を、本当に必要なときのために温存できるようなものには、どんなものがあるのだろう？　一つには、手を組めばわれわれに利益をもたらしてくれる微生物の味方を増やすことだ。

なぜ菌類と植物は協力関係を築いたのかを知るためには、進化史に目を向けるといい。四億年以上前、植物が初めて陸地に進出したとき、その根は主に支えとして機能し、菌類が土壌からミネラルを供給していた。なぜわかるのか?　初期の陸上植物の化石は、その原始的な根に菌根菌がからみついているのだ。

化学肥料は、土壌有機物の減少という問題を見過ごせるほど作物の収量を高く保ってくれるが、それがどんな結果を招くかを、われわれは知ってしまった。土壌微生物群に十分な栄養を与えないと、重要な微量栄養素やその他の有益な物質を作物に運ぶ能力が抑制される。近代化された農業が、土の中に自然にいる農家の味方を見過ごしながら高収量を追求したとき、われわれは量と引き換えに質を手放したのだ。あとで見るように、ミネラルの喪失は栄養の質にかかわる問題のすべてではないが、今のところもっとも注目されているものだ。

品種改良によるミネラル低下

作物のミネラル含有量減少の要因として疑われ、あるいは一般に（後述のように誤って）原因とされているものの中に、土壌そのものに含まれるミネラルの減少がある。もっと異論が少ないのは、栄養含有量と引き換えに高収量を実現するように、作物が品種改良されたというものだ。農業関係者以外にはあまり知られていないが、農学者と土壌科学者のあいだでは希釈効果と名前がつけられるほどの周知の事実だ。

可食部が大きくなるような品種改良を行なったら、つまり根や果実や芽を大きくしたら、どうなるか考えてみたい。小さなジャガイモ（フィンガーリングポテト）と丸々とした大きなジャガイモ（ラセットポテト）があるとする。どちらも同じ土壌で生長し、同じ量の鉄を吸収する。二種のジャガイモを同量食べたとすると、摂れる鉄の量は違う。小さいフィンガーリングにはラセットより多くの鉄が含まれている。つまり前者のほうが栄養素密度が高いということだ。

希釈効果のもう一つの実例は、高収量のコムギの品種で起きている。穂一つあたりに多くの実がつけば、ミネラルは薄く拡散する。穀物は主食であり、人間の食べもので特に優秀な無機微量栄養素源でもあるため、これは厄介な問題だ。

一八七三年から一九九五年までに導入されたコムギの品種を分析したアメリカ農務省（ＵＳＤＡ）の農学者が、カンザス州の二カ所で対照圃場《ほじょう》試験を行なったところ、鉄、亜鉛、セレンが大幅に減っていた。彼らの結論は、高収量を目的とする作物の品種改良により無機微量栄養素の取り込みが減ってしまったのと、土壌の状態も影響しているというものだった。ワシントン州立大学の同様の実験では、歴史的なものと現代のもの六三品種のコムギを比較したところ、高収量の現代の品種では、銅、鉄、マグネシウム、マンガン、セレン、亜鉛の含有量が著しく低いことが明らかになった。

イングランドの研究者は、世界でもっとも長期にわたる圃場試験であるブロードバーク・コムギ実験で穫れたコムギの保存サンプルを元に、同様の結論に至っている。その研究によれば、銅、鉄、マグネシウム、亜鉛の含有量は一八四五年から一九六〇年頃までは安定しており、それから二〇〇五年までのあいだに大幅に低下していた。研究者たちは土壌の無機微量栄養素の量も測定したが、土壌自体で濃度が低下している形跡は見られなかった。したがって、「緑の革命」が高収量品種を導入したことで、意図せずしてコムギのミネラル含有量を減らしてしまったのだと彼らは結論した。

ミネラル含有量の減少はコムギだけにとどまらない。英国で一九三六年から一九八〇年代中頃までの野菜と果物のミネラル構成の変化を分析すると、野菜ではカルシウム、マグネシウム、銅の、果物ではマグネシウム、鉄、銅、カリウムの統計学的に有意な減少が見られた。リンは唯一、この期間に減っていないと言われるミネラル元素だった。

同様に、ＵＳＤＡが公開した一九五〇年と一九九九年の食品組成データを、園芸作物四三種（野菜三九種、メロン三種、イチゴ）について二〇〇四年に比較したところ、ビタミンB_2（リボフラビン）とビタミンＣ（アスコルビン酸）のほか、タンパク質、カルシウム、リン、鉄に統計学的に頑健な減少が認められた。この研究では、個々の食品内でかなりのばらつきが見られた反面、一部の食品ではミネラル含有量がむしろ増えていた。これは、栄養素の喪失が、単に土壌のミネラルの一般的な減少によるものではないことを示している。

続いてアメリカと英国の一九三〇年代と一九八〇年代の食品調査データをレビューしたところ、果物で銅、鉄、カリウムの平均濃度が大きく減っていることがわかった。野菜では、英国で銅とマグネシウムの平均濃度が下がっており、アメリカではカルシウム、銅、鉄の平均濃度が低下していた。

二〇〇九年のテキサス大学の研究では、アメリカの作物の栄養レベル低下に関する先行研究をレビューしたところ、過去半世紀のあいだに果物と野菜のミネラル含有量が五〜四〇パーセント減少していることを示す有力な証拠があるとの結論に達した。またこの研究は、二十数品種におよぶ市販のブロッコリーに含まれるカルシウムの報告値が、公開されているＵＳＤＡの基準値（それ自体も一九五〇年から二〇〇三年までで三分の二に減っている）よりかなり低いことにも触れている。食べものに含まれていると期待される栄養が減ったということは、つまり収量を増やしたために得るものが少なくなったのだ。

土壌中のミネラルの減少が、作物中のミネラル減少の容疑者として名指しされることが多いが、栄養減少に関する先行研究の二〇一七年のレビューでは、この解釈を支持する証拠はほとんど見つからなかった。むしろこのレビューは、観察された作物のミネラル濃度低下を、新品種の作物の導入と結びつけていた。だが結論として、レビューの著者は、高い収量が世界的な食料供給に貢献することを強調し、栄養希釈効果の重要性は、果物や野菜を食べる量を増やしたり全粒穀物を食べたりすれば埋め合わせることができるという主張で片づけている。どうやら栄養の減少は高収量の代償として支払うべきものだということらしい。

だがミネラル含有量の減少という問題を別の方向から見ると、答えは、栄養の少ない食品をより多く消費するよりも、ミネラルを土壌から作物に移すことにありそうだ。

単純な実験――ミネラルを土から作物へ運ぶ微生物の育て方

土壌有機物量を増やして、自然界のミネラルを掘り出して運ぶ役割をする微生物の数を元通りにすれば、作物のミネラル量は変わるのだろうか？　私たちは、ワシントン州南部での講演のあとで、それを探る機会を得た。農務省天然資源保護局の土壌保全担当者が、州境を越えてすぐのオレゴン州北部で行なわれた自然実験について教えてくれたのだ。

あるコムギ農家が、隣りあった二つの畑で異なる雑草防除法を採ったら収穫はどうなるか見てみようと思った。一方は地域で従来から行なわれている方法、つまり冬コムギの作付け期間外は裸地にして、定期的に除草剤グリホサートを散布するというもの、もう一方は、その農家にとって新しい方法、春オオムギ、冬コムギ、多様な被覆作物による複雑な輪作だった。発想としては、畑を一年を通じて植物で覆っておくことで、除草剤を使わずに雑草を抑えることができるかを比較してみようというものだ。農家は二つの畑に同じ品種のコムギをまき、それから堆肥と「根付肥《ねつけごえ》」として化成肥料を施した。二年後、収量問題の答えが出た。どちらの農地も一エーカー（約〇・四ヘクタール）あたり七五ブッシェル（約二六四三リットル）の収穫があった。被覆作物は収穫を減らすことなく雑草を抑えたのだ。しかしコムギのミネラル量はどうだったのか？

農家は私たちに分析用サンプルを送ってくれた。結果は興味深いものだった。不耕起、除草剤不使用で被覆作物を植えた畑には、追加の無機微量栄養素を加えてはいなかった。しかし、慣行農法で育てたコムギと比較して、被覆作物の畑のコムギはホウ素、マンガン、亜鉛を三五〜五六パーセント、銅、鉄、マグネシウムを一八〜二九パーセント多く含んでいた。

この無機微量栄養素の増加は、報告されている歴史的な減少に匹敵する規模だ。しかし土壌の成分全体をたった二年で変えることはできない。他の何かが、何か重要なことが起きていたのだ。

そんなに速く変わることができるものは何だろうか？　結論から言えば、土壌生物だ。被覆作物を植え、除草剤をやめたことで、このコムギ農家は、ミネラルを土から作物へと運ぶ地下微生物の大群を育てたのだ。

第3章　生きている土

健康な市民は国家が持ちうる最大の財産である。
――ウィンストン・チャーチル

食べものを疑ったイギリス人

　農業慣行と土壌の健康が食品の栄養素密度とヒトの健康に影響するのではないかという疑問が生じたのは、一世紀近く前にさかのぼる。一九三九年三月二二日、イングランドの医師三一人からなる委員会がチェシャー州クルーにあるライシアム劇場に集まり、食事、農業、健康のあいだにあると考えられる医学的根拠と関連性について議論した。数百人の傍聴者の中には家庭医、農家、政治家、関心を持つ地域住民らがいた。委員会は、自分たちの患者の経験や地域の家庭医との協議に基づいて、英国の医療の状況を評価した。二八ページの参考資料が付属した冊子に提示された証拠から、彼らは、化学肥料と農薬の使用が加速していることで人間の健康に悪影響がおよんでいると提唱した。

　開会にあたって委員長は、英国の医療制度が平均余命の向上に貢献したことを賞賛し、それが主に、医療サービスを国民が利用しやすくなったことの反映であると述べた。しかし、と彼は続ける。全国的な「死亡率の低下」は「体調不良の増加を考えると余計に注目に値する」。英国人は長生きになったが、その人生はより不健康になり、簡単に予防できる慢性疾患の治療法を求めるようになったのだ。二五周年を迎えた国民健康保険法の、不健康状態や病気の予防と治療という目標を損なっている犯人を、医師たちは何だと考えたのか？英国人の食事だ。

主に問題視されたのは、四つのよく知られた、そして一般的な英国人の健康状態だった。虫歯、くる病、貧血、消化不良だ。それぞれの事例で、委員会は根本的原因として質の悪い食事を指摘している。国民が食べるものに事欠いているということではない。食品に栄養が不足しているのだ。委員会は、英国の学童数百万人を対象にした一九三六年の調査を挙げた。それによると、三分の二以上が歯に大きな問題を抱えていた。南大西洋にある大英帝国の辺境の植民地、トリスタン・ダ・クーニャに住む英国人の歯がほぼ健全であることを考えると、これは遺伝的傾向では説明がつかない。委員会はまた、「適切な食事による予防」が「非常に簡単であり、犬のブリーダーはみな方法を知っている*」のに、骨が軟化するくる病が毎年何千件も英国の学童のあいだで発生していることを非難した。貧血は貧困層の子どもに猛威を振るい、消化不良は少なからぬ大衆をさいなみ、その割合は増加していた。医師たちはこれらの、またその他多くの疾患の原因が栄養不足だと考えた。他に考えようがなかった。現代の英国の食事は健康的ではないのだ。

委員会は、栄養不足に起因する健康状況への対処に、英国の医師が診療時間の半分を費やしているという結論に達した。ヒトの疾病を減らすには、食物の質を改善することが必要であり、それは土壌の肥沃度を回復することで得られると委員会は考えた。

目にしているものには確信があったが、現代の食品に欠けているものは何かについては、医師たちはそれほど正確にはわかっていなかった。そこで具体的に特定の食餌を推奨することなく、エスキモー（当時イヌイットをこう呼んでいた）は「肉、肝臓、獣脂、魚」を食べている、インドのフンザ人（現在のパキスタンにあるフンザ地域の住民。当時は英領インドの支配下にあった）やシク教徒は「小麦のチャパティ、果物、牛乳、豆モヤシ、少量の肉」で健康に暮らしている、トリスタン・ダ・クーニャ在住の英国人は「ジャガイモ、海鳥の卵、魚、キャベツ」を食べて元気にやっている、などと列挙した。こうした事例を並べていくうちに、きわだって健康な人々の食事に共通する要素に医師たちは気がついた——新鮮で、未精製の、加工を最小限に抑えた食品が圧倒的だったのだ。

白パンに化学肥料で栽培した茹で野菜という英国の労働者階級の食事には、何かが不足していると、医師たちは主張した。獣医学を参考に、新しい西洋式の食事と農業慣行は人間の場合も家畜と同様、確実に栄養失調につながるという結論に彼らは達した。医師たちは「この病気の多く、おそらくはほとんどが予防可能であり、国民に適切な食品を提供することで予防しうると指摘すること」が自分たちの責務だと考えた。

委員長が委員会の結論の発表を終えると、食品と農業での業績によりナイトに叙せられた二人の著名な発言者が、医師たちの証言を援護した。サー・ロバート・マキャリソンは何を食べるべきかについて述べ、サー・アルバート・ハワードはどのように栽培するべきかについて述べた。発表のあと、委員会はその結論を承認すべきかを傍聴者に問うた。議論はほとんどなく、出席者は全会一致で委員会の評価を受け入れる動議を可決した。英国人らしく、それから傍聴者は隣接する公会堂へと移り、ティータイムを取った。

マキャリソンは、英国の食事の問題点だと考えるものを明確に述べた。精白小麦粉（単純糖質）と肉の食べすぎに加えて、新鮮な野菜が少なすぎることだ。また、乳製品の摂取が少なすぎるとも主張した。彼は食事と食品の質が健康に影響することを証明する画期的な実験を行ない、委員会の視点の科学的な基礎を築いていた。

二〇世紀初頭、マキャリソンは英領インドの険しいヒマラヤの辺境で、軍医として勤務していた。その経験

---

*ビタミンDはくる病の予防と治療に特に重要である。骨の二大構成要素であるカルシウムとリンの吸収を助けるからだ。卵と脂肪が多い魚は優れたビタミンD源であり、ある種の食品（たとえば乳製品）には、現在ビタミンDが添加されている。

は食物と健康に関するのちの考え方に、多くの材料をもたらした。特に、マキャリソンは地域住民の体格と健康状態の顕著な違いに注目した。食物が原因だと推測し、ネズミで実験をすることにした。ネズミは人間の食べるものはほとんど何でも食べるからだ。ネズミの一生の一年は人間の一生の数十年に相当すると、マキャリソンは考えた。ほんの数カ月で、食物がヒトの健康に与える生涯の影響について、有意義な洞察が得られるはずだ。

ネズミは「体格のいい」人間と同じ食物――全粒粉のパン、牛乳、新鮮な野菜、豆類（レンズ豆、エンドウ、インゲンなど）を与えると、盛んに成長した。二年間、マキャリソンはこの食餌でネズミの群れを育てたが、自然の原因による病気や死亡は見られなかった。また子ネズミや母ネズミの死亡もなかった。きわめて対照的に、もう一つのネズミの群れは、「体格の悪い」人間のものに倣って、牛乳と新鮮な野菜がごくわずかな食餌を与えられた。こうしたネズミは、同じものを食べる人間を反映して、胃、腸、腎臓、膀胱《ぼうこう》の病気を患った。

興味を持ったマキャリソンは、実験を続けた。彼は若いラットの群れを二つの大きな檻に分け、餌以外の条件をすべて同じにした。一方の群れのネズミは、全粒穀物、牛乳、新鮮な野菜、たまに新鮮な肉という「よい」食餌を与えられた。もう一方の群れのネズミは、「マーガリンを塗った白パン、缶詰めの肉、重曹入りの湯で茹でた野菜、安い缶入りのジャム、紅茶、砂糖、少しの牛乳」という典型的な英国人の食餌を食べた。違いは一目瞭然だった。

「よい」食餌で育ったネズミは、身体的にも社会的にも健康に恵まれ、病気や争いに苦しむことはなかった。典型的な英国人の食事を与えられたネズミは、それほどうまくいかなかった。多くは病気になり、けんかを始めた。二カ月後には殺し合い、共食いをするようになった。マキャリソンは所見をこのように述べて締めくくった。質の悪い食餌を与えられたネズミは、英国人を次第に悩ませるようになっている病気の多くを発症する。マキャリソンの目に、その教訓は明らかだった。食事は健康の要であり、新鮮で未精製の食物を食べることが目的に沿う食事だった。

農業慣行がつくる作物の健康と食品の栄養価

やはり刺激的な発見をインドでなしとげていたサー・アルバート・ハワードが次に話した。ハワードは、肥沃な土壌は予防薬としての役割を果たす健康な食品を生産し、公衆衛生を支えると主張した。帝国経済植物学者として勤務するため一九〇五年にインドの土を踏んだハワードは、農業慣行がどのように作物の健康と食品の栄養価に影響するかを見た。ハワードが指導する大規模茶園の農場主を悩ます害虫や病気で、地元の自給農家は困っていないことに彼は気づいた。

このような違いに興味を持ったハワードは、地元の堆肥づくりの方法を研究し、その後それを茶園で利用するために改良した。有機物を土地に戻すことが、ハワードがスケールアップした手法の中心だった。「適切に作られた堆肥」を施された茶園や自給農地の土壌が、耐病性のある作物を生み、またそうした作物を食べた家畜が、化学肥料を施した作物を食べたものに比べて健康で回復力があることに、ハワードは何度も気づかされた。土壌、植物、動物、人間の健康はひとつながりの鎖だとハワードは考えた。

ハワードは、近代の農学者が見過ごしていた堆肥の利点について学んだ話題で、ライシアム劇場の聴衆の心を捉えた。彼はインドの小農たちから集めた知恵を語り、彼らを最高の教師と呼んだ。弱った作物を攻撃する昆虫や病菌を自然の農学教授と考えた。それらは栄養不良や病気の植物が、土壌生態系の混乱の徴候だとする認識を助けてくれたのだ。

健康で栄養のある作物を栽培する鍵は、自然のリサイクル係である土壌生物を育てることだと、ハワードは締めくくった。またハワードには、そのために何をすればいいかは明らかだった。土壌生物に質のいい栄養を、適切に作った堆肥、畜糞や窒素に富む尿のような動物の排泄物の形で与えることだ。土壌菌類などの生物は、やがて堆肥中にあるミネラルなどの栄養素を運んで植物に戻す。だがこれはすぐには起こらない。菌類や細菌が死んだときだけ、その体内の元素が植物の食べものとして土壌中に戻るのだ。ハワードの話の核心は、出来のいい堆肥やマルチは、有益な土壌生物に餌を与えて養うということだった。化学肥料にはそれができない。マキャリソンとハワードは、必ずしもラディカルな反体制タイプというわけではない。サーの称号を持つこの二人の名士は、作物と動物の病気の予防に果たす食物の役割に注目した数十年にわたる調査と実験から、その思想を構築したのだ。

非現実的な神秘主義と合理的思考

公聴会から一カ月後、『ブリティッシュ・メディカル・ジャーナル』誌が委員会の論説を「栄養、土壌肥沃度、国民の健康」のタイトルで発表した。いつもは取り澄ました雑誌に、これがきっかけとなって激論が巻き起こった。どうやら誰もが集会での関心を共有しているわけではなかったようだ。

とりわけ一人の医師、ニューヨークのリチャード・ボンフォードが同誌で発表したレターは、学界と医師の主流の反応を方向づけた。「良好な栄養と……食餌が体格と健康に重要であることを疑うものはいないであろう」と認めたあとで、ボンフォードは、化学肥料を使って栽培した食物には栄養が少ないという見解を酷評した。「科学的手法を捨てて神秘主義を取るようなことはやめようではないか」とボンフォードは訴えた。「無機塩類」（化学肥料は当時こう呼ばれていた）を使って野菜を栽培することは、当たり前になっていた。化学肥料で栽培した食物に栄養不足が起きる理由を示す責任は、今のやり方を批判する者にあるとボンフォードは考えた。みんながやっていることなら、何で不都合があるのか？

振り返ってみるとボンフォードの批判には、モンサント〔アメリカに存在した化学会社。グリホサートを主成分とする除草剤ラウンドアップを開発した〕が一九七〇年代に行なった悪名高い広告キャンペーン「化学がなければ、生命そのものがありえない」と、デュポン〔世界最大規模の総合化学会社〕の「化学でよりよい暮らし」のスローガンの前兆を見ることができる。数十年の時を超えて、これは同じことをほのめかしている。科学者も医師も市民も、農芸化学産業の進歩を疑うべきではない（これは、農薬、タバコ、気候変動などの影響を研究する科学者を攻撃し、過小評価し、否定するために疑いの種をまくという、今ではおなじみのパターンを先取りしてもいる）。

ボンフォードの懐疑的なレターに答えて、同誌はハワードのレターを公開した。それはチェシャーの医師たちの論説に添えられた、二八ページの参考文献に言及していた。彼らの医学的信条は、十分な証拠に——非現実的な神秘主義ではなく合理的な思考に——基づいていると、ハワードは述べた。さらにハワードは、その気になって見れば、「人工肥料」（と彼は化学肥料を呼んでいた）を使ったときには栄養の違いが健康におよぼす効果はすぐにわかると言って、ボンフォードをやり込めた。化学肥料を施した作物から堆肥を与えた土壌で育てた作物に食餌を変えると、サリー〔ロンドン南西部の地域〕の農場の動物も、ロンドン近郊にある大きな全寮制学校の生徒も健康状態が劇的に改善した事例をハワードは示した。

ハワードの考えでは、その説明は徹底して単純だった。化学肥料は土壌菌類と細菌のはたらきを損ねてしまう。植物の栄養として、したがって作物や家畜、ひいては人間の健康に欠かせない、微量栄養素を運ぶ力を落としてしまうのだ。ハワードは、菌根菌が植物の根と何らかの形で手を組んでいることを直感的に知っていた。もっとも、ハワードを含め当時の人々は、どのように協力しているかを完全に理解しているわけではなかったのだが。

化学肥料では土壌微生物と同じはたらきができないと、ハワードは主張した。これは、論敵が性急に投げつけたような近代科学の否定ではない。発見の最前線が広がって、そこでは機械論的理解を、観察と経験に基づく洞察が追い越しているという認識の表れだったのだ。

ハワードの研究は、腐植に富む土壌で栽培した作物は病気への抵抗力が高まり、そうした作物を食べた家畜に健康と回復力を与えることを示していた。堆肥を施した畑で栽培された食物に、化学肥料で育ったものに欠けている健康に不可欠な栄養を吹き込む不思議なものは何なのか？　ハワードは、医師たちと同じ問題に直面していた——この関係がどう作用するのかを実証することだ。そして土壌生物が栄養をどのように受け渡すのかを正確に説明できなかったために、他の科学者は彼の考えを、近代科学ではなくスピリチュアルなたわごとだと考えた。科学が追いつき、植物と土壌科学、あるいはマイクロバイオームについて欠けている知識を補うまでに、半世紀がかかった。結果的にハワードは、そのはたらき全体を完全には理解していなかったかもしれないが、それでも大筋は正しかったのだ。

緑の女王バルフォア

サー・アルバート・ハワードより二五歳年下のレディ・イブ・バルフォアは、農業慣行と公衆衛生をさらに強く関連づけ、それによってやはり同時代の科学者のほとんどと激しく対立した。その一九四三年の著書 *The Living Soil*（生きている土）は今日なお刊行され続け、彼女の思想がいかに画期的だったかを伝えるものとして有意義である。

イブリン・バーバラ・バルフォアは、バルフォア伯爵の六人の子の一人として一八九八年に生まれた。元英国首相アーサー・バルフォアの姪として、イブは上流階級社会に慣れ親しんでいた。しかし彼女は農家としての田舎暮らしのほうを好んだ。第一次世界大戦中、バルフォアはレディング大学に学び、英国の大学で農学の学位を受けた初の女性の一人となった。戦後、彼女は姉と共に相続財産を使ってイングランド東部に農場を買った。

二〇年のあいだ、彼女たちは作物、乳牛、ヒツジ、時にはブタを育てた。一九三八年、バルフォアはハワードの堆肥を基礎にした農業と、健康な作物、家畜、人間を支える土壌生物の役割という思想に心酔した。バルフォアは自分の農場で実験を始め、従来の化学肥料を中心とした土壌肥沃度の見方を、土壌生物学を含めるように拡張する必要があるとすぐに確信するようになった。

第二次世界大戦の直前から最中にかけて、英国全土に発生した不足、困窮、損失をきっかけに、バルフォアは生きた土壌について考えるようになった。そして自分の経験を中心に、ハワードや医師のネットワークの業績を援用して理論を展開した。これらの糸を織り合わせて、バルフォアは、生命力にあふれる土壌は健康な植物、動物、人間の土台となるものだと主張した。

今日、バルフォアの著書を読むと、それが現代の土づくり運動の最先端の考えと近いことに驚かされる。バルフォアは、農業と土壌の肥沃さについて旧来の見方に異議を持つ農家、農学者、医師が示す証拠、観察結果、経験をつなぎ合わせ、土壌生態系が肥沃な土壌と健康な作物の鍵であると唱え、健康な土壌で栽培された新鮮な未精製の食物が、人間の健康の秘訣だと主張した。さらには病院は土壌科学者を職員として置くべきだとまで言った。

ハワードと同様に、バルフォアは、菌根菌と土壌細菌が栄養を供給し、植物の健康維持を助け、栄養豊富な食物を生み出すことに貢献していると考えていた。バルフォアは関係を示唆する記述的研究と実験をまとめ上げて、間接証拠を整理した。しかし土壌微生物学の進歩が、バルフォアが実際に起きるのを見た好ましい影響のつながりを確かめ、メカニズムを完成させるまでには数十年が必要だった。バルフォアもやはり、何がはたらいているのかは見えていたが、どうはたらいているのかを示すことができなかった。このため、疑い深く、また専門化が進んでいた科学界は、バルフォアの考えを小馬鹿にしたような目で眺めるだけで、関心を持つことはなかった。
惑わされもくじけもせず、バルフォアは自説を証明する根拠を示し、土壌の健康がヒトの健康に転化することを立証すれば革命的な結果がもたらされると述べている。

合理的な疑いの余地なく、健康は実際に正しい土壌管理にかなりの部分を左右されると……結論が下されたときには、もしそうなったとすれば、私たちは革命的な状況を目の当たりにするはずだ。というのは、その場合は将来のいかなる公衆衛生制度も土壌肥沃度を基礎にしなければならないであろうからだ。*

人間社会の健康はその土地の健康に左右されると論じる中でバルフォアは、この根元的なつながりを無視したことによって、過去において悲劇的な結果を引き起こしたと言い切った。集中的な化学肥料と農薬の使用に頼ったことで、新たに、ほとんど認識されない土壌とヒトの健康への脅威が現われたのだ。
バルフォアの考えでは、有益な土壌生物を飢えさせれば害虫と病原体が有利になる——そして、農薬の需要拡大にさらに拍車がかかるのだ。

寄生虫や病気が作物に発生し、疫病が家畜のあいだで蔓延した。したがってこうした状況を抑制するために、毒の散布と血清を導入せざるを得なかった。**

しかし土壌の健康、植物の健康、ヒトの健康のつながりとは、いったい何なのだろうか？　バルフォアは、土壌生物が一般に考えられている以上に、大きく中心的な役割を植物の栄養と健康に果たしているのではないかと考えた。土壌生物は有機物を消費して、植物の健康に重要な別のものに変換しているらしい。ハワードとは違いバルフォアは、植物が栄養を得るために菌類を消費しているのではなく、菌類が植物の利用できる栄養を作り出しているのだと正しく推論していた。

バルフォアの考えでは、科学研究は病気の原因にこだわって、もう一つの疑問——健康の根源——には同じように関心を払っていなかった。十分な有機物のある肥沃な土壌に育った作物は病気にかかることがはるかに少ないと、バルフォアは知っていた。またそのような植物を餌として与えられたり牧草地で食べたりした動物も、高い耐病性を示した。こうした効果はそのような植物や動物を食べた人間にも波及すると、バルフォアは力説した。この因果関係の連鎖が、イングランドの病める労働者階級の健康を改善する鍵だと、彼女は考えたのだ。

つなげるべき点はいくつもあった。それでもバルフォアは、自分の農場の事例、公開された研究や他人の経験を援用しながら、丹念に論拠を示した。しかし彼女や意見を同じくする異端者たちは、土壌菌類がいかにして作物の健康を守るのか、まだ確かな根拠を欠いていた。メカニズムの特定という説明力がなかったために、その発想は科学界では無視された。そこでバルフォアは、自分の農場を一大実験場にしようと決心した。

＊Balfour, E. B. 1943. *The Living Soil: Evidence of the Importance to Human Health of Soil Vitality.* Faber and Faber, London, p. 24.

＊＊Balfour. *The Living Soil.* p. 51.

自分の農場を一大実験場に

バルフォアのモチベーションは、部分的には、高度に加工された食品を新鮮で未精製のものに変えることで、健康（と行動）が改善されたという、信頼できる観察に端を発していた。農学研究者たちには、過去の風習だと思っているものに時間と費用と労力を注ぎ込むつもりはないだろうと確信したバルフォアは、土壌の健康低下の問題にみずから取り組むことにした。

土壌の状況が健康と栄養に影響するというもっとも強力な証拠は、植物界からもたらされた。バルフォアの文通相手はおしなべて、有機農法による作物のほうが化学肥料を施したものより病気が少なく、虫害への抵抗力が強いと報告していた。当時の研究は、有機農法が家畜の健康を改善することも示していた。

バルフォアの経験は、正統的な考え方と真っ向から衝突し、分野のあいだを慣習にとらわれない形で橋渡しした。医学研究は、食餌が健康を維持する可能性よりも特定の疾患を引き起こす要素に注目しがちだった。農業省はそのような研究は医学研究審議会の案件だと考える。医学研究審議会はといえば、それは農業省の管轄だと思っている。両機関が出資した視野の狭い研究に飽き足らなかったバルフォアは、別の考えを思いついた。有機農法と慣行農法で栽培した食物が動物に与える効果を比較する、それも一シーズンだけで終わらず、何世代にもわたって隣接する畑で栽培した作物で実験を続けるというものだ。

誰もやろうとしない実験を開始する機会は一九三九年にめぐってきた。近所に住むアリス・デベナムが三二ヘクタールのウォルナット・ツリー農場を、腐植と健康の関係を研究するために設立された信託機関に任せたのだ。バルフォアはそこに自分の農場五四ヘクタールを加えて、ホーリー実験農場を作った。バルフォアは合わせた土地を三つの区画に分けた。有機栽培の区画は、その区画で産出した作物残渣と畜糞だけを施される。そこでは閉鎖系を、できるだけ近い形で模倣するのだ。第二の区画には、そこで産出した作物残渣と畜糞に加えて化学肥料を施す。第三の区画には動物はおらず、作物は化学肥料だけを施される。家畜のいる区画では、動物はそれぞれの区画で育った作物と牧草だけを食べる。

三つの区画の実験は順調に進んだが、補助金を受ける計画は第二次世界大戦のために中断した。それでも、バルフォアは化学肥料の使用を規制する戦時命令の免除を何とか得て、新しい実験農場の全区画でそれぞれの農法を続けることができた。

一九四三年に*The Living Soil*を出版すると、実験への関心は高まったが、終戦直後とあって資金調達は難しかった。社会は前向きに再建しており、古い考えについての新しい研究には投資しなかったのだ。だがバルフォアと仲間たちは諦めることなく、一九四六年には土壌協会を創設する。ホーリー実験農場での研究は続けられ、規模を拡大して現在で言うところの持続的な農業を推進するようになった。

実験では、一〇年にわたる輪作を二回続けて行なった。オートムギ、オオムギ、豆類、コムギ、複数種を混ぜた牧草を輪作し、四年間の放牧のあとでまたオートムギから始めるというものだ。バルフォアは、この輪作がすべて終わったあとで比較をすることを強く主張した。一九五二年には、初代の家畜――ジャージー牛、ライトサセックス種のニワトリ、自家交配のブタ（これは一九六〇年にヒツジに入れ替えられた）――が購入され、一回目の輪作が始まった。家畜のいない区画では、放牧する区画で一回輪作するあいだに、五年の輪作を二回行なった。

一九六一年に最初の輪作が終わると、土壌協会は結果を会員に報告した。化学肥料を使用した畑ではいくらか高い収量が見られたが、有機区画の収量は二〇年間低下していなかった。その結果は、肥沃度は化学肥料を投入しなくても保たれることを示していた。それどころか、有機区画で高収量の部分は、化学肥料の投入のない時期がもっとも長かったところだった。また、有機穀類の収量はたいてい低かったが、タンパク質含有量は一貫して高かった。さらに、有機区画で放牧した乳牛はより健康状態がよく、牛乳を一五パーセント多く産出した。

注目すべきは、実験の過程で土壌が変化したことだ。一九六〇年までに、有機農地の腐植の含有量は六パーセントに増え、一方で家畜のいない畑の腐植は三パーセントに低下した。実験では、有機土壌には動物のいない畑よりも五割増しの保水力があることも示された。慣行農法で管理された家畜のいない畑の土壌は、埃っぽく、固く、ぼろぼろした地面になり、少し雨が降ると水浸しになった。対照的に、有機の畑のふかふかしたスポンジのような土壌は、大雨でも染み込んだ。

有機区画の腐植の量は、畜糞と化学肥料の両方を施された混合区画よりも一貫して多かった。従来の予想に反して、化学肥料は土壌有機物を増やさなかったのだ。

主流の考え方と対立する発見がもう一つあった。化学肥料を使っていないのに、植物可給態の窒素の量は有機区画でもっとも高かった。対照的に家畜のいない区画では、毎年窒素肥料を加えていても、土壌窒素は増えなかった。定期的な化学肥料の施肥は無駄であることが証明されたと、バルフォアは結論づけた。作物は畑に施された肥料の半分以下しか吸収できず、残りは流れ出して下流の水を汚染するのだ。

リンも有機農地と慣行農地で違う挙動を取った。家畜のいない、慣行的に化学肥料を与えた区画では、土壌中の可溶態リンの濃度がきわめて不安定であり、施肥直後の晩秋にはっきりとしたピークがあった。しかし有機区画の可給態リンの濃度は、晩夏にピークがあった。これは土壌中の生物の活動が高まったためと考えられ、腐植の含有量がもっとも多い畑でもっとも高い濃度が計測された。

特にこの発見によって、バルフォアはある認識に至った。土壌有機物は微生物の活動を活性化させる。農業慣行が土壌生物と、ミネラル元素の植物や作物への輸送に影響し、それがさらに家畜や人間に波及するという関係がここにあったのだ。

植物可給態ミネラルの供給源と季節的変動に関するこの発見が、ホーリー実験の重大な貢献だとバルフォアは考えた。これは、作物が必要とするときに要求される量のミネラルを、土壌生物が植物に利用できるようにしているということだ。土壌生物が肥沃度を調節する主要な構成要素だという論は、正統的な考えに真っ向から挑戦するものだった。

加えて、ホーリー農場の有機作物は、害虫被害に対する大きな抵抗力を示した。ミネラル不足の徴候はほとんど見せなかった。雑草は、除草剤が定期的に使われた混合区画と家畜なしの区画では増えた——除草剤の散布が作物生産を維持するために欠かせないほど多かった。有機区画では、雑草圧ははるかに低かった。一九六〇年と六一年には、ゾウムシが混合区画の作物を脅かしたが、有機区画の作物は無事だった。そして一九六一年、混合区画にサイレージ用に混植したオートムギとエンドウがゾウムシによって全滅した。隣接する有機区画の同じ作物には、目立った被害は発生しなかった。

有機農地のウシとニワトリ

もう一つの大きな発見は、有機区画ではより健康な家畜が生産されたことだった。有機の畑でウシの群れは安定して状態がよく、混合区画に比べて「いっそうの満足と落ち着き」を見せていた。このウシたちは、混合区画の群れよりも全体としては食べている餌が少なかったにもかかわらず、餌の単位量あたりで多くの乳を出した。ホーリー報告は、面積あたりの牛乳総生産量が有機区画でもっとも多い結果になった原因を、有機牧草地の餌の総固形物が、混合牧草地の二倍近かったためだとしている。言い換えれば、混合牧草地のウシは同じ栄養を摂取するのに、二倍の草を食べなければならないのだ。一九六二年、混合農地の中央を横切って帯状に、わざと化学肥料を施さない部分が作られた。草を食べにやってきたウシは、畑の化学肥料を使っていないところの草をむさぼり食ってから、他に取りかかった。

平均して、有機農地のウシは混合区画のウシよりも数年長く牛乳を産出した。ニワトリの成鳥の死亡率は、有機の群れで低かった。ホーリー農場のニワトリを買った地域の農家は口を揃えて、有機区画の鳥はそれ以外の群れの鳥よりも卵をよく産み、耐病性も高かったと報告した。

一九六一年、土壌中の植物可給態微量元素の量が比較された。家畜のいない（慣行）区画に比べて、有機区画には六〜二〇パーセント多くの植物可給態マンガン、モリブデン、亜鉛、銅、ホウ素、コバルト、鉄があった。マグネシウムはどちらの区画も同じで、家畜のいない区画にはニッケルが二五パーセント多かった。一九六二年と六三年には、有機区画の土壌で植物可給態の鉄、マグネシウム、亜鉛の濃度が高かった。収穫した作物に含まれる微量栄養素の測定は研究チームには難しすぎたが、もう一つの栄養素の数値が目を引いた。有機農地で育てたウシから搾った牛乳のビタミンC含有量は、化学肥料を施した畑で育った群れの牛乳よりも一五パーセント多かったのだ。

もう一つの興味深い発見は、有機区画の群れの行動を観察して得られた。ウシは、異なる組み合わせで牧草を混植した二つの隣接する牧草地で放牧された。一方の牧草地は幅広い種類の根の深い草、もう一方はイネ科植物とクローバーが植えてあった。いずれの牧草地でもウシが干した海藻を与えられ、両方の牧草地を自由に行き来できるようにされたとき、その意味深い行動が起きた。根の深い草を食べたときは必ず、ウシは海藻をわざわざ食べようとはしなかった。しかしイネ科植物とクローバーを食べたときは、すぐさまそこにある海藻を食べつくした。農場全体で、ウシは根の深い草をもっとも熱心に食べた。明らかにこのウシたちは、漫然と草を食《は》んでいるのではなかった。牧草の違いを感知して、好みに応じて行動することができるのだ。

ホーリー実験は一九六九年まで行なわれたが、二周目の輪作を完全に終える前に資金不足で中断された。一九六七年に混合区画と家畜のいない区画での化学肥料使用量が増えたため、実験デザインにさまざまな変更が生じ、比較は複雑になった。二年後、資金難と、実験方針の不一致により研究者とボランティアの連合体は分裂した。一九七〇年、土壌協会は破産を回避するために農場を売却し、ホーリー実験は終わった。

それでも、三〇年におよぶ実験の終わりに、有機区画の土壌有機物は家畜のいない（慣行）区画の依然二倍あった。一〇年後の一九八〇年にミミズの発生量と土質の追跡調査が行なわれ、扱いの違いの影響が続いていることが確認された。有機区画のミミズ発生量は、依然として家畜なしの区画のほぼ二倍あった。また有機区画の土は明らかに色が黒く、浸透を促進する「団粒構造」を保っていた。一方家畜のいない土壌は土塊を形成し、雨が降ると水溜まりができた。

微生物生態学の進歩が明かしたバルフォアの洞察の正しさ

バルフォアは一九八五年に土壌協会を引退した。一九八九年に九〇歳で脳卒中に倒れ、それが原因で翌年大英帝国勲章を叙勲された直後に死去した。その有機農業への貢献は存命中に認められていたが、化学農業の進軍は、バルフォアが主張した農法を圧倒した。

今日、微生物生態学の進歩はバルフォアの見解が正しかったことを証明している。植物と土壌生物の複雑で共生的な関係に対するバルフォアの洞察に、証拠と理解が追いつくのには数十年かかった。農業慣行が、土壌生物への影響を通じて、植物の健康と食物の栄養成分に影響することが明白となった——健康で肥沃な土壌は健康な植物を育て、それが家畜と人間の健康をはぐくむのだと唱えたとき、バルフォアが想像していたとおりに。

人間の健康の基礎として、健康な土壌で栽培した未精製で新鮮な食べものの価値を広める運動が活発化する中に、バルフォアの遺産は生きている。今こそ、そのかつて過激と見られた思想がより深く根を下ろす機が熟しているのかもしれない。

土壌の健康をどのように特徴づけ、評価するかを考えるにあたって、健康という概念を医学界がどう扱っているかを検討してみてもいいだろう。もっとも単純には、健康とは病気がないことと定義できる。一九四六年に世界保健機関はさらに進めて、より幅広い健康の定義を採用した。つまり、健康とは、肉体的、精神的および社会的に良好な状態であり、単に疾病がないことではないというものだ。健康を直接測定することは難しいが、体温、血圧、血糖値のようなヒトの健康のわかりやすい指標は、たしかに存在する。

複雑ではあるが、土壌の健康についても一般レベルでは同じことが言える。土壌の健康を評価するにあたって考えるべき第一の指標は比較的簡単なもの、土壌有機物と、土壌生物の発生量、活動、群集構成だ。そしてこれらこそまさしく、慣行農業の下で損なわれているものなのだ。

第4章　慣行農業の行きづまり

バラが欲しければ土を世話しなくちゃ。
――インディゴガールズ

土壌の健康は世代を超えた信託物

土壌生物をはぐくみ肥沃度を高めながら、すべての人に十分な食物を栽培することなど、本当にできるのだろうか？　これは現代だけの問題ではない。バルフォアが古い考えに挑戦するはるか以前、アメリカ建国期の農民は、新国家の土の状態を心配していた。彼らは肥沃な土地を民主主義の礎と考えていた。トーマス・ジェファーソンまでもがこのように宣言して、土壌の健康を、世代を超えた信託物と位置づけている。「農民は土地の所有権を持っているが、実際はそれはすべての人民に属するものである。なぜなら文明自体が土に支えられているからだ」。

ジェファーソンの時代、作物の収穫量は、前の世代が東海岸で収穫したものより減っていた。土地と奴隷労働から富を得ていた植民地の大農園主は、農地の状態が悪くなっていくと、いつもこぼしていた。ジェファーソンは農場日誌に、土壌に関する心配が膨らんでいることを書き、土壌を作り守るために被覆作物、輪作、ガリー〔水の流れで侵食された地形〕の埋め戻しに関心を持っていると述べている。ジェファーソンは最高の犂《すき》を発明したと自慢してまでいる。その新しい、刃が湾曲した設計は、土を持ち上げながらひっくり返すので、耕すのが楽になる。フランス農学会はジェファーソンの臆面もない自己評価を承認し、金メダルを授与した。

自分の評判高い犂が、土壌劣化という建国期の遺産の種をまこうとは、ジェファーソンはほとんど思ってもいなかった。ジェファーソンの死去からわずか一〇年後、鍛冶屋のジョン・ディアがジェファーソンの設計に改良を加えた犂を売り出した。ディアの鋼鉄製の犂は、アメリカ大草原に密に張りめぐらされた草の根を断ち切ることができた。アメリカ中心部をすき起こした対価は、一世紀とたたないうちに、風に吹かれた土埃がもうもうと立ちのぼる黄塵地帯《ダスト・ボウル》として現れた。結果は衝撃的であったが、犂の影響で破壊されたのは平原だけではなかった。

ジェファーソンが今日生きていたら、慣れ親しんだ土地のありさまをきっと嘆いたことだろう。ヨーロッパからの初期の入植者が記録した厚さ一五センチ以上の肥沃な黒土は、もはやバージニアから南北カロライナに延びる高地を覆っていない。ピードモントの丘陵地に連なる農場では、赤茶けた下層土が地表に露出し、化学肥料に頼った農家の苦闘から生まれた真の遺産を明らかにしている。習慣的な耕起は、かつて生産力が高かった農地を裸に剝《む》き、風と雨の侵食力に耐えられなくした。やがて表土はゆっくりと、だが確実に土地からはぎ取られていった。

耕起による土壌生態系の破壊

犂は農家と土壌にとって諸刃の剣である。植え付けの準備に、除草に大いに役立ち、一時的に微生物による有機物の分解を速め、その結果栄養が放出されるので、肥沃度と成長速度が一気に高まる。一般に言われる、しかし間違った耕起の理由が、地面に降った雨が土に染み込みやすくなり、作物に多くの水を与え、侵食を起こす表面流出を抑えるというものだ。だが実際には、耕起すると水が地面に染み込みにくくなる。犂が通ると、水を地中へと運ぶ自然の通り道が壊れるからだ。耕起は表土を粉砕し、乾いた埃っぽい地表を作る。そこに雨が降ると、今度は固まってしまう。また土がむき出しの畑は侵食され、肥料と農薬を含んだ土は流されて、よそで問題を起こす。

犂は土壌生物が棲む間隙も壊し、かき乱す。漫然とくり返す耕起で、有機物の供給は低下し、土壌生物は飢える。一九九五年に行なわれた一〇〇本を超える査読論文のレビューでは、耕起が土壌食物連鎖、特に比較的大型の生物を大きく攪乱することが明らかになっている。このような生物と、それらの穴掘り行動が喪失すると、土壌構造に変化をもたらし、表面流出の増加と地面への水の浸透の減少につながる。

また耕起は直接土壌生物を殺す。もっともわかりやすく顕著な影響が、ミミズに対するものだ。ミミズは天然の肥料システムにおいて大きな役割を果たしている。犂の刃はミミズを切り刻み、巣穴を破壊する。これが問題なのは、ミミズが農業という炭坑のカナリアだからというだけではない。ミミズのはたらきは、自分自身や他の多種多様な土壌生物の地下生息地に加えて、天然の排水路を土壌に作り出す。クジラが水中で濾過摂食をするように、ミミズは土を取り込み、土の中を移動して餌を探す。そして絶えず鉱物土壌と有機物を混ぜ、肥沃度を高めている。ミミズの体内を通過した土は、有益な微生物と、腸内で作られた植物の生長を促進する物質が増える。ミミズの活動は、作物残渣や土壌有機物に含まれる窒素の放出にも役立っている。

チャールズ・ダーウィンは死のわずか数カ月前に完成した最後の著書で、ミミズを神の「耕作人」と呼び、その疲れを知らぬ活動が土壌に栄養を補充し、イングランドの田園をはるか昔から肥沃に保っていたことに驚きを隠さなかった。ミミズは今もその活動を行なっている。二〇一四年のある世界規模のレビューで、ミミズは作物収量を平均二五パーセント増加させることがわかった。これは慣行農業との差を十分に埋められるものだ。このいくぶんうれしいニュースが意味するのは、ミミズが世界の食料供給の助けになり、なおかつ誰もそれを食べなくていいということだ。

私たちは今ようやく、ひんぱんな耕起と農薬と化学肥料の集中的な使用が、ミミズに大打撃を与えることに気づき始めた。長期農業試験——中には一世紀にわたって行なわれたものもあった——を対象にした二〇一八年のレビューでは、一貫して半分ないしすべてのミミズバイオマスが失われており、平均喪失量は八〇パーセントを超えることがわかった。どうも、現代農法はかつて農場で生きてきたミミズの大半を根絶やしにしてしまったようだ。*

耕起はミミズにとって逃げ場のない天災だ。その影響は時に衝撃的であり、耕起が化学肥料や農薬以上にミミズの個体数を低下させることもあるほどだ。たとえば、ニュージーランドで二〇年にわたり慣行農法と不耕起農法の農地で土壌の質を比較したところ、慣行農法の農地にはほとんどミミズがおらず、一方、不耕起の農地には犂を入れたことのない草原と同じくらい多くのミミズ、さらには二倍から三倍の微生物がいた。

耕起がもたらす菌根菌・細菌へのインパクト

耕起は菌根菌にとっても過酷だ。広く張りめぐらされた菌根を切り刻み、そこを流れるあらゆるもの——ミネラル、水、その他植物のパートナーに有益なもの——の運搬を断ち切ってしまうからだ。五四の圃場試験を対象にした二〇一六年のレビューでは、比較的軽度の耕起と被覆作物の組み合わせで、作物の根にコロニーを形成する菌根菌や、分解された動植物から土壌生物や作物に還る栄養の流れが大幅に増えることがわかった。農家は耕起を極力抑えることで、植物の健康と地上の生産力を増進する菌類群集の多様性をはぐくむことができるのだ。

細菌への影響はもっと複雑だ。細菌群集は耕起のあとで急増することもある。攪乱することで土壌の表面積が増え、細菌の餌になる新しい有機物との接触が増えるからだ。ときどきなら耕起して一時的に土壌が攪乱されても、たいてい回復できることはわかっている。しかし習慣的に耕すのは絶え間ない災害のようなもので、土壌有機物の蓄積が常に追いつかず、地下群集の力を弱めてしまう。

耕起は窒素が作物に運ばれるタイミングにも影響する。すき起こした直後は細菌の活動が活発になり、窒素がただちに利用できるようになる。しかしそれが起きるタイミングがよくない――作物が窒素をもっとも必要とする、あるいはもっとも取り込むことができる急速に生長する時期はもっと後なのだ。このずれは、いわば赤ん坊にステーキを食べさせようとするようなものだ。だいたいが床に落とされることになる。だからすき起こされた土壌中の有機物から放出された大量の窒素は、流されて畑から失われるだけだ。合成窒素肥料では問題はもっと顕著になる。水溶性が高いので、栽培初期に大雨が降ると、ほとんどの作物が取り込めるようになる前に、土壌からたちまち溶け出してしまうからだ。

では犂の壊滅的な影響には、どう対処すればいいのだろうか？　いいニュースがある。地面を引きはがしひっくり返さなくても、種をまける農法があるのだ。不耕起播種機《はしゅき》は、前作物の残渣で作ったマルチを貫通して地面に細い切れ目を入れ、その下の土壌に種を落とす。農家はこのような有機マルチ層を「かす」と呼ぶが、この言葉はその本当の価値にそぐわない。有機マルチと最小限の土壌の攪乱の組み合わせは、農地土壌を改善し作物の健康に有益なはたらきをする土壌生物にとって、理想的な生息地を作り出す。

高濃度の土壌有機物を作り出し維持する農法は、ある栽培期に栄養を蓄えて、次の栽培期の作物に使うという預金口座のような機能をする。これこそイブ・バルフォアが早くから気づいていたものだ。そして不耕起農

＊ただし、地域によっては外来のミミズが侵略的種であり、たとえばミネソタ州では森林に害を与えていることは注意すべきだ。

法を被覆作物と組み合わせると、土壌有機物が蓄積され、効率のよい点滴灌漑システムで栄養を運ぶように、窒素が栽培期間中均等に放出される。

不耕起栽培に切り替えると、どのような違いがあるのだろうか？　二〇一八年に、慣行農法で耕起した畑と不耕起の畑をコーネル大学とアメリカ農務省の研究チームが比較したところ、一二年間不耕起農法を行なった結果、土壌有機物の量と微生物バイオマスは多く、植物可給態亜鉛の濃度は高く、表面流出は少なく、より多くの水を土壌中の作物の生長の助けになる場所に蓄えていることが明らかになった。被覆作物を導入すると、土壌中の植物可給態の鉄をはじめ、こうした好ましい効果がさらに増大した。このように、土壌有機物を増やす農業慣行は、作物が取り込む微量栄養素の量も増やすのだ。

こうした効果は珍しいものではない。不耕起農法が土壌有機物におよぼす効果についてのレビューでは、表土では増加、土壌断面全体ではまちまちな結果が報告されている。こうした比較のほとんどは、不耕起を単独の慣行として扱っているが、土壌有機物を増やす能力を余すところなく発揮するには、他の慣行、特に被覆作物と組み合わせることが必要であるようだ。

堆肥を加えると、さらに好ましい結果が得られる。たとえばカリフォルニア大学デービス校の研究では、トウモロコシ―トマトと、コムギ―休耕の輪作を行なった耕起農地に、合成窒素肥料、冬の被覆作物、堆肥化した鶏糞で施肥した効果を比較した。二〇年近くの研究期間で、化学肥料を与えた農地の土壌有機物は増えなかった。被覆作物を植えると、土壌の最上部三〇センチの炭素は増えたが、もっと深い土壌断面の一八〇センチのところでは減っていた。しかし被覆作物と鶏糞堆肥の両方を使うと、全体の土壌炭素濃度は年に約三分の二パーセント増加した。論文の著者はこの顕著な差を、堆肥が土壌生物の餌となった（またおそらくその種をまいた）ためであるとした。

輪作は――それをしないことも含め――やはり菌根菌の多様性と構成に影響を与える。ケンタッキー大学が一九九〇年代に行なった実験で、輪作によって畑の菌類の多様性が、同じ作物を連続して栽培した畑と比較して劇的に高まることが示された。土壌微生物群集も急速に変化したが、どの作物をどのような順番で栽培するかで効果はさまざまだった。共生関係が盛んになることもあれば、病原性のものが増えることもあったのだ。

同じ作物をくり返し栽培することは害虫や病原体の誘因としてはたらく。次の世代の害虫や病原体は、各々の嗜好に合わせた品ぞろえのいい食料品店の中で生活を始めるようなものだからだ。しかし、よりバラエティに富む作物を栽培すれば、多様な微生物を呼び込み、その大多数は害虫でも病原体でもない。異なる作物を混ぜて次々と栽培することで、害虫は意表をつかれてしまうのだ。それはつまり、私たちの食卓にのぼる食物にかける農薬が少なくて済むということだ。

一九九〇年代末、再現性の高い草地における生態学の野外実験で、植物群落の多様性が高いほど安定して生産力が高いというチャールズ・ダーウィンの主張が確かめられた。土壌肥沃度と生産力は植物の多様性に影響し、生産力の高い場所はより高い多様性を維持できることも知られている。これが双方向にはたらく——多様性が生産力を支え、生産力が多様性を支える——ことは、農業環境に関係のある正のフィードバックが存在するということだ。

土壌有機物と土壌の健康がもっとも劇的に増大するのは、低耕起または不耕起農法、被覆作物、多様な作物の輪作を組み合わせたときだ。たとえば、ブラジル南部での長期研究は、二五年間の慣行耕起で土壌有機物が天然土壌の五分の一未満まで減ったことを記録している。だが、不耕起、被覆作物、多様な輪作に転換すると、わずか二〇年で土壌有機物はほぼ完全に回復した。私たちは同様の結果をガーナで、オハイオで、サスカチュワン（カナダ）で、南北ダコタで目の当たりにしてきた。こうした地域では、最小限の攪乱、被覆作物、多様な輪作の組み合わせを基本とする農法を採用した環境再生型《リジェネラティブ》農場が、土壌有機物を現地の天然土壌に近い、あるいはそれを上回るレベルにまで回復させているのだ。

土壌肥沃度を回復させるには、単独の農法よりもシステム全体を採用したほうがはるかにうまくいく。土壌の撹乱を減らし、その上栄養源を供給することで、有用な土壌生物は繁殖し、守られる。不耕起システムに被覆作物と多様な輪作を加えることで、微生物、植物、動物が入れ子になってより大きな生態系の一部として繁栄できる生態学的関係が全体的に模倣される。古典的な例が、植物がなければ草食動物が餓死し、獲物がないので肉食動物が死に、その二つがなければ屍肉食動物の食べものがなくなるというものだ。土壌有機物を増やすことは、多様で安定した食物源の土台となり、そうすることで土壌生物の群集がより多様な——そして有益な——ものとなっていく。だが、もし土壌にわずかな種類の栄養を過剰に与えたらどうなるだろう？

土壌のジャンクフード——窒素肥料

窒素肥料の利点と副作用については以前から、時に熱を帯びた議論がなされてきている。現在主流の農法の支持者は、たいてい作物収量が多くなったことを指摘し、化学肥料がなければわれわれはみんな飢え死にするという主張に飛躍する。この論点は、しかし、よく言われるほど明快なものでは決してない。有機農法の生産量が低いことを報告する研究の多くには、移行期と、劣化して有機物に乏しい土壌の名残からのデータが反映され、あるいは含まれているのだ。

窒素肥料の利用をめぐる議論のもう一方の端にあるのが、それは作物の生長を促すが、土壌生物への悪影響が大きすぎて持続可能ではないという主張である。この正反対の見方は、短期的に見た収穫量と長期的に見た作物の栄養の質という、農業に固有の緊張関係から生じたものだ。

慣行農法支持者の定番の論点は、主に窒素源が合成か有機かがなぜ問題なのかというものだ。しかしこれは間違った疑問だ——なぜなら、もちろん問題ではないからだ。窒素は窒素に違いない。しかし、もし窒素が他の元素と化合していて、それが窒素の水溶性を高め、運ばれる速度を高めているとすれば、それは問題だ――大いに。一九七四年、二種類の窒素肥料が植物の病気におよぼす影響に関するレビューが*Anual Reviews of Phytopathology*（植物病理学年次総説）誌に掲載され、肥料として使われるもっとも一般的な形の窒素が、さまざまな作物の病気の発生を増やし、重症度を上げることが報告された。さらに、化学肥料として施される窒素の約半分は作物に取り込まれる前に農地から流れ出し、過剰施肥は作物の抵抗力を損ねて病気や病原体に付け入る隙を与え、副作用として無機養分が失われる。

昔、植物界は窒素問題を違う方法で解決していた。多くの植物は窒素固定細菌と共生している。また有機物の微生物分解も、生育期に窒素を供給する。春から夏にかけて気温が上昇すると、有機物を分解する微生物群集の活動が活発になり、植物が取り込める窒素が土壌に増える。この仕組みは、作物の生長のピークと同時に起きるので、きわめてうまくはたらく。

長期的に合成窒素肥料に頼ることの主な問題は、それが微生物の活動を刺激して有機物分解の速度を速め、作物が利用できない時期に栄養を放出させることだ。トレーサーでタグをつけた肥料を使った実験では、トウモロコシ、コムギ、コメはすべて、直接肥料からよりも土壌から――土壌有機物から――多くの窒素を取り込んでいた。だから合成窒素肥料を多量に使えば、有機物の分解の速度を上げる微生物に餌を与え、そうすることで慣行農地の土壌有機物量を減らしてしまうのだ。

もちろん、植物に取り込んでほしい分だけ水溶性窒素肥料を使うことは、理にかなっている。そして、ある特定の作物を栽培するのに、どれくらいの窒素を畑に与えればいいかを合理的に見積もるには、土壌中にあるすでに可溶性の窒素の量を測定し、それから農学的に望ましいレベルと比較することだ。たいていの場合これは、窒素をたくさん与えることを農家に勧めることになり、そして実際そのようにする。

だが農家が従来の土壌試験の結果によって知るのは、すでにある植物可給態の窒素の量だけで、窒素固定細菌がどれくらい供給できるか、分解者がどれくらい有機物から放出できるかではない。だから典型的な土壌試験の手順では、例のごとく窒素の過剰施肥になるのが落ちだ。

私たちは、トーマス・ジェファーソンの地元に近いバージニア州の農業会議で講演したときに、これを確認してもらった。もう一人の講演者、南西部から来た農務省の研究者は、トウモロコシに与える窒素肥料の最適量は、土壌の生物活性と有機物の量によって決まると報告した。しかし彼のグラフは、推奨される窒素肥料の量を計算したとき、地域の農業普及員は土壌に有機物はまったくないと想定したことを示していた。プレゼンテーションはさらに、土壌有機物と生物活性が最高レベルの農場における窒素肥料施肥の最適量は、ゼロであることを明らかにした。言い換えると、健康な土壌に合成窒素肥料を与えるのは、金の無駄であることが証明されたのだ。

植物の防御システムを解除する化学肥料

土壌酸性化は、化学肥料に頼ることで起きるもう一つの厄介な長期的影響だ。二〇一五年の国際的レビューは、窒素肥料の施肥量に比例して土壌は酸性に傾く（ｐＨが低くなる）と結論している。結果として起きた酸性化は、カルシウム、マグネシウム、カリウムなどの無機栄養を枯渇させ、高濃度では毒性を生じる元素（たとえばアルミニウム）の可溶性と植物可給性を高める。極端な事例では、合成窒素を使い続けることで土壌の酸性化が進み、根の生長が妨げられたり、土壌生物を害したり、栄養の取り込みを阻害したりして、やがては作物に害を与えることとさえある。程度の問題ではあるが、これは食品の栄養減少に潜在的に関わるもう一つの要素だ。また、酸性土壌はマメ科植物と共生関係を築いている窒素固定細菌を害し、すると窒素肥料の必要が増すというのも興味深い。

可溶性窒素が多すぎても土壌生物群集は変化するが、ある研究は総微生物バイオマスが増えたと報告し、別の研究は減ったとしている。だが土壌生物が多ければ多いほどいいとは限らない。どのような生物がいて、それが何をするかでまったく違ってくるのだ。植物は、生長周期のちょうどいいタイミングで特定の無機微量栄養素を獲得できるように、特定のパートナーに頼っている。これが農業慣行と植物の健康が直接つながっていることを示しているのだ。

土壌の窒素量が化学肥料の使用で増えると、菌根菌の量と多様性が減少することはよく知られている。特に、圃場スケールでの実験的研究では、高度の窒素肥料使用によって、あまり共生的でない菌類が選択されることが示されている。したがって窒素を化学肥料によって与えれば与えるほど、作物が菌類との関係から得る利益が少なくなるのだ。

対照的に、被覆作物の滲出液、ゆっくり分解される植物質、ウシの糞という形の栄養は、土壌中の菌類の量と多様性を増やす。菌根菌は亜鉛やリンのような難移動性元素を取り込み、作物に運ぶことができる。土壌に棲む別の菌類と細菌は、鉄の可給性を高め、植物が取り込めるようにすることができる。

慣行農法に関する議論の中でほとんど認識されないのが、定期的な耕起と化学肥料の使用が、植物と栄養獲得に関わる土壌微生物叢の共生を阻害することだ。栄養が化学肥料からただで手に入るので、植物は窒素、リン、カリウムを土壌に棲む共生生物からもらわなくてもよくなる。しかし無料のサービスは往々にしてそういうものだが、それは実は無料ではない。同時に作物は他の配給を——ミネラルから、有益な微生物代謝産物、植物の防御力を刺激する信号物質まで——失ってしまうのだ。それ以外にも影響がある。作物の風味が失われ、それは、あとで見るように、想像以上に人間の健康と密接な関わりがあるのだ。

全体として、根のマイクロバイオームをかき乱せば、健康に対する植物界の基本戦略——頑丈で侵入を許さない防御——が弱体化する。植物の保健計画の要はファイトケミカルに依存しており、その多くは植物と土壌生物との相互作用で生み出されるものだ。だから定期的に化学肥料を与えられた作物は丈夫に育つかもしれないが、微生物の共生者を失って防御システムを武装解除することになる。この状態の作物は、脚を折ったシカが肉食獣の群れから逃れようとしているようなものだ。

根滲出物が微生物の餌となり、その微生物の身体が主要な土壌炭素源になるという近年の発見は、植物と有益な土壌生物との互恵的関係の根本的性質を強調するものだ。二〇一七年に行なわれた全世界五六の研究の分析では、土壌型が同じ慣行農地と有機農地を対にした平均一六年間の直接比較について報告している。有機農法の土壌では、慣行農法の土壌に比べて、微生物バイオマスに約五〇パーセント多くの炭素と窒素が含まれ、微生物の多様性と活性も高かった。

滲出液を餌にする微生物の小さな身体が土壌有機物に大きな貢献をしているという事実が、化学肥料の影響の中でもほとんど認識されていないがきわめて有害な事態を引き起こす。可溶性の合成栄養で育った作物は滲出液の産出を切りつめる。植物はすっかり怠け者になり、さまざまな共生関係に加わろうとしなくなる。だが本来植物は、この共生関係から、丈夫で健康であるために必要な分子や化合物を供給されているのだ。この影響の大きさを把握するには、植物が光合成で得た炭素の二〇〜五〇パーセントが、根滲出液になって土壌微生物叢を支えることを考えればわかりやすい。だから滲出液生産に影響する農業慣行は、有用微生物代謝物の供給と土壌有機物の濃度の両方を左右するのだ。

生物学的なバザールという土壌の新しい見方は二〇一六年、レビューとして*Advances in Agronomy*（農学の進歩）誌（必ずしも急進的思想の温床というわけではない）に掲載された。著者らは、植物マイクロバイオームは現在「水と栄養へのアクセスを増やし、害虫や病気に対する抵抗力を調節することによって、自然および管理された生態系において植物の健康維持に重要だと広く考えられている*」と結論づけている。言い換えれば、植物は微生物がいないときではなく、土壌微生物の特に有益な群集が存在するときにもっともよく生長するのだ。

この事実は慣行農業の、半ば公然の欠陥を示している。ほとんどの農家は、劣化した土壌から高い収穫を得るために、徹底した耕起と窒素肥料という手段を使う。高収量のみに主眼を置くということは、生長を促す栄養を植物に与えながら、その生長を保障するために植物が必要とする栄養や化合物を見過ごすということなのだ。農家とその作物が合成窒素依存症になると、農薬もやめることが難しくなる。ここに現代農業の二重拘束状態がある。

はびこる問題——五年で広がった除草剤耐性雑草

慣行農業のもう一つの主柱、遺伝子組み換え作物は、あらゆる方面で感情を燃え上がらせている。反対派は、遺伝子組み換え（GM）作物を健康と環境を脅かす危険なものだと考えている。推進派は食料安全保障を実現する技術だと言う。そうした議論は活発で興味深いものだが、除草剤耐性を持つように作物を改造することの、別の影響に対する重大な疑問を見えにくくすることがある。

もともと推進派は、GM作物は収量を劇的に増やしながら除草剤の使用量を減らすと主張していた。だがトウモロコシの収量は、GM作物が禁止されているヨーロッパでも、GM作物が標準的なアメリカでも、この数十年同じペースで増えている。同様に、二〇一六年の全米研究評議会の報告は、GMトウモロコシ、綿花、ダイズが非GM品種より収量の伸びが速いという証拠は見られないとしている。言い換えれば、収量の増加は新

＊ Reeve, J. R., et al. 2016. Organic farming, soil health, and food quality: Considering possible links. *Advances in Agronomy* 137, p. 331.

しいGM作物の導入よりも、昔ながらの品種改良によるものだったのだ。

目下の主なGM論争は、一九九〇年代にトウモロコシ、ダイズ、綿花で行なわれたような、除草剤グリホサート耐性を持つように遺伝子操作された作物をめぐるものだ。一番の魅力は、農家はグリホサートを畑全体に撒けば雑草だけを枯らすことができる点だ。二〇一一年までに、アメリカで収穫されるダイズの九五パーセントほどがグリホサート耐性を持つように遺伝子を操作したものになっていた。これで雑草防除が楽になった。二〇〇〇年に特許が切れると、グリホサートの価格は半分近くに下がった。現在、毎年数十万トンのグリホサートが世界中の農地に撒かれている。畑をグリホサートでずぶ濡れにしていると言っても大げさではない。

これは土壌生物に――そして人間に――どう影響するのだろう？　当初考えられ、宣伝され、認められていたものをはるかに超えているようだ。

GM作物推進派は、それが除草剤の使用量も減らすと喧伝した。グリホサート耐性を持つように遺伝子を組み換えられた作物の採用で、たしかに毒性がきわめて強い一部の除草剤への依存は減った。しかし、グリホサートが一般に使われるようになってから、その耐性雑草が現われてアメリカ中の農場に広がるまでに、五年しかかからなかった。農家を対象にした二〇一二年の調査では、約半数がグリホサート耐性雑草が自分の農場に生えたと報告している。現在、除草剤耐性雑草問題の拡大は、もっと毒性の高い複数の除草剤のカクテルを売ろうという新たな動きを後押ししている。これは進歩ではない。自分が落ちた穴をさらに深く掘っているのだ。

グリホサート――鉱物元素を奪い植物を枯らす

今のところ、GM作物そのものが、それを食べた人間や家畜に深刻な健康リスクをもたらすという直接証拠はほとんどない。少なくとも、めぼしいレビューによれば。グリホサートについてはもはやそうは言えない。

面白いことに、グリホサートは除草剤として作られたものではない。もともとそれは金属キレート剤、つまり鉱物元素と反応して結合するものとして特許が取られた。腐食したパイプの内側に溜まる金属滓を取り除くために使おうというのだ。* これは澱《おり》の溜まったパイプをきれいにするには大変役に立つかもしれないが、金属キレート剤が土壌に加わると、銅、鉄、マグネシウム、亜鉛のような鉱物元素を結合して放さず、植物や土壌微生物叢が利用できなくなってしまう。特に、グリホサートはマグネシウムを生物学的循環から取り去り、植物と多くの細菌にとって不可欠な代謝経路を阻害する。植物からその健康と防御の要となる鉱物元素を奪うことは、農家にとって――あるいはその作物を食べる者にとって――うまい手とは言えない。

グリホサートが完璧に安全だという主張は、哺乳類の細胞にほとんど、あるいはまったく直接の毒性が見られなかったという研究に基づいている。しかしグリホサートに関するモンサントの第二の特許（U. S. Patent 7,771, 736）は、抗生物質としての利用についてのものだった。マイクロバイオームが植物あるいはヒトの宿主にとってきわめて重要であること、抗生物質がマイクロバイオームを変えることは、膨大な数の研究と証拠が示しているので、これは厄介なことになりそうな感じがする。たとえば、われわれの代謝、気分、その他健康のさまざまな側面を調節しているヒトの腸内細菌叢の役割を考えたとき、それは健康にどのような影響を与えるだろうか。

グリホサートの潜在的影響に不安があろうが、環境保護庁は無頓着なようだ。二〇一三年、同庁は除草剤の

＊グリホサートの元の特許（U. S. Patent 3,160,632）はストーファー・ケミカルに対して一九六四年に与えられた。除草剤としてのグリホサートの特許（U. S. Patent 3,455,675）は一九六九年にモンサント・ケミカルに発行された。

許容レベルを大幅に引き上げ、食料が規制値を問題なくクリアできるようにした。すると、グリホサートの新しい使い道が出現した。収穫直前のコムギに噴霧すると、乾燥剤のはたらきをして、穀粒ともみ殻を分けるのが楽になる。しかしそうすると、穀粒にグリホサートがつかないようにするのはほぼ不可能だ。

グリホサートの使用から来る懸念には他に、それが植物を枯らすメカニズムのために、作物の栄養価に影響しうるというものがある。除草剤は主要な生化学的経路を阻害する。*植物は毒性によってではなく、タンパク質など生長、健康、防御に必要な物質の主要構成要素である数種類のアミノ酸を作れなくなることで枯れるのだ。

さらに、グリホサートはダイズの根および葉の細胞のミトコンドリアに含まれるカルシウム量を極度に減少させる。推進派は、グリホサートは哺乳類の細胞に影響しないという論法を使いがちだが、ラット、線虫、ゼブラフィッシュでの研究では、すべてグリホサートへの曝露でミトコンドリアに脆弱性や損傷が見られている。ヒトのミトコンドリアの起源が細菌であること――そしてグリホサートの抗菌作用が知られていること――を考えると、人間の身体細胞すべてにエネルギーを与える細胞小器官に損傷を与えるかもしれない物質への曝露は、なるべく避けるのが得策なのではないだろうか。こうした研究により、グリホサートは人間に害がないという前提は揺らいでいる。

また、グリホサートは間違いなくミミズに影響する。オーストリアでの温室の実験では、グリホサート・ベースの除草剤を散布すると、数週間でミミズの活動はほとんど停止した。三カ月とたたないうちに、ミミズの繁殖は半分以下に減った。別の室内実験では、グリホサート・ベース除草剤の業務上の使用で推奨される濃度に汚染された土壌を、ミミズは逃れたり避けたりしており、また、このように曝露されると、結果的に直接毒性が低い濃度であっても、ミミズの生存が脅かされることがあるとわかっている。こうした効果はグリホサートだけのものではない。フランスでの五年にわたる研究は、除草剤、殺虫剤、殺菌剤の使用を削減すると、ミミズの数が四倍に増える場合もあることを示している。

また、グリホサートが土壌生物に及ぼす影響は、一様でもなければ単純でもない。くり返し散布すると、ある土壌微生物は死に絶える一方、あるものは除草剤を代謝して（つまり食べて）しまうことがはっきりと立証されている。これは、どうして一部の実験において、グリホサートの使用で総微生物バイオマスがむしろ増えたのかの説明になる。正しい設問は、言うまでもなく、もっと微妙だ。このように変わってしまった土壌生物群集は、作物やヒトの健康を増進するのか、害するのか、それとも影響がないのか。

特に心配なのは、グリホサートが、植物の根の中やまわりに生息する有益な微生物群集におよぼす影響だ。除草剤は群集の構成を、一般に作物の健康を損なう方向に変える。植物がグリホサートを微生物の助っ人に渡すのだ。ダイズは除草剤散布から数週間にわたり、それを根から発散することがわかっている。広域抗生物質を根圏——植物に栄養を供給し病原体を食い止めている微生物群集のすみか——に運ぶことは、土壌の健康、作物の健康、食物の栄養素密度を改善するための上策とは言えない。

陸生植物の大部分は菌根菌に依存していることを、ここで思い出してみるといいだろう。グリホサートをはじめとする除草剤が土壌生物叢におよぼす影響についての二〇一四年のレビューは、除草剤は一般に有益な土壌菌類に有害であると結論している。また、多くの研究で、グリホサートが特に菌根コロニーの形成を防げることが明らかになっている。グリホサートは、コーヒーノキの菌根コロニー形成に影響して、成長を妨げることもわかっている。さらに、たとえ慣行農業で一般に使われる散布量を十分に下回っていても、普通に見られる菌類の中にはグリホサート・ベースの除草剤にきわめて脆弱なものがある。

＊阻害される経路は多段階のシキミ酸経路で、植物、菌類、細菌がアミノ酸のフェニルアラニン、トリプトファン、チロシンを作るのに使うものである。

室内実験によって、グリホサート散布がリンを可溶化して植物の宿主に運ぶものを含め、作物に有益な細菌を減らすだけでなく完全に抑制する場合があることもわかっている。ある研究では、微生物によるリンの輸送が、グリホサート使用量が増えるにつれて、最大八四パーセント減少した。これは、除草剤を使えば使うほど肥料の必要量が増えるということだ。有益な細菌の減少と菌類病原体の活性化の複合的影響は、ハワードとバルフォアが漠然と気づいていた、産業化された農芸化学的農業のマイナス面とぴったり一致する。

もう一つの道——土づくりから始める

それでは、慣行農業を原因とする土壌生物への影響を避ける方法はあるのだろうか？　ある。不耕起播種、被覆作物、輪作の組み合わせは、農業を土づくりの事業へと転換することができるのだ。放牧を栽培体系に再び組み込むことも——正しくやれば——役に立つ。こうしたやり方はひっくるめて、徹底的な耕起と集中的な化学物質使用による今日のモノカルチャーを、明日のリジェネラティブ農業へと変身させる。好材料は、この組み合わせによる農法が、農家にとって——そして土地にとって——プラスの結果をもたらしうることだ。私たちは、犂を手放し、生きた植物で地面を被覆し、多様な作物を栽培することで、農薬と化学肥料を大量に使用する農業か大飢饉かという不毛な選択を迫られることはないのだ。

世界中の革新的な農家が——慣行農家も有機農家も同様に——リジェネラティブ農法を使って土壌の健康を再建し、それによって土壌肥沃度、生産力、干魃《かんばつ》レジリエンス（回復力）を高めている。有用な微生物の培養は新しい常識として出現している。土づくり農法を採用した農家の多くは、土壌が改良されるにつれて、化学肥料や農薬への出費を減らし、収量を犠牲にすることなく特に大きなコストを削れるようになった。化学製品の投入への出費が減ることは、大きな利益と経済的不安との分かれ目なのだ。

二〇一二年のアイオワ州立大学の研究では、トウモロコシ―ダイズ輪作の慣行農法と、より多様な輪作、低い合成窒素と除草剤の投入、定期的な畜糞の施肥を組み合わせたリジェネラティブ農法とを比較した。後者における収益性と収量は、慣行農法のそれに匹敵するか、むしろ凌いですらいて、雑草はどちらの農法でも効果的に抑制されていた。注目すべき点は、多様性の高い農法では合成窒素と除草剤の使用量が五分の一以下で、表面流出に含まれる窒素とリンも、それに応じてわずかだったことだ。

実験的研究と近年のメタ分析によって、不耕起農法、被覆作物、多様な輪作は、微生物の量、多様性、活動を増やすことがわかっている。この組み合わせは、作物収量を減らすことなく雑草、昆虫、病原体の圧力を減らし、回復力の高い農法を生み出す。だが三つの農法の組み合わせから一つか二つをはずせば、これほどうまくはいかない。不耕起農法に関する別のレビューでは、収量が低くなりがちであることが示されている――被覆作物と輪作と組み合わせないかぎりは。

とりわけ目から鱗が落ちるような一四年にわたるフランスの研究は、慣行農業と有機農業両方、また保全農業として知られる、不耕起農法と被覆作物を組み合わせ、経済的被害が限度を超したときだけ農薬を散布する農法への土壌生物の反応を追跡していた。慣行農法は農薬と無機肥料を用い、一方有機農法は緑肥（マメ科の被覆作物）を使った。慣行農地も有機農地も四年に三回耕起された。研究の過程で、有機農業の畑と保全農業の畑の両方で、土壌生物の数とバイオマスは増加した――肉眼で見える土壌生物（ミミズと節足動物）は二～二五倍になり、微生物（細菌と菌類）は三〇～七〇パーセント増えた。保全農法では土壌生物全般が増えたが、有機農法では主に細菌とミミズの個体数が増えた。この研究では、不耕起農法と被覆作物を組み合わせるほうが、単にマメ科植物を輪作に組み入れたり、農薬や無機肥料に頼ったりするよりも、土壌生物叢のためになることも明らかになった。

今日、われわれは耕起のような活動が土壌生物に与える影響を、よりよく理解するようになった。しかし私たちは、慣行農業がはたして土地のために――そして自分たちのために――いいことなのだろうかと最初に問うた人間などでは決してない。この疑問は、一九三九年にチェシャーの委員会において発表された「医学誓約」の先頭に立った英国人医師の、まさに念頭にあったものだった。

第5章 農民の医師

土、植物、動物、人は一個の不可分の総体である。
——イブ・バルフォア

植物の根と菌根菌

ライオネル・ジェームズ・ピクトンは一八七四年にイングランドのリバプールから数キロ南のベビントンで生まれ、やがてイブ・バルフォアに触発されることになる。オックスフォード大学を三つの学位を取得して卒業すると、ピクトンはいくつかの病院に勤務し、その後イングランド北西部の静かな農村で医院を開業する。病気がちな患者ほど粗末な食事をしていることに気づいたピクトンは、栄養と健康のつながりに強い関心を抱くようになった。そして次に、農業慣行が栄養にどう影響するかを探究し始めた。その過程でピクトンは、チェシャー医学委員会の幹事となり、物議を醸した「医学誓約」を後押しした。一九四六年、七二歳のときに *Thoughts on Feeding*（食の考察）を著わした。この本はピクトンが田舎医者として、自分が奉仕した人々の食習慣が根本的に変化するのを見た生涯の経験を反映したものだった。

食品加工と精白小麦粉の製造に使われる機械式ひき臼の影響を、ピクトンは特に気にしていた。白パンを作るために穀物を精白すると、そうとは知らない大衆から栄養を——それから健康を——奪っていると彼は確信するようになった。そして化学肥料で作物を栽培することが、問題を大きくしていると考えた。

ピクトンは、自分が受けた医師としての教育では、農業慣行が食物におよぼす影響について詳しく扱われていなかったことを嘆いた。一九三八年、不十分な食事が原因と考えられる、ありふれた疾患の治療を続けて何年もたったころ、ピクトンは、サー・アルバート・ハワードの堆肥システムと、作物の栄養と健康に関する考えについての記事を読んだ。正しく食物を選ぶことで病気を予防するには、ヒトが何を食べるかだけを考えたのでは不十分だ。農家の耕作のしかた――土地の扱い方――が、その作物に何が含まれるか、食物が人間の滋養となるかどうかを左右するのだ。

ピクトンはハワードの言う植物の根と菌根菌の「幸福な共生」が、作物に「健康、耐病性、そして最後に、しかし無視できないものとして味*」を与えると考えた。しかし、植物とそれを食べたものがこの関係から恩恵を得ていることは確信したものの、植物がその見返りとして菌類に何をしているかはわからなかった。この関係性の本質は謎のままだったが、科学知識がやがて追いつくだろうとピクトンは信じた。

一八二〇年代に、ある種の植物の根には、植物以外の生きた組織からなる顕微鏡サイズの糸が含まれていることがわかった。しかし、この生きている不思議が菌類の菌糸であることは一九世紀半ばまでわからず、植物の根との協力関係が明らかになったのは、一八八〇年代になってからのことだった。研究する科学者が増えるにつれ、こうした共生関係は続々と見つかった――茶、コーヒー、コムギ、コメ、エンドウ、インゲン、クローバー、ホップ、ブドウといった作物だけでなく、マツ、オーク、ブナ、イネ科の雑草にも。根と菌類の不思議な協力は、植物の仕組みとしては例外ではなく、むしろ普通だったのだ。

作物の健康は菌類と腐植で成り立つ

ハワードやバルフォアのように、ピクトンは土壌菌類が、分解される有機物と植物の栄養とのあいだで欠くことのできない結合の橋渡しをすると信じていた。しかし、作物の健康が菌類と腐植で成り立っているという考えは、農学者のあいだではまだ異端であった。微生物は悪いものであり、分解された有機物は腐っていると考えるのが標準的な見方だったのだ。ばい菌からいいものが出てくるはずがない。

しかしハワードの経験はピクトンの興味を引いた。茶園で堆肥を用いると、単に土壌の化学的組成を変えただけとは考えられないほど、急速に作物の健康と生産力が改善された。同様にピクトンにとって興味深かったのは、インドの茶園に化学肥料を導入してから、作物の健康状態が低下するのにハワードが気づいたことだった。収量を上げるために化学肥料を導入すると、たちまち寄生菌が弱った茶畑に襲いかかるのを、ハワードは何度も見た。サトウキビ農園でも同じような問題を経験した。出来のいい堆肥を施した土壌は、菌根に富む健康な作物を養うが、化学肥料を与えた土壌は、それがほとんどない。これは、作物の健康と農法のあいだに関係が存在する証拠だと、ピクトンは考えた。

化学肥料が有益な土壌生物を弱らせるというハワードの考えが正しいと確信したピクトンは、その土壌に育つ食べものの質にもこれが影響するのではないかと推測した。堆肥を施した畑で育つ作物が、化学肥料を与えられた畑のものより栄養面で優れている証拠として、ピクトンは、ナイツブリッジ研究所のモーゼズ・ローランズとバーバラ・ウィルキンソンが行なった実験を挙げた。ローランズは、自家製のオオムギやコムギの餌を与えたブタが、化学肥料で育てた作物を与えたものより健康に育つことに気づいた。不思議に思った二人は、ブタの成長と健康状態の違いは、化学肥料で栽培した餌に何らかの形で栄養が不足しているからではないかと考えた。

そこで二人はイネ科の草とクローバーを、以前キャベツ、ジャガイモ、コムギが栽培されていた畑に植え

* Picton, L. J. 1946. *Thoughts on Feeding*. Faber and Faber, London, p. 36.

た。畑の半分は「人工肥料」（つまり化学肥料）を施し、もう半分はオオムギとコムギを餌に飼育しているブタの糞で施肥した。それからイネ科の草とクローバーの種子が収穫され、二グループのラットに与えられた。一方のグループには堆肥で栽培した種子、もう一方には「人工肥料」を施した種子だ。

一週間半のあいだ、どのラットもほぼ同じ速度で成長した。その後化学肥料で育てた種子を食べたラットは病気がちになり、成長が止まった。畜糞で栽培した種子を食べているものは、変わらず成長を続けた。化学肥料を施した種子を食べているラットの食餌には、何か重要なものが欠けている。ローランズとウィルキンソンは、それが当時発見されたばかりのビタミンＢ（現在では複数のビタミンの複合体からなることで知られている）かもしれないと考えた。

ビタミンBを含まない化学肥料施肥の種

第二の実験では、二つのグループのラットに同一の、ビタミンＢが欠乏した餌を一八日間与え、その後一方のグループには畜糞を加えた土壌で栽培した種子を、もう一方のグループには化学肥料を施肥した種子を与えた。ビタミンＢが欠乏した餌を食べた両グループは、一週間後に体重が減りだした。その後畜糞を施肥した種子を与えられたグループは、体重がすぐに回復し、正常に成長し始めた。人工肥料で育てた種子を与えたグループは弱り続け、二一日目には痩せ衰えて、まだらに毛が抜けた無惨な姿になっていた。この不運なネズミたちに死が間近に迫っているのを見たローランズとウィルキンソンは、食餌を畜糞を施肥した種子に切り替えた。一日でラットは回復し、再び正常な成長を始めた。どうやらブタの糞はビタミンＢを土壌に渡し、作物がそれを吸収して今度はラットに与えていたらしい。この因果の連鎖がどのようにはたらいているのか、彼らにはわからなかった。しかし畜糞で施肥した作物と、化学肥料を与えた作物の栄養価は違っていた。二人は控えめな所見で次のような結論を述べたが、それは現在もなお真理であるように思われる。「もしこれらの結果が正確であるとすれば、それは農業と栄養に少なからぬ影響がある」*。

同じ頃、オハイオ州の農学者は、化学肥料がコムギの栄養価に与える影響を研究していた。種類が異なる化学肥料で栽培したコムギのビタミンB含有量にほとんど差がないことがわかると、堆肥を与えた作物が遜色ないほどのビタミンBを含んでいるかどうかを、彼らはわざわざ試験しなかった。なぜ過去の農法を試すのか？　アメリカの農業は前進しており、振り返ることはなかった。

ピクトンにはそこまでの確信はなかった。化学肥料を施した農場の土壌が劣化し、ウシが病気になったという農家の経験を、ピクトンは記録している。畜糞を与えた牧草に切り替えると、弱った雌馬がたちまち回復したのを見て、その農家は自分で堆肥づくりを始め、家畜に与える作物を化学肥料なしで栽培した。家畜の健康は、まるで生まれつき回復力を持っているかのように、みるみる向上した。二、三年のうちに、ワクチンも薬も使わずに、家畜たちは病気とは無縁の丈夫で健康な身体を取り戻した。

ピクトンはこれを見てはっきりと理解した。適切な食事は丈夫で健康であるための見過ごされた秘訣なのだ。では適切な食事の基礎は何か？　健康な土壌だ。病原体は常にまわりにいるが、健康な土壌に生える牧草を食べる動物は、病気への抵抗力がより高いのだ。

ピクトンは、食品の加工が人間の健康に与える影響も見ていた。特に彼は、一九二七年のスイス軍人の調査結果に注目した。この調査によって甲状腺腫、つまり甲状腺の肥大による首の腫脹が、ドイツ語圏の州ではフランス語圏やイタリア語圏の州に比べ、はるかに多いことが明らかになった。原因は調理の習慣の違いにあっ

---

* Rowlands, M. J., and B. Wilkinson. 1930. The vitamin B content of grass seeds in relationship to manures. *Biochemical Journal* 24, p. 204.

た。ドイツ語圏住民は、野菜を茹でた湯を捨ててしまう。フランス語圏やイタリア語圏ではそれを使ってスープを作る。野菜の茹で汁は、野菜から煮出されたヨウ素をたっぷりと含んで、食べた人を守っていた。茹で汁を捨てる習慣は、ドイツ語圏住民から重要な防御的栄養素を奪っていたのだ。

ピクトンは、食べものが台所に届くまでに起きることを特に気にしていた。一九世紀後半に産業革命によってイングランドの食事がどのように変わったか、ピクトンほど知る者はほとんどいなかった。ノルマン征服から一八七〇年代まで、イングランドで日々食べるパンの原料となるコムギは、石臼で粉に挽いていた。心のこもった全粒粉のパンが、貧しい労働者の糧だった。黒ずんだふすまのかけらをふるいで取り除いて、混ざりものののない上品な精白小麦粉を作るには大変な労力が必要だった。白パンは高価な、富裕層向けの贅沢品だったのだ。

全粉粒パンには鉄が三倍、ビタミンBが七倍

工業化の大波が押し寄せる中、ローラーミルが石臼の地位を奪い、繊維質で黒っぽいビタミンとミネラルに富むふすまと胚芽を、色の薄いデンプン質の胚乳と効率よく分けて、安価な精白小麦粉を大量生産するようになった。パンから色を取り除く主な理由は、純粋に思いつきで、かつての軽薄な贅沢品を大衆にも買えるようにしようというものだった。昔ながらの茶色く香ばしい全粒粉パンは、進歩の暴走に踏みつぶされてしまった。

そのどこがいいのか、ピクトンはさっぱりわからずにいた。彼にとっては味わい深く食べごたえのある全粒粉から作ったパンのほうが、商店の棚に並んでいるすかすかで歯ごたえのない白パンより、はるかに優れたものに思えた。現代のパンの主な強みはどこか他のところ、別の、商業的な判断にあるのだ。

製粉業者は新しい白い小麦粉を歓迎した。胚芽を取り除くと、品質保持期間を縮める邪魔者の脂肪も取り除かれる。荷送人も同意見だった。小麦粉を遠くまで送ることができ、長く置いても傷みにくくなったからだ。そして黒パンを食べることには社会的に負のイメージがつきまとう反面、白パンには昔から貴族のものという社会的地位があった。それを今や誰もが食べられ、誰もが食べたがった。

とはいえ誰もが食べるべきだというわけではない。違いは一目瞭然だからだ。一九三〇年、ピクトンは全粒粉パンと白パンを化学的に分析し、精白小麦粉が英国人の食事からビタミンとミネラルを奪ったことを立証した。全粒粉パンには鉄が三倍、リンが二倍、ビタミンBが七倍含まれていた。白パンにはビタミンAが含まれていなかったが、全粒粉パンにはビタミンBよりも多くのビタミンAが含まれていた。傾向は明白だった。石臼で挽いた全粒粉には、はるかに多くビタミンやミネラルが含まれていた。精製され、鋼鉄の臼で挽いた精白小麦粉は、純粋なデンプンに近かった。ピクトンは、こうしたイングランド人の主食における栄養素密度の根本的な変化を、英国中のパン屋のありふれた光景に潜む公衆衛生上の大惨事だと考えた。

この見解は実験で確かめられた。サー・フレデリック・キーブルは、飼育下のラットを三グループに分け、全粒小麦粉と精白小麦粉の両方が食べられるようにした。それぞれのグループのラットは、全粒粉を精白小麦粉の三倍から六倍食べた。ラットは全粒粉を好むだけでなく、食べた量に正比例して成長し、餌の重量あたりの体重増加は、精白小麦粉を食べたときと比べてほぼ二倍だった。全粒粉のほうが多くの栄養を供給したのだ。精白小麦粉への切り替えが、期せずしてイングランドの健康を破壊したのだと、ピクトンは結論した。

なぜこうなったのか？　ビタミンAおよびBと同様ビタミンEは、精白小麦粉の原料である胚乳よりも、コムギのふすまと胚芽に集中している。だからコムギの胚芽と、そこに含まれる厄介な脂肪を取り除くことで、小麦粉は傷みにくくなり輸送しやすくなる一方、消費者は栄養が減った食品を買わされて、製粉業者、荷送人、商人に流れ込む商業的利益の費用を負担するのだ。スチールローラーミルの開発以来、全粒穀物の重さの最大三〇パーセントが、精白小麦粉を作る加工過程で除去された。

ピクトンは、衰弱を招く疾患の予防に全粒穀物が役立った第一次世界大戦の教訓を引きながら、精白の結果起きた栄養素の損失と公衆衛生の危機とを結びつけた。バグダッドの南一六〇キロにあるクート・エル・アマラをオスマン帝国軍が包囲していたとき、英国軍とインド軍の守備兵は、糧食の違いから来る異なる病気に悩まされていた。英国兵は精白小麦粉のビスケットと新鮮な馬肉を支給された。インド兵は全粒小麦粉と全粒大麦粉を支給され、宗教上の理由から馬肉を食べることを拒否した。英国兵だけが脚気に罹患した。脚気はビタミンB_1（チアミン）不足によって起こり、循環器、筋肉、神経系の機能障害を引き起こす深刻な病気だ。ピクトンにとって、何が最重要な教訓かは明白だった。穀物を加工して精白小麦粉にすると、食物の栄養が失われるのだ。

同じことがコメでも起きるのではないかとピクトンは考えた。精白小麦粉と同じように、精米すると種皮の外側の層が糠《ぬか》と内胚を含めて取り除かれ、デンプン質の胚乳が残る。近代的精米技術の発展は、食物繊維、健康的な脂肪、ビタミン、ミネラルを、ヒトの食事に欠かせない部分からはぎ取った。ピクトンの時代、つやつやと透き通るような白米に玄米が主食の座を明け渡すと、アジア一帯に脚気が広まったことはよく知られていた。

しかし白米は近代の発明ではない。古代中国に手作業で精米した白米の記述があると、ピクトンは述べている。精米には費用がかかるので、白米は高価であり、上級財と考えられた。工業規模の精米機によってこの贅沢品が大衆にもたらされると、それは熱狂的に受け入れられた。同時に玄米は時代遅れとなり、薄汚い低級なもののように思われた。

白米の普及と脚気、2型糖尿病

白米が急速に受け入れられるようになったもう一つの理由は、コメに特有の性質にあった。玄米には、たいていの全粒穀物がそうであるように脂肪が含まれており、適切に保管しないと臭いが出る。一九世紀の交易商は、船積みのために精米した白米を要求した——そのほうが輸送中長持ちしたのだ。

マキャリソンはピクトンの不安を裏付ける実験を行なった。白米だけを与えられたハトは、脚気のような症状を発現し、急速に悪化して死に向かった。だが、ハトが食べていた白米から取り除かれた糠や胚芽を与えるだけで、ハトはものの数時間ですっかり回復した。マキャリソンのハトの実験は、白米が栄養的に劣っていることを示した。インドの玄米食地域では、白米食地域に比べて脚気の報告が一〇分の一であることは偶然ではないと、マキャリソンは考えた。

その数十年前の一八七〇年代、全体の三分の一を超える水兵に脚気が蔓延した日本海軍は、同様の教訓を学んだ。海軍軍医総監の高木兼寛は、栄養不足が原因ではないかと疑った。そこで高木は、白米が主だった水兵の食事に、少量の肉と野菜を加えるという兵食改革の実験を試みた。すぐに水兵の脚気はなくなった。しかしその根底となる栄養学的教訓は受け入れられなかった。当時の医療専門家たちは、脚気を感染症だと考えていたのだ〔高木が軍医総監に就任するのは一八八五年。兵食改革は一八八三～八四年ごろに行なわれた〕。

白米食の主な問題は、白米だけに頼ることから生じる。十分な肉や野菜と一緒に食べれば、脚気は起きない。だから脚気は主に貧困層の病気として残った。案の定、彼らはますます白米を食べることにあこがれたのだ。

白米についてのピクトンの懸念は、今日なお意味を持っている。ハーバード公衆衛生大学院の医師たちによる二〇一〇年の研究で、白米の摂取量が増えると2型糖尿病のリスクが高まり、同量の玄米を食べるとそのリスクが低下することが明らかになった。この研究は、数十年にわたり患者数千人から採取したデータをレビューしている。白米を週に五回以上食べると、月に一回未満しか食べない場合に比べて、糖尿病のリスクは約二〇パーセント上がった。玄米を最低週二回食べると、月に一回未満しか食べない場合に比べて、糖尿病リスクは約一〇パーセント下がった。全体として、全粒穀物の消費量が上がるほど糖尿病は減少した。同様に、六万人の中国人中年女性を対象とした二〇〇七年の研究では、白米の消費量が多いほど糖尿病リスクが高いことがわかっている。

ペラグラは長く恐れられてきた病気だが、現在ではナイアシン（ビタミンB_3）の不足によって起きることがわかっている。当時ピクトンは、多くの人がトウモロコシ粉、糖蜜、塩漬けの豚肉を常食としていたアメリカ南部で、ペラグラから三つのD——下痢《ダイアリア》、皮膚炎《ダーマタイティス》、認知症《ディメンシア》——へと至る患者が多いことに注目していた。ピクトンはサウスカロライナ州の事例を指摘した。そこでは一九一一年から一九一六年にかけて、当時蔓延しており非常に恐れられた二つの病気、結核やマラリアよりも多くの人がペラグラにより死亡していた。アメリカ南部全体では、一九〇六年から一九四〇年にかけて一〇万を超える人々がペラグラで死亡した。精製によってビタミンが失われることに注目したピクトンは、この地域の主食であるトウモロコシを精製しなければペラグラによる死を防げるのではないかと考えた。

人類の三種の主食穀物すべてで、近代的な処理は重要な栄養を摂取カロリーから奪っている。失われる個別の栄養はコムギ、コメ、トウモロコシで異なるが、意味するところは同じだ。全粒穀物は高度に精製された穀物に欠けているものを供給してくれる。そしてこうしたものは健康に関わっている。

現代の私たちは、さまざまなビタミンが脚気、壊血病、ペラグラのような病気を防ぐ役割を果たしていることを理解している。加工食品にビタミンを添加することで、それらは先進諸国においては過去の病になった。今日アメリカでは、法律によってビタミンB群と鉄を白パンと白米に戻すことが求められている。これは小麦粉やコメの「エンリッチト（強化された）」という表示でわかる。それでも、そもそもビタミンとミネラルが穀物から失われないようにするほうがうまいやり方だというピクトンの結論は、傾聴せずにはいられない。今日、他に何が私たちの食べものから失われており、そして近代的農業慣行の採用はその中でどれほどの役割を果たしたのだろうか？

手がかりを追って

ピクトンの考察の対象は、作物の栽培法がヒトの健康に与える影響だけにとどまらなかった。餌の質と肉の質（と風味）との関係も考えていたのだ。栄養豊富な腎臓や肝臓などの内臓肉を食べることは、ビタミンを摂るための優れた方法だ。それは動物がすでに餌から獲得・蓄積しているものだからだ。土壌から作物と動物、そして人間へと栄養は流れる——ただし、そのような移動が起きるやり方で作物や家畜を育てたときだけだが。

栄養やその他の物質がある供給源から別の供給源へどのように動くのか、詳しくは説明できなかったが、ピクトンは、土壌や作物の質に合成肥料の悪影響がないことを示す責任は「化学の支持者」にあると主張した。なにしろイブ・バルフォアは、トマトが堆肥と化学肥料のどちらで栽培されたものであるかを一口食べれば間違いなく言い当てることができたと言われているのだ。

一九四八年、*Thoughts on Feeding*の出版から二年後、ピクトンは七四歳で死去した。*British Medical Journal*（英国医学）誌に掲載された死亡記事は、チェシャー医学誓約を「勤勉と熱意の象徴」と呼んだ。しかしその洞察に満ちた著書は顧みられることはなかった。同誌は追悼文でピクトンをこのように評した。「斬新で多くは挑発的な、優れた文章を書いたが、一冊の本も世に問うことはなかった」。その見落としも、ピクトンの死から一年後に、刊行されて間もないアメリカ版の書評を掲載した*Quarterly Review of Biology*（生物学総説季刊）誌での反応に比べれば、生ぬるいものだった。

評者であるジョンズ・ホプキンス大学の地理学教授ロバート・ペンドルトンは、化学肥料使用を批判するピクトンは、健康な作物には無機微量栄養素も必要であること——そしてこれらも多量元素肥料に添加できること——を科学者が立証してきたことを見過ごしていると論じた。問題は化学肥料を使うことではなく、十分な量を使わないことだ。最適な栄養を調節するために農家に必要なのは、正しい調合の化学物質を加えることだけだ。ペンドルトンは、土壌生物と植物の栄養吸収とが密接につながっているというピクトンの主張をあっさり無視し、堆肥の供給は増加する肥料の需要に追いつかないだろうと続ける。ペンドルトンの書評は、農法が食物の質に影響すると主張する者たちへの次のような攻撃で締めくくられている。人間は十分な食物を必要としており、そしてどのように栽培しようと食物は食物だ。現代世界では、量は質に勝る、ただそれだけだ。

意外なことにピクトンは、より洞察に満ちた追悼書評を、慣行農業関係者の主柱である*Agronomy Journal*（農学ジャーナル）誌から捧げられた。同誌の読者の多くは、化学肥料が土壌のためによくないという論旨に同意しないだろうと述べたあとで、評者は、この問題を真剣に考える者なら、農家が土壌をどう扱うかが栄養豊富な作物を育てるための基礎であることには同意するだろうと記している。そして、ピクトンが指摘する菌根の結合が、特定の植物が特定の土壌でよく生育する理由の説明を助けるかもしれない。食品の加工と調理方法は、ヒトの栄養に影響することは知られている。ならば農業慣行と土壌の状況も同じように影響しないだろうか？

戦時中に英国人の食事を変えた科学者

第二次世界大戦中の英国人の経験は、よりよい食事が公衆衛生に有益な影響を与えることを示し、期せずしてピクトンの主張を裏付けた。ブリテン諸島は地理的に侵略から守られていたが、それゆえに封鎖には弱かった。戦前、英国は食糧のほとんどを輸入していた。しかし戦争で輸入が半減しても、英国人は飢えなかった。大陸ヨーロッパの大半とは逆に、公衆衛生はむしろ戦時中に改善されたのだ。

この驚くべき結果を生んだ計画は、ジャック・ドラモンドの頭の中からわき出したものだ。ドラモンドは一八九一年生まれの気さくな科学者で、一九四〇年二月、食糧省の科学顧問に任命された。彼はこの仕事の適任者だった。

その二〇年前、ドラモンドはユニバーシティ・カレッジ・ロンドンの上級講師に就任し、「vitamine《ビタミン》」として知られる重要な物質は「vitamin」に綴りを修正すべきだと提唱して名を知られるようになった。新たに発見された物質の中には、実際はアミン（amine）でないものがあるからだ。* ドラモンドはまた、今ではおなじみのA、B、Cなどアルファベットの標識を、当時わかっていたビタミンを区別するために導入した。一九二〇年代を通じてドラモンドは、ビタミンの構造と健康への重要性の理解に大きく貢献した。同校で最初の生化学教授に就任すると、ドラモンドは、精白がパンの栄養価に与える影響に関するピクトンの懸念に類似した疑問に関心を向けるようになった。

一九三九年にドラモンドは*The Englishman's Food*（イングランド人の食事）を、研究助手の（そしてすぐに二番目の妻になる）アン・ウィルブラハムと共著で出版した。イングランドの食事の歴史を探究する中で、二人は病気との闘いに食べものが果たす役割を重要視した。歴史を通して、貧しい者たちは食べものがあまりに乏しく、豊かな者たちは必要以上に食べていた。特に気がかりなのが、都市の貧困層の手に入る食べものの

＊アミンはアンモニア（NH_3）に由来する有機化合物で、一つ以上の水素原子が有機官能基に置きかえられたものである。

質が低下していることだった。ビタミン不足は蔓延し、労働者階級が食べる白パンにはビタミンAやDがほとんど、あるいはまったく含まれていなかった。食物からのビタミンB_1摂取量は産業革命前の三分の一しかなかった。ドラモンドとウィルブラハムは、二〇世紀初頭のイングランドでは、栄養不良が中世以降のどの時代よりも蔓延していたと述べた。言わんとすることは何か？ 何を食べるか、それはどのように用意されたのかが健康の要ということだ。『ネイチャー』誌の書評はこの本を「言葉にできないほど刺激的」だと評し、それからこのように結論じた。「われわれは食品の中身の構造についてもっと知るべきである」。

戦時中、ドラモンドは、それまでの食料供給の多くを断たれた国民に、適切な食料を与えるという困難な問題に直面した。それでもドラモンドは目標を高く持ち、食への無知を打倒するように配給制度を設計した。ただ公衆衛生を維持するだけでなく、改善することを目指したのだ。

ドラモンドの制度は、貧困層にはタンパク質とビタミンに富む食品を増やし、富裕層には肉、脂肪、砂糖、卵の消費を減らすというものだった。どの食品を輸入すべきかを決定し、自家製の食品をできるだけ使うように誘導する法的な資格があったので、ドラモンドは英国の食事を、少なくとも一時的には改めることができた。彼は砂糖の輸入量を一九世紀の水準まで減らし、チーズ、脂肪の多い魚、乾燥豆の輸入を増やした。国民は、特定の食品と交換できるクーポンが入った配給手帳を交付され、また「Dig for Victory（勝利のために耕そう）」キャンペーンの下、市民農園で自家用の野菜を栽培することが奨励された。ドラモンドの計画は、タラの肝油とビタミン錠剤を妊産婦と子どもに支給することを重視していた。もっとも物議を醸したのは、もっと栄養のあるパンが必要だと力説して、多くのビタミンとミネラルを残した「戦時パン」を作るため、精製度が低く全粒粉パンに近いものへと先祖返りすることをパン職人に義務づけたことだ。

ドラモンドの戦時食計画は目的を達した。歯科医師は虫歯が減ったことに気づいた。貧血の子どもの割合が低下した。乳児死亡率と母体死亡率は記録上最低となった。死産率も同様だった。子どもの身長は伸び、国民全体で食に関係する病気が減った。戦時中の一九四四年、窮乏のときに英国民に栄養を与えた功績により、ドラモンドはナイトに叙せられた。一九四七年、アメリカ公衆衛生協会はドラモンドの戦中の貢献を、「世界でもまれに見る公衆衛生政策の偉大な実証実験」として挙げた。『ネイチャー』誌に掲載された死亡記事は、深刻な食糧不足のさなか公衆衛生を改善した目覚ましい成果に言及している。

イングランドの食事を変えた結果、よくも悪くも人間の食べるものが健康の土台となるというピクトンの主張は、事実上立証された。しかしピクトンのもう一つの懸念――現代の農業慣行が食品の栄養価に及ぼす影響――はどうなったのだろう？

野菜や飲料水を汚染する硝酸塩

いくつかの側面でわれわれの食べものは、不足よりも多すぎることが問題となっている。もちろん窒素が、特に先進諸国では、その筆頭に挙げられる。

一九四五年から一九九三年までのあいだに、アメリカでの窒素肥料の使用量は二〇倍に増えた。表面流出と地下水に含まれる農地由来の窒素は、現在アメリカで公共および私有の飲料水源に影響する主要な汚染物質である。アメリカ地質調査所が全国の地下水を調査したところ、七〇パーセントを超えるサンプルから硝酸塩が見つかり、私有の井戸の約五分の一で規制値を上回っていた。驚くまでもないが、農地の下の浅層地下水でもっとも多かった。この問題はアメリカだけにとどまらない。高濃度の硝酸塩が含まれた飲料水は、とりわけヨーロッパ、インド農村部、ガザ地区で普通に見られる。

野菜も食餌性硝酸塩のもう一つの供給源となりうる。ある種の野菜――特にホウレンソウ、レタス、フダンソウ、ラディッシュ、アブラナ科植物――は、高窒素肥料を与えて育てると、可食組織に硝酸塩を蓄積するからだ。しかし硝酸塩が蓄積される濃度は、窒素がどのような形で施肥されるかで異なる。可溶性の高い化学肥料は、有機物や堆肥のようなゆっくりと放出する窒素源と比べて、土壌の硝酸塩濃度を高めやすい。だから化学肥料で栽培した作物は硝酸塩濃度が高くなりがちなのだ。

食物の中の窒素濃度が高いと、さまざまな病気を引き起こすとされる。疫学的研究では、胃がんと食餌性硝酸塩が、窒素肥料への曝露と同様に関係があると言われている。どのようなつながりがあるのか? 口内細菌が食餌性硝酸塩を亜硝酸塩に変え、それが胃のような酸性の環境でアミンと反応してニトロソアミンを発生させる。その一つがＮＤＭＡ（Ｎ－ニトロソジメチルアミン）で、強力な発がん性物質であり、ラットやサルに与えると腫瘍を引き起こす。ニトロソアミンは三〇種を超える動物種、特に霊長類にがんを発生させることが知られている。ラットでの実験では、少量の亜硝酸塩でもアミンと同時にくり返し経口摂取すると、発がん性を示し、どちらか一つを一度に大量摂取するより危険であることがわかった。しかし口腔細菌や胃内細菌は食餌性硝酸塩を一酸化窒素にも変え、それは適量であれば潰瘍、脳卒中、高血圧を防ぐ有益な役割を果たすことが現在わかっている。食餌性硝酸塩の摂取が健康におよぼす影響を解明するのは厄介だが、過度の硝酸塩が入った水を飲むのは健康的でないと言っても差し支えないだろう。

飲料水に含まれる硝酸塩の研究は、一貫してヒトの健康に悪影響があると報告している。スペインの一部では、飲料水の硝酸塩濃度がヨーロッパでもっとも高く、そこにある数百の自治体でがんによる死亡率を調査したところ、もっとも硝酸塩を摂取している五五歳から七五歳の人々は、胃がんと前立腺がんのリスクが二倍であり、男性の膀胱がんのリスクは四〇パーセント高いことが判明した。同様に、アイオワ州の五五歳から六九歳の女性約二万二〇〇〇人を対象にした二〇年以上におよぶ疫学調査では、硝酸塩の摂取が膀胱がんと卵巣がんを引き起こすが、他のがんとは関係がないことがわかった。摂取した硝酸塩は、ほとんどがすぐに尿として排泄されるため膀胱に送られる。硝酸塩が既知の発がん性物質へと変化する部位が、食餌性硝酸塩を多く摂取することでがんのリスクが高まる器官であるのは当然だ。

二〇一八年に書かれた疫学研究のレビュー論文の著者は、硝酸塩を含む水を飲むと、たとえ規制値を下回る濃度でも、がん以外のさまざまな健康リスクが発生すると報告している。このレビューは、飲料水中の硝酸塩濃度の上昇による健康への影響として大腸がんと甲状腺疾患が発生することには、もっとも強力な疫学的証拠があると結論している。また多くの研究で、飲料水中の硝酸塩濃度が高いと、脳や脊髄を含めた先天異常の確率が二倍近くになることが明らかになったと、レビューは報告している。

韓国のある研究は、NDMAによる過剰な窒素摂取と、タンパク質の分解、特に焦げた肉から発生するアミンを多く含む食事の健康リスクに限定して調査している。この研究では四〇人のボランティアに、通常の摂取量の硝酸塩と、アミンが豊富な食餌を与えた。しかし、まるごとのイチゴ、ニンニクの汁、ケールジュースを摂取すると、NDMAの形成が約半分から三分の二以上減少した。ビタミンC、ポリフェノール、硫黄を含むニンニクの成分が、発がん性を持つ硝酸塩由来の物質の生成を抑えるのに特に効果的だった。これは、新鮮な果物や野菜の摂取が、ある種のがんに対して予防効果を発揮する理由を説明している。こうした食べものは、がんが発生する前に抑制してくれるのだ。

大量の窒素施肥がもたらすもの

大量の窒素肥料を畑に撒くと、植物が必要とする他のミネラルの取り込みに影響することもわかっている。一九四〇年代の研究は、窒素およびカリウム肥料はカルシウムの野菜への取り込みを減らすことを示している。この時代の研究者は、窒素肥料がグレープフルーツジュースとトウガラシのビタミン含有量を下げるが、他のいくつかの作物ではビタミンCを増やすことも明らかにしている。化学肥料の影響のメカニズムは謎のままだったが、効果は現実のものだった。

カブの葉は当時人気の研究材料だった。広く栽培されていて、地域で常食されていたからだ。ミシシッピ州でのある研究では、合成窒素肥料はカブの葉のカルシウム含有量を、五回中四回の試験で三分の一以上減らしたことが確認された。同じ時期のより広範囲にわたる研究では、同様の結果に加えリンの減少も見られた。さらに窒素肥料の施肥は、アメリカ南部の調査地二九カ所中二六カ所で、カブの葉の鉄含有量を平均二〇パーセント減少させた。

調査地によって影響の規模は異なるが、その方向は一定していた。カブの葉の鉄含有量は、土壌有機物の含有量と関係していた――それがカブの葉の鉄含有量を大きく向上させる唯一の要因だった。要するに、土壌有機物が多いほど、地域の野菜の鉄分が多くなるのだ。

一九四六年にニュージーランドで行なわれた研究では、健康に予防的価値があるとされる食事由来の栄養に、窒素肥料がおよぼす影響が調査された。研究者は温室環境でホウレンソウを育て、同じ土壌でカルシウム（酢酸カルシウム）と窒素（硝酸アンモニウム）をそれぞれ四段階に量を変えて与える試験を合計一六回行ない、それを各一〇回追試した。予想通り、窒素肥料を高い割合で入れると収量は増えた。しかしホウレンソウのビタミンCとリン含有量は、窒素施肥が増えるほど減少した。ホウレンソウは「窒素が増加するにつれて次第に栄養価の面で質が低下する」と、研究者は結論している。化学肥料で収穫を増やすほど、食品の栄養価は低下するのだ。

初期の研究は、有機物と化学肥料が作物の栄養組成に作用するとき、土壌生物にも対照的な影響をおよぼしていることを指摘しているが、なぜ影響に違いがあるのかは、旧来の考え方で理解可能な範囲を超えていた。科学がこのメカニズムを解明するまでには数十年かかったのだ。

それでも化学肥料が栄養組成に影響することの証拠は、その後の数十年、一貫していた。一九九三年の国際的レビューでは、窒素肥料が植物のビタミン含有量に大きな影響を、たいていは望ましくない形で与えていることが示された。窒素肥料の影響について英語圏では初期の研究以降あまり注目されていないことに触れながら、スイス人の著者は、英語以外の言語の雑誌に発表されたおびただしい数の研究が、「英語圏の科学者にはほとんど無視されている」ようだと報告している。

同じレビューは、窒素肥料の一般的な多量施肥は、多くの果物や野菜でビタミンCの大幅な減少を引き起こすことの実質的証拠を発見している。それはまた、ビタミンEのレベルも低下させている。ビタミンC喪失の程度は作物によって違うもののきわめて深刻で、キャベツで最大三四パーセント、果物で五〇パーセントの低下が報告されている。反対に、窒素肥料の施肥量を下げると、作物のビタミンC含有量が増える傾向があった。

さらにこの著者は、窒素肥料が一般に作物のタンパク質と硝酸塩含有量を増やすことを明らかにした。ビタミンC含有量が減り、硝酸塩含有量が増えるというこの組み合わせには、他の影響もある。ビタミンCは、消化の過程で硝酸塩から発がん性物質が作られるのを抑えるので、ビタミンCの濃度が低下すると、そのような防御効果が減ってしまうだろう。著者は、この相互関係はさらに詳しく調査されるべきであると強調している。他の研究では硝酸塩の濃度が「潜在的に危険なレベル」まで増加することがあると示唆しているからだ。* この研究は、窒素肥料が作物のビタミンB^1（チアミン）とカロテン含有量を増やしたと結論しているが、この増加は穀物においては栄養学的に取るに足りないと著者は考えている。いずれにせよ精白によって、ふすまなど穀物のビタミン豊富な部分は取り去られてしまうからだ。

* Mozafar, A. 1993. Nitrogen fertilizers and the amount of vitamins in plants: A review. *Journal of Plant Nutrition* 16. pp. 2,480 and 2,487.

数十年にわたり、作物の栄養のばらつきは、農家による土地の扱い方の違いよりも、品種の違いや根本的な土壌型の違いのせいにされてきた。この考えは、耕起や化学肥料の影響は問題ではないという見解に後押しされた。収量増をわき目もふらず追い求めるあまり、こうした危惧を認識すること、ましてそれに取り組むことは難しくなったのだ。

それでも、農業慣行、土壌の健康、食物の栄養価のつながりについて理解が高まるにつれ、われわれは現代の作物に、人間の身体が必要とする重要なものが足りていないことに気づくようになった。現在の慣行農法がどのような影響を、作物に含まれるファイトケミカルの種類や量に与えているか——またそうした植物が生み出す宝物は、食べた人間の身体にどう作用するか——に、ピクトンもバルフォアもハワードも、間違いなく関心を持つだろう。

植物

PLANT

第6章　植物の身体

教育とは関係を理解することだ。
——ジョージ・ワシントン・カーバー

土がなくても作れる有機作物？

健康な食べものを育てるために、そもそも土は必要なのだろうか？　つい最近まで、こんな疑問を口にしようなどという者はいなかっただろう。しかし土を使わない水耕栽培業者が、この農法は全米オーガニックプログラムの規則と規格に適合しているとアメリカ農務省を説き伏せたときから、この問いかけは意味のある、そして議論を呼ぶものとなった。当然ながら、最初の規格策定に参加した農家の中には、健康な土づくりを要求する明文化された規則に照らして、反対する者もいる。抵抗のために彼らは団結して新たな分派を作り、リアル・オーガニック・プロジェクトと、あからさまに対抗する名前をつけた。

こうした人々には農家が、ましてや有機農家が、茎をまっすぐに立て、パイプ、噴霧器、ポンプで運ばれる培養液に根が浸るように設計された土の入っていないプラスチック容器を何列も並べて、トマトやレタスを栽培しようとするとは思えなかった。彼らにしてみればそれは、そもそも有機農業の定義と規格を成立させる本質を、ほとんど骨抜きにするものだった。有機作物は土で栽培しなければならないなどと、わざわざ明記する必要があるとは思われなかったのだ。

時代はずいぶん変わった。水耕栽培への関心は、農務省がその農法を黙認したとたん、工業的な有機野菜ビジネスのあいだで火がついた。

栄養が循環するための有機物や土壌生物が存在しないため、作物に与える水に何を混ぜるか決めるのは、水耕栽培業者の裁量だ。だからミネラルが少なければ、植物が吸い上げられる溶液の形で必要なものを加えることができる。しかしまず何が足りないのか見きわめる必要があり、それには時間と金がかかる。ここがおそらく決心のしどころだ。植物の（そしてヒトの）健康を支える微量栄養素を全種類加えるか、それとも生長と収穫を爆発的に増大させる窒素、リン、カリウムだけにするか？　慣行農家の過去の行動から、何となく予想できるだろう。

関連する疑問に、ファイトケミカル・レベルが低くなるのではないかというものがある。この疑問についての研究は多くない。だが、植物が何のためにファイトケミカルを作り、利用するのかを考えれば、作物を屋内に入れて土壌――と、土壌生物――なしで栽培すれば、ファイトケミカルの様相も変わるだろうという推測に無理はない。

植物の錬金術師――ファイトケミカル

ファイトケミカルは土壌の健康が植物の健康に、ひいてはわれわれの健康に関係する最大の理由だ。といっても、植物が人間のためにファイトケミカルを作っているなどと思ってはならない。それはひとえに植物自身のためなのだ。地球上のどの植物も、野生のレッドウッドの木からコムギやスイカのような農作物まで、ファイトケミカルを作る。なぜか？　陸上植物は動くことができない。ファイトケミカル工場を起動させるとき、それは体内に薬と武器を――その健康と防御のために欠かせない効果実証済みの植物薬と植物兵器を――溜め込んでいるのだ。

植物がファイトケミカルを作るきっかけとなるものの中に、温度、乾燥、毒物のようなストレス要因がある。また、草食動物による採食から、植物と根のマイクロバイオームを構成する多くの生物との複雑な化学信号伝達まで、生物学的な関係も大きな役割を果たす。植物はファイトケミカルを、高度なコミュニケーションシステムの一部として使っている。それを空気中あるいは土壌中に放出して、近くにいる同族に害虫や病原体の存在を警告するのだ。

必要なときにファイトケミカルを産生して体内の必要な場所に集中しなければ、植物は無防備な、格好の標的だ。だから、地面に根を張るという困難な条件にありながら盛んに生長する作物は、一般に高い濃度のファイトケミカルを人体にもたらす。これは家畜にも波及する。家畜が食べる植物は、人間が食べる動物質の食品に含まれるファイトケミカルの濃度を決める。私たちの食べものが食べたものが、私たちの体内ではたらくものを形作るのだ。

ファイトケミカルは食べものに色も与える。リンゴの皮を黄色や緑や赤にするのはファイトケミカルだ。ラズベリーの鮮烈な赤やアーティチョークのくすんだオリーブグリーンもそうだ。カボチャをオレンジ色や黄色にするファイトケミカルの一種ベータカロテンは、日焼け止めの役割をしており、強烈な日射しによるダメージから植物を保護する。ベータカロテンは人体内でも同じ目的を果たし、日焼け止めの成分としてもよく使われている。

フラボノイドは多くの植物で見られるファイトケミカルの一種で、幅広い生物学的効果がある。進化の過程で植物が、敵や味方と関わってきた長い歴史を反映したものだ。あるものは有害な菌類を阻止する抗菌作用を持ち、またあるものは植物を草食の昆虫や哺乳動物から守るのに役立っている。ある種のフラボノイドは、もっとも重要で欠くことのできない相互作用——窒素固定——を調整している。植物はフラボノイドが豊富な滲出液を使って、特殊な細菌を引き寄せる。窒素固定という生化学の魔法を根に直接、あるいは根圏にかけることができるものだ。あるべきところに収まると、細菌は気体窒素を植物が取り込める形に変え始める。植物がこのように窒素を獲得することには、大きな利点もある。農家は高額な肥料代を払わずに済み、窒素が水道水に混入することもなくなるのだ。

それ以外に、鉄、銅、亜鉛を可溶化する根圏微生物を呼び寄せ、土壌から抽出されて水に溶けたミネラルをより多く植物が吸い上げられるようにするフラボノイドもある。さらに別のタイプのフラボノイド、ベンゾキサジノイドはトウモロコシ、コムギ、ライムギなどのイネ科植物において、複雑な防御機構を誘発して、さまざまな病原体や害虫を撃退する。また別のもの、たとえば糖アルカロイドのトマチンは、トマトやエンドウの抗菌力を増大させる。

苗は草食性害虫に特に弱い。アブラナの苗はナメクジの撃退に役立つグルコシノレートを産出する。同じアブラナ属の親戚であるブロッコリー、芽キャベツ、ケールなどは、やはりグルコシノレートの一種であるスルフォラファンを配備する。このファイトケミカルは、ジェームズ・ボンド映画に出てきそうな洗練されたもので、昆虫が自分の手で起爆する爆弾のように機能する。葉をかじると化学反応が解き放たれ、スルフォラファンが生成される。すると昆虫は、嫌な味のしないものを求めて退散してしまう。

一方で魅力的なファイトケミカルもある。新鮮なルッコラの刺激的な風味やトウガラシの爽快な辛さはファイトケミカルのおかげだ。味と多くのファイトケミカルの関係は単純で直接的だ。たぶんそのためにイブ・バルフォアは、化学肥料で育てたトマトと堆肥で育てたトマトを簡単に区別できたのだろう。

今日、ファイトケミカルが植物の体内で果たす役割と、人体に入ったときの対応する機能についてわかるにつれて、健康にとって何が必須かという認識も変わりつつある。ここ数十年のさまざまな研究は、作物育種や農業化学製品の使用などの農業慣行が、どのファイトケミカルをどれだけ作るかという作物の「決定」に影響を与えることを明らかにしている。窒素肥料の施肥では、植物防御に関わるファイトケミカルの生成が減る場合があることが、研究によりわかっている。化学肥料を土壌にどっさり与えるのは、作物に無料で食べ放題の食事を提供するようなものだ。その反応として、作物は窒素固定土壌細菌を根圏に引き寄せ、維持するために、ファイトケミカルに富む滲出液を作ったり送ったりするのを減らすようになる。窒素を大食いした植物の身体は、大きな葉や太った果実をつけるが、われわれは植物性食品からファイトケミカルが減るという目に見えない代償を支払うことになる。

作物の生長・収量と健康を混同する研究者

植物がファイトケミカルの生成を減らし、地下の農場労働者との関係を縮小すると、それを埋め合わせるのに農家や園芸家にできることは、農薬を使い化学肥料に頼る以外にほとんどない。その結果、作物の防御戦略を――そして植物の身体をうまく回していくことにかけて五億年の実績がある自然の基本計画を――台無しにしてしまい、にぎやかな生物の商店街だった根圏はゴーストタウンになってしまうのだ。

植物が持つ自然の防御力を損なったわかりやすい例が、果樹の研究で得られている。多量の窒素肥料をリンゴの木に与えると、生長は促されるが、若葉に含まれるフェノール系のファイトケミカルを減らしてしまう。するとリンゴ黒星病に感染しやすくなるのだ。植物はフェノール化合物を、炭素と窒素の利用できる割合に応じて作る。そして小さな労力で大きな成果を地で行く話で、栄養の不足に直面した植物は、通常フェノール化合物の生成を増やす。これは、窒素肥料を与えた土壌のような富栄養環境がフェノール系化合物生成の減少につながる理由を、おおむね説明している。

全体的に見て農業化学製品は、作物の回復力と健康を損ねるような形で土壌生物に影響する。殺虫剤の世界的な需要を考えてみよう。それは二〇世紀に化学肥料の使用と歩調を合わせて増加している。作物の生長を促すために合成窒素への依存が高まり、それが耕起とモノカルチャーを標準とすることを可能にした。結果として起きた土壌の劣化と、地上と地下両方での多様性喪失は、作物の健康を損なった。振り返ってみれば、化学肥料と耕起による単一栽培が、農薬の必要性を確固たるものにしたのだ。

こうしたことが始まったのは数十年前、微生物の土壌生態系が植物の健康に果たす役割が科学的に把握される相当前だ。われわれは、グリホサートのような除草剤が土壌生物や植物の健康におよぼす影響についての研究を参照して、よりよく理解することができる。この世界で一番広く使われている除草剤は、作物の健康と栄養素密度に、あるとすればどのような影響を与えているのだろうか?

一九八〇年代にはすでに、グリホサートの散布で菌類による根腐れが起こりやすくなることが、研究により記録されている。その後の研究でこの発見が裏付けられ、考えられるメカニズムも特定されている。グリホサートを使用すると根圏の微生物叢が変化し、その結果、病原体によるコロニー形成を抑制する作物の能力を弱めてしまう。たとえばある研究では、グリホサートをグリホサート耐性ダイズに使うと、有益な土壌菌類と細菌の個体数が減少して病原性の菌類が活性化し、地上部と根のバイオマスが、植物の生長と生産性を損なうほど減ることが記録されている。

複数の研究で、散布量に比例して病原性菌類が増える傾向がわかっており、グリホサートの使用が、より多くより高い頻度で病原体の出現を招くことを示唆している。グリホサートは不耕起農地で使用するとコムギの根の病気を増やすと言われている。衝撃的な事例が、カナダの草原地帯での大規模なコムギとオオムギの研究からもたらされている。それは、過去のグリホサート散布が、病原性のフザリウム菌の増殖と結びつくもっとも重大な農学上の要因であることを示していた。雑草を「焼き尽くす」ために、グリホサートを植え付けの前に使うことも、コムギとオオムギ両方での根腐れの増加に関係している。

とりわけ説得力の高い、一九九七年から二〇〇七年までの一〇年にわたるミズーリ大学の研究は、グリホサート散布でフザリウムによる根のコロニー形成が増加する結果が生じることを明らかにしている。二カ所の研究ステーションと六カ所の農場における二つの圃場試験では、グリホサートで処理したダイズは、処理していないものより病原性菌類の根でのコロニー形成が二倍から五倍になることがわかった。

これらは特異な発見ではない。二〇〇九年に*European Journal of Agronomy*（ヨーロッパ農学）誌に掲載されたレビューは、グリホサート使用後に増加が見られた多種多様な作物病害を挙げている。グリホサートの影響についてのあるレビューは、この広く使われている除草剤が、農業の持続可能性において長期的な脅威となりうるとまで述べている。

病害への脆弱性が高まるのに加えて、グリホサートは無機微量栄養素の可給度に影響することが報告されている。グリホサートが銅と亜鉛（植物の防御に必須の栄養素）の取り込みをかなり減少させることが研究により明らかになっており、同様のことがヒマワリではマンガンと鉄に、ダイズの苗ではカルシウムとマンガンに起きている。グリホサートの残留濃度が低くても根のミネラルの取り込みを減らすので、飛散または残留したグリホサートでも、標的外の植物に影響するかもしれない。

グリホサートは、無機栄養素を化学結合させて安定した酸化物を作り、不可給態にしてしまう土壌微生物を刺激するともいわれる。その結果そうした栄養の不足から、植物は病虫害に弱くなるおそれがある。

グリホサートは窒素固定細菌が根にコロニーを形成する能力を阻害する。これは植物が窒素を得る能力を引き下げ、化学肥料の必要が増す。それでも、われわれはグリホサートが作物と土壌生物におよぼしうるあらゆる影響を、完全には把握していないと言える。

遺伝子組み換え作物であろうとなかろうと、化学肥料に依存すれば農薬の必要性が増し、一方で農薬は化学肥料への依存度を高める。なぜ農法のこの側面が、これほど長いあいだ見過ごされ、あるいは無視されてきたのだろうか?

収量を絶対の尺度として採用すると、植物や土壌の健康に悪影響がおよぶ可能性への懸念などは、脇へ追いやられてしまう。たとえば、二〇一二年のあるレビューを考えてみたい。これはグリホサートの使用がグリホサート耐性作物のミネラル濃度や病気に影響するかどうかに関する研究の、矛盾した結論を報告している。著者らは、グリホサート耐性ダイズ、綿花、トウモロコシを採用すると収量の傾向が変わらないのを見て、グリホサートが作物のミネラル取り込みや疾患感受性に悪影響をおよぼす可能性を捨てていた。言い換えれば、彼らは作物の生長と作物の健康を混同していたのだ。

ミネラルの取り込み低下は、作物の健康にグリホサートが引き起こす影響の一つだ。ミネラルは、ストレスや病気への抵抗力の中心となる植物のメカニズムを調節する酵素に、欠かせない成分である。グリホサートはマンガンと結びついて、ファイトケミカル合成に関わる三十数種の酵素を活性化させる補因子を植物から奪ってしまう。マンガンが欠乏した植物は、リグニンとフラボノイドの生成量が少なくなり、病原体や病気に対して脆弱になる。

グリホサートが耐病性を低くするもう一つの経緯も、ファイトケミカルと関係するものだ。一九八〇年代に商業利用された直後、ファイトケミカルの合成が阻害されたために、グリホサートで処理したインゲンと雑草に菌類による根腐れが増えたことが研究で記録された。一〇年後、グリホサート・ベースの雑草抑制計画の下で増加した、一四種の作物がかかる二四の病気が特定された。それだけでなく、そのレビューの著者らは、すでに制圧したと考えられていた作物の病気が再出現した大きな要因として、グリホサートを名指ししている。グリホサートは植物が土壌伝染性の病原体から身を守る能力を弱めると、著者らは結論している。

耐病性低下の問題はグリホサートにとどまらない。同じ影響は他の除草剤でも知られている。二〇一四年のあるレビューでは、除草剤は植物の防御力を弱め、作物が病原体に対して脆弱になることが一般に認められると結論した。

議論が終わらない理由

有機栽培と慣行栽培の作物の健康面での主な違いは、土壌有機物が土壌生物に影響するレベルと関係している。有機農法の作物は一般に、根の病気や害虫問題が慣行農法の作物ほどひどくならない。このことから、一九九五年のカリフォルニア大学デービス校のレビューは、有機栽培が行なわれる土壌で病害抑制効果が高いのは、慣行栽培が行なわれている土壌に比べ、菌根菌の数が多いのが原因だとしている。

いくつもの研究が、有機農業は慣行農業に比較して土壌有機物の濃度を高めることを示している。同様に、有機農地は微生物のバイオマス、多様性、活動がより大きい。だが、こうした違いがはっきりするのには時間がかかる。土壌の健康が目に見えてくるまでには、慣行農法を有機農法に切り替えてから数年かかるのが普通だからだ。そして植物可給態窒素は通常、有機農法の下では低いが、土壌有機物が多いことで、潜在的に利用可能な窒素とミネラルの微生物による循環が促進される。

農法が食べものの質に与える影響は、有機栽培の食物が慣行栽培の食物よりもいいかどうかという見地から評価されがちだ。そして今行なわれている論争は、この問題が中心となっているが、研究によって興味深いパターンがいくつか見つかっている。それを解き明かすためには、深く掘り下げてやればいいのだ。

都市在住で健康意識が高い心配性の親や、熱心な有機農業支持者はだいたい、有機食品が人間の身体にいいと頭から信じている。慣行農業の擁護者は、そうした話を反科学的な愚論だと呼ぶ傾向にある。ここ数十年、有機農場がもっとも成長著しい農業部門へと拡大する一方で、この相容れない立場の支持者たちがすれ違いの議論をしてきた。

その過程で、一部の研究では食物の栄養価に大きな差が見つかった。別の報告ではそれがまったくなかった。当然ながら、このことは、有機農産物には慣行農業の作物に勝る健康上の利益があるかどうかの激論に油を注いだ。一年おきぐらいに新たな研究が見出しを飾り、有機食品のほうが栄養があるかという終わりのない議論の応酬を再燃させるようだ。

そうした研究の言外の意味を理解するには、具体的にどのような違いが見られ、どのような違いが見られなかったか、研究デザインの検討材料、違いを隠す交絡因子〔因果関係を考える上で、原因と結果の両方に影響する第三の因子。考慮に入れないと疑似相関を生むことがある〕の影響の可能性などを探る必要がある。他に関係の深い事項には、作物の品種、土壌の地質学的性質、さらには栽培時の天候などがある。またあとで見るように、農法が栄養に与える影響をどう評価するかは、栄養をどう定義するかにも左右される。それではこうした変動や、政治的に色のついた主張や、業界に都合のいい解釈のようなものから何がわかるのだろうか？われわれは単純な答えのない恐ろしく複雑な問題を目の前にしているのだろうか？それとも、もしかすると誤った先入観を通して問題を見ているのだろうか？

これら目下の議論を整理する上で中心となるのが、栄養や栄養素をわれわれはどう考え、どう語っているかだ。この話題に関する最近の科学論文を見直していると、研究者は、生涯の健康の要となる微量栄養素やファイトケミカルよりも、栄養の中で成長の中心となる部分、つまり炭水化物やタンパク質のようなものに目を向けがちであることがはっきりしてきた。メディアの報道は、研究者が栄養をどう定義しているかなどめったに気にしないので、さまざまな研究の結果をもう少し深く掘り下げてみる価値がある。

畜糞を施肥した作物と化学肥料を与えたものとの栄養価の比較として、最初に発表されたものの一つが一九七四年のドイツの研究だ。農場で出る畜糞、堆肥、通常の窒素・リン・カリウムの三要素を施肥したさまざまな作物の一二年間のデータに基づいて、畜糞あるいは堆肥で栽培したものは、窒素・リン・カリウムで栽培したものに比べ、タンパク質、ビタミンC、リン、カリウム、カルシウムを多く含み、硝酸塩とナトリウムがかなり少なかった。ホウレンソウは鉄を、なんと七七パーセントも多く含んでいた。全般的にこの研究は、有機農法はより栄養価の高い作物を産出するが、収量は減少すると結論していた。この発見は、有機農業が量より質を優先するという言説が形成される一因となった。

二年後、有機肥料と「市販の」肥料で栽培したトマト、ジャガイモ、ピーマン、レタス、タマネギ、エンドウの比較では、主要元素(窒素、リン、カリウム、カルシウム、マグネシウム)に差は見られなかった。このような結果が、慣行栽培と有機栽培の食物のあいだに栄養の質の違いはないという言説を作り出した。しかしこの研究では、二つの農法における土壌の健康の影響は、要因に入っていない。いずれの作物も同じ土壌で栽培されているからだ。この実験デザインは相変わらず、微量栄養素とファイトケミカル含有量の違いを検討していない。栄養士と栄養学者はその二つが豊富な食物を食べるようにと、くり返し私たちに念を押すというのにだ。

もう一つの比較、*Journal of Applied Nutrition*(応用栄養学)誌に掲載された一九九三年の研究は、シカゴ郊外の食料品店で購入した慣行食品と有機食品のあいだで、ミネラル含有量に大きな違いがあったことを報告している。二年の期間中、有機栽培のコムギ、トウモロコシ、ジャガイモ、リンゴ、ナシは平均六〇~一二五パーセント多く鉄、亜鉛、カルシウム、リン、マグネシウム、カリウムを、慣行栽培された同じ作物よりも含んでいた。言い換えれば、有機食品はざっと五割増から二倍以上のミネラルを、慣行食品より含んでいるということになる。それ以来、慣行食品と有機食品を比較する目立った研究により、さまざまな結果と矛盾する結論が報告されている。

この複雑な様相を処理する一般的なやり方は、大量の研究から傾向を見つけるというものだ。しかし、こうしたメタ研究——研究の研究——の大きな問題は、あらゆる種類の農法が慣行と有機のレッテルの下で、いっしょくたにされてしまうことだ。さらに混乱を加えるものに、土壌型、気候、研究間の実験デザインの違い——対照圃場試験か、農場と小売りの調査か——の影響がある。土壌に有機物が豊富な慣行不耕起農場と、ひんぱんに耕起し土壌有機物が枯渇した有機農場を含めると、慣行農場と有機農場の双方で、農法と土壌の健康状況が多岐にわたることから、違いの評価がさらに難しくなる。

しかし、統計上で条件と外部要因をごた混ぜにすると、本当の差異が余計に検知しにくくなる一方、奇妙に都合のいい点もある。メタ研究で検知されたものはおそらく真の違いであり、一方で何も見つからなかった研究は、内在する差異を隠しているかもしれないということだ。

そして栄養の比較を単に慣行と有機の区別に基づいて行なうなら、それは土壌の健康を原因とする違いを見えにくくしかねない。慣行農業なり有機農業なりが、土壌を劣化させるか肥沃にするかは、その特定の農法が土壌生物にどのように影響するかによる。化学肥料をたまに少しずつ慎重に使うほうが、定期的な耕起よりも土壌の健康には害が少ないだろう。同様に、状況によってはたまに耕起してやっても、土壌の健康を損なうことはあるまい。

同じ土壌で作物を栽培して、農法を直接比較する研究は、地域や異なる土地利用歴を混ぜこぜに比較するという問題に直面することはない。また、過去の農法の遺産も問題となりうる。公表されている慣行作物と有機作物の比較研究は一般に、その農地が有機農法を使って耕作された期間の長さを計算に入れていない。

それでもなお、いくつかのパターンがたしかに表われてきた。

ファイトケミカルが有意に多い有機作物

二〇〇一年に行なわれた四一の研究のレビューでは、有機作物には平均して二〇〜三〇パーセント多くビタミンC、鉄、マグネシウムが含まれていることを報告されている。差は作物によりばらつきがあったが、無機微量栄養素全体の濃度は一貫して有機作物で高く、違いは土壌生物の影響によるものだと考えられた。逆に、重金属の濃度は慣行作物で高かった。この研究は硝酸塩濃度が、比較した一七六事例の四分の三で慣行食品に有意に高かったと報告している。有機食品は平均して一五パーセント硝酸塩が少ない一方、慣行食品の硝酸塩濃度は最大で八倍におよんだ。他の多くの研究でも、慣行食品には有機食品より多く硝酸塩が含まれることがわかっており、一九九七年のあるレビューでは、慣行栽培の野菜は「有機で栽培され、あるいは施肥された野菜よりもはるかに多くの硝酸塩」を含んでいると結論している。*

Critical Reviews in Food Science and Nutrition（食品科学栄養学批評）誌で発表されたもう一つの二〇〇一年のメタ研究では、有機の野菜と豆類には、比較用に作物の品種と土壌の条件を揃えた慣行栽培のものよりも、高い濃度の微量栄養素が見られている。しかし全体としての違いはさほど大きくなく、ベータカロテン、ビタミンC、ホウ素、銅、亜鉛で最大一〇パーセントの差だった。だが同じ品種と土壌条件を選別した研究では、有機食品の微量栄養素含有量が、最大で慣行作物のほぼ五割増しだった。ここからわかるのは、綿密な対照比較によって大きな差異が明らかになることだ。

有機食品と慣行食品の違いに関するメタ研究で、おそらくもっとも広く世に知られているのは、スタンフォード大学医学大学院のお墨付きを得た二〇一二年の意欲的な論文だろう。二二三の研究をレビューした著者は、慣行農産物が常にかなり高レベルの残留殺虫剤と抗生物質耐性菌を含み、有機農産物は高レベルのフェノールを含むことを報告した。カリウム、カルシウム、マグネシウム、鉄、ビタミンAおよびCに有意な差は見られなかった。見出しでは、有機食品の栄養は慣行食品となんら変わらないことを声高に宣言している。後者には農薬が多く含まれ、健康増進に役立つファイトケミカルが少なかったにもかかわらず。

わずか二年後の二〇一四年、*British Journal of Nutrition*（英国栄養学）誌に掲載された、この違いについてのさらに広範囲にわたる研究では、三四三の査読付き出版物を分析するために、まったく同じデータセットを拡充した。このいっそう徹底した研究は、有機作物には有意に高い濃度の抗酸化物質、慣行作物には有意に高濃度の残留農薬と、有毒な重金属カドミウム汚染が見られたことを報告している。とりわけ、有機栽培食品にはさまざまなファイトケミカルが高濃度に含まれており、慣行食品の代わりに有機食品を食べた人は、二〇〜六〇パーセント多くファイトケミカルを摂取すると見積もられた。つまり、同じ量のファイトケミカルを慣行食品で摂るには、二倍の量を——農薬やら何やらを含めて——食べる必要があるということだ。

これは、必ずしも新発見ではない。二〇〇一年に*Journal of the Science of Food and Agriculture*（食品と農業の科学）誌に掲載された別のレビューでは、有機野菜は慣行野菜と比べてファイトケミカルが一〇〜五〇パーセント多いという結論に達している。一〇年後に範囲を広げて行なわれたフォローアップ・メタ分析でも同様のことがわかった。有機栽培の野菜や果物と慣行栽培のものとの違いは、植物にはたらきかけて防御関連のファイトケミカル産出を増やす土壌微生物叢との接触が、有機作物のほうが多いことの反映だと説明されている。

さらに最近の二〇一八年に発表されたメタ分析では、それ以前の実験デザインへの不安と測定技術の変化を勘案して、二〇〇〇年以降の研究のみに目を向けている。その研究でも、有機農法の作物にはビタミンとファイトケミカル、特に抗酸化物質、カロテノイド、フラボノイド、フェノール系化合物の濃度が高いことがわかった。意外なことではないが、慣行栽培の野菜や果物では、一貫して有機作物より農薬の濃度が高いことも

＊ Woese, K., D. Lang, C. Boess, and K. W. Bogl. 1997. A comparison of organically and conventionally grown foods — results of a review of the relevant literature. Journal of the Science of Food and Agriculture 74, p. 290.

示された。

ファイトケミカル濃度は、同じ作物の異なる品種間でも、さらには同じ作物の個体間でも相当ばらつきがある。加えて、カリフォルニア大学デービス校で、トマトのファイトケミカル濃度を三年間調査したところ、天候の影響を反映して、年ごとにかなりの変動が見られた。こうした影響はあるものの、直接比較した結果には明確なパターンが存在する。

一九九一年のフランスの研究では、二十数組の農場で同じ作物品種を同じ土壌で栽培したところ、慣行栽培のものに比べて、有機ニンジンにはベータカロテンとビタミンB_1がより多く含まれ、有機根セロリはビタミンCが多く硝酸塩が半分以下だった。同様に二〇〇四年にオーストラリアで、有機農法と慣行農法で栽培したコムギを比較すると、大部分の多量栄養素に差はなかったが、亜鉛や銅では三分の一から半分、有機コムギのほうが多かった。亜鉛レベルの高さと菌根菌のコロニー形成は比例していたが、それを慣行農法は弱らせてしまうのだ。

また、二〇一〇年のある研究では、カリフォルニアにある一三組の有機栽培と慣行栽培の農地(それぞれ区画は隣接している)で収穫されたイチゴを調べた結果、有機のものでポリフェノール、ビタミンC、抗酸化物質の濃度が有意に高かった。有機栽培が行なわれていた土壌は、炭素と窒素の濃度が高く、微生物バイオマスと遺伝的多様性が増し、植物可給態の亜鉛の濃度が有意に高かった。ヨーロッパでのジャガイモとプラム栽培の研究では、有機農法のほうがファイトケミカル(ポリフェノールとアントシアニン)が多く味がいいが、質が高まったのは有機農法に向いた一部の品種に限られていた。

有機栽培と慣行栽培の作物のファイトケミカル濃度について、十分に管理された長期的研究は少ない。作物の生長と健康に影響する要因があまりに多いからだ。しかし二〇〇七年、カリフォルニア大学デービス校の研究者たちは、そのような研究を発表した。彼らは一〇年にわたって、ヒトの健康に有益とされる二種類のファイトケミカル、ケルセチンとケンペロールの平均濃度が、有機栽培のトマトのほうが慣行栽培のものよりそれぞれ七九パーセントと九七パーセント高いことを記録したのだ。慣行栽培トマトに含まれるフラボノイドの濃度は、一〇年の研究期間にわたり比較的一定だったが、有機栽培トマトでは土壌の有機物量が増えるにしたがい増加した。土壌の健康と微生物の活動が高まるにつれて、トマトのファイトケミカル含有量も高まったのだ。

有機管理と施肥はナス、ナシ、モモ、トウモロコシ、リンゴ、マリオンベリー、ブルーベリーで総フェノール量を増やすことがわかっている。*European Journal of Nutrition*（欧州栄養学）誌に二〇〇五年掲載のレビューは、農業慣行によって個々のファイトケミカル含有量を、ラディッシュで二倍、ブロッコリーとカリフラワーでは一〇倍に増やすことができることを明らかにした。反対に、窒素肥料の使用でブロッコリーのグルコシノレート含有量は、七〇パーセントも減少する場合があった。

二〇〇一年に日本で行なわれた、特によく管理された実験は、隣接する有機農地と慣行農地で同じ日に収穫した同品種の五種の野菜（ハクサイ、ホウレンソウ、ネギ、ピーマン、チンゲンサイ）で、抗酸化および抗変異原性とフラボノイド含有量を比較している。有機野菜は抗酸化活性が二〇～一二〇パーセント高く、培養細胞の変異を抑える能力が大きかった。有機野菜のフラボノイド含有量は、慣行野菜に比べてはるかに多く、その中の一つ、ケルセチンは、最大一〇倍の濃度で存在した。ひと言で言えば、幅広い研究から得られた圧倒的な結果が、耕作慣行がファイトケミカル含有量を大きく左右することを示しているのだ。

農業慣行が食品の栄養価に影響することの、現在のところおそらく一番いい例が、ペンシルベニア州クッツタウンにあるロデール研究所で行なわれた農法試験でもたらされている。一九八一年以来、同研究所は実際の規模の農地で有機農法と慣行農法の比較実験を継続中である。隣接する区画で同じ作物を栽培することで、異質な実験のメタ研究分析を複雑にする影響を大部分排除できるのだ。

二〇〇三年、実験開始から二二年後、土壌有機物と窒素の濃度は有機区画で高まったが、慣行区画ではそうならなかった。有機農法で栽培したオートムギには、七パーセント増のカリウムから七四パーセント増のホウ素まで幅があるものの、だいたい三分の一多くミネラル全般が含まれていた。鉄は二三パーセント、亜鉛は四〇パーセント多かった。二〇〇五年にこの区画で栽培した野菜も、総抗酸化物質とビタミンCの濃度に大きな差があった。有機栽培トマトとハラペーニョは、ビタミンCがそれぞれ三六パーセントと一八パーセント多かった。有機ニンジンは総抗酸化物質レベルが二九パーセント高かった。こうした違いは同じ年に同じ土壌から、作物がどの程度吸収したかを反映している。

この違いの背景にあるものは何だろうか？　土壌の健康だ。この実験を開始してから一〇年あまりがたった一九九四年、土壌の生物学的評価が行なわれた。植物可給態窒素と土壌呼吸速度で測定すると、慣行管理された区画は生物活性が、被覆作物が栽培された有機土壌より低かった。後者は圃場試験のあいだに炭素が増えていた。土壌生物が多い健康な土壌は、栄養が豊富な作物を生み出すのだ。

こうしたさまざまな研究から導き出されるものは何か？　慣行作物は収量という観点からはより優れているように見えることが多い。しかしそれが食卓に載ったとき、含まれている元素は、主にわれわれが肥料の形で人間の食事に加えたものであり、中でも目立つのが窒素だ（これが不足しているアメリカ人はほとんどいない）。そこには、そもそも食べものの中にあってはならないもの――農薬、重金属――も余分に含まれている。しかしもっとも印象的であり、これらの研究結果でたいがい見過ごされているのは、有機食品では一貫してファイトケミカルが、健康に重要な微量栄養素（ビタミンとミネラル）と共により多く含まれていることだ。言い換えれば、農法が食物の栄養価に影響するかどうかにまつわる混乱の多くは、何を分析するか――多量栄養素か、微量栄養素か、ファイトケミカルか――と、栄養をどう定義するかから発生しているのだ。

農法による収量差と収益性

最後に、栄養の比較は栄養の質だけでなく、収量を考えなければならない。一九九〇年に*Agriculture, Ecosystems and Environment*（農業、生態系、環境）誌で発表されたイスラエルの研究では、過去の研究から二〇五の作物収量の比較研究を調査した。対象となったのは比較観察、長期的に追試を重ねた圃場試験、バルフォアによるホーリー実験などだ。その研究では、二六種の作物において、有機栽培の収量が平均して約一〇パーセント、慣行栽培の収量より低かった。これは、この問題に関わる議論の中で決まって遭遇する通説だ。しかし論文をもう少し深く掘り下げると、三〇の直接収量比較の半数で、有機作物の収量が慣行作物と同等か上回っていることがわかる。同様に、長期的な圃場実験のレビューで、有機と慣行の収量を比較して統計的に有意な差があったものは半分しかなかった。収量分析の四分の一では有機作物が慣行作物を上回っていた。ここから言えるのは、多くの場合有機の収量は、慣行に匹敵するか、それよりもいいということだ。

さらに最近の二〇一五年の研究では、有機農法と慣行農法の収量を比較した過去の研究のレビューを行ない、全体として有機の収量は約二〇パーセント低いが、有機作物の多様な輪作で、収量の開きを一〇パーセント未満に縮められることを明らかにした。著者らは、有機農法に適切な研究投資がなされれば、収量の開きはなくせないまでもいっそう縮められるだろうと結論している。もっとも最近、二〇一八年のレビューは、有機農法と慣行農法の収量の差は時間と共に縮小したと述べている。有機農業生産が収量の差を大幅に縮め、解消さえするまでに、数年しかかからなかった。だから農法を適切に組み合わせることで、農家は量か質かを選択しなくてもよくなる。あらゆる農法についてより正しく問いを立てるには、その方法が土壌の健康を高めるか損ねるか、それにより収穫物の量と質両方の向上に役立つか妨げとなるかを検討すればいいのかもしれない。

また、収益性も忘れるわけにはいかない。世界規模の分析により、有機農家は同じような条件の慣行農家より四分の一から三分の一、利益が上がることがわかっている。有機作物は一般に慣行作物より価格が高いが、この世界的調査では、有機農家のほうが収量が低いと仮定しても、慣行農業の経済実績と同等にするには価格が五〜七パーセント上がればいいことがわかった。有機食品は現在の市場ではたしかに高値に設定されているが、その価格差は大きくなくてもいいのだ。

多くのメタ研究で、重要でありながらあまり認識されない要素が、以前は長年慣行農法を行なっており、そのため土壌の有機物が枯渇してしまった有機農家のことだ。土壌は、人間と同じように、痛手から一晩で回復するわけではない。劣化した農地で、合成肥料や農薬を使わずに栽培された慣行作物品種は、有機のやり方では収量が低い。より公平な比較のためには、健康で肥沃な土壌の農地で栽培され、有機農法向きに品種改良した作物が必要だろう。慣行農業では収量の優位が、有機物に富む土壌の維持につながらないらしいことは象徴的だ。

全体としてみると、栄養と農業の研究、および農法が土壌の健康に与える影響に関わる方針の再構成が必要だ。劣化した土壌はファイトケミカル生産と微量栄養素獲得の両方を阻害し、作物を害虫や病原体に対して弱くする。すると今度は、農薬が余計に必要になり、それがわれわれの食べものに入り、農家、農場労働者、消費者の健康に影響する。そして、健康な土壌に育った植物は、残留農薬が少ないだけではない。それはたいてい、ファイトケミカルと微量栄養素をより多く含んでいるのだ。

それでは、健康で肥沃な土壌で食物を栽培すると、どのくらい栄養素密度が改善されるのだろうか？　この疑問に直接答える研究は見つからなかった。そこで私たちは自分たちで確かめることにした。おそらく量と質のあいだに、それほど厳しい対立はないはずだ。

第7章　偉大なる園芸家

気配り、これが私たちの終わりのない、なすべき仕事。
――メアリー・オリバー

私たちの手作り野菜の栄養組成

健康で肥沃な土壌は、食べものの栄養価にどれほどの違いをもたらすのだろうか？　私たちが自宅の庭造りを始めたとき、古い芝生の下にある白茶けて貧相な土と対面したことが、この疑問に深入りすることになるきっかけだった。最初、コマツグミがミミズを探しにわざわざ私たちの庭に来ることもなかった。まったくいなかったのだ。しかし一〇年間、木材チップや有機物のマルチを定期的に与えることで、土はよみがえった。菜園の炭素含有量が一パーセントから一〇パーセントに上がると、私たちはだんだん裏庭の作物の栄養組成に興味を持つようになってきた。

そこでケールのサンプルを、とある研究所に提出したところ、カルシウム、亜鉛、葉酸（ビタミンB_9）の濃度が、アメリカ農務省による慣行栽培ケールの栄養基準よりも大幅に高かった。また、私たちのケールには抗がん作用のあるファイトケミカルのスルフォラファンが、三一ｐｐｍ含まれていることもわかった。あいにく、スルフォラファンの――そして他のファイトケミカルも――栄養基準量は定められていない。あとで見るように、それがさまざまな慢性疾患の予防効果を持つという証拠は、枚挙にいとまがないというのに。

我が家の庭の土、ビフォー・アフター

小さな裏庭の畑で栄養豊富な野菜を栽培するのとは違い、野菜農家はもっと手ごわい問題に直面している。もっとも大きなものは、栽培床や畑を耕起しないで野菜を栽培すること——少なくとも多くの有機農家や慣行農業志向の農学教授は私たちにそう語った。彼らが言うには、不耕起と有機農法の組み合わせは、野菜の場合うまくいかないのだそうだ。耕さなければ雑草が作物を圧倒してしまうのだという。しかし、不耕起農法で工夫しているコネチカットとカリフォルニアの農家のことを私たちは聞いていた。当然、私たちはその農家に会って農法のことを、そして彼らの不耕起野菜は慣行作物と比べてどうなのかを、知りたいと思った。

タバコ・ロード農場の不耕起集約的野菜栽培

六月下旬のどんよりと曇った日。厩舎、田舎家、小じゃれた屋敷、途切れなく続く森を過ぎ、私たちはニューイングランド南部に車を走らせた。鈍色の空の下に広がる緑は、シアトルの初夏を思わせる。だが車の窓を開けるたびに、私たちは暑くじめじめした空気を吸い込んで、やっぱり似ていないなと思うのだった。

スマートフォンのGPSが、目的地に着いたことを知らせた。タバコ・ロード農場。砂利を敷いた長い私道に車を乗り入れる。あまり確信がなかった。畑は見あたらず、木くず、腐葉土マルチ、わら、岩粉、その他さまざまな腐食段階にあるものが、古びたビニールハウスの脇に一見無造作に積み上げられていた。

ブライアン・オハラが杉板張りの山小屋のような家から出てきた。どうやらここで合っているようだ。にこやかな笑みを浮かべたブライアンは、緑色のTシャツ、ブルージーンズのオーバーオール、ビルケンシュトックのサンダルという出で立ちで、濃いあごひげを蓄え、白髪まじりの茶色い髪を肩まで伸ばしていた。妻のアニータ、娘のクララが数分後に現われ、私たちを出迎えた。

収穫を待つ作物がひしめく栽培床を見つけるずっと前から、鮮烈なニンニクの匂いが届いていた。ブライアンはタバコ・ロード農場で一九九〇年から農業を始めた。そこは野生のブルーベリーとツタウルシが茂る、痩せた酸性土の土地だった。それがどれだけ変わったか、ブライアンはしきりに私たちに見せたがった。

これまでの一〇年で、ブライアンとアニータは土壌を、土地を、農場を一変させた。町の生活協同組合で出会った二人は、食べものを殺虫剤などの合成化学物質なしで育てたいという思いで意気投合した。土壌の健康を高め、維持する方法の開発に二人は着手し、土壌肥沃度と作物の健康の関係が自分たちの農場で築かれていくのを見た。私たちも見ることができた。栽培床を覆いつくし、あふれ出した作物に、弱ったものや病気のものはなかった。当初、農場の土壌に含まれる有機物は三パーセントほどで、pHは約四、アルミの毒性が本格化するくらいの酸性だった。今ではpHは中性に近く、土壌有機物は最大一一パーセントと、植民地時代以前の土壌を大きく上回っている。

一時期、この地方にはヒツジと毛織物工場が多かった。しかし一九世紀末には、一帯はほとんど放棄され

タバコ・ロード農場

た。それから少しして、酒の密造業者たちが、今オハラ一家の農場があるあたりに移ってきた。ブライアンは農場に、その当時の道路の名前をつけた。

約一五〇年かけて再成長した周囲の森は、再び大木がそびえるようになっていた。しかしそれも衰えてきていた。「クリの木はもうなくなってしまったが、トネリコ、トウヒ、カバもみんななくなりかけている」とブライアンは嘆く。もうサトウカエデの樹液を採ることはできない。以前のように樹液ができないのだ。こうした変異は、さらに広範囲にわたって自然のバランスが崩れたことを反映しているのだとブライアンは考えている。一〇年ほど前、彼とアニータは、さらなる取り組みの必要を感じた。当時、害虫や雑草のような問題が大きく立ちはだかるようになっていた。環境の衰退に対抗し、土壌の健康に一層の気配りをしなければならない状況にあると、ブライアンは思っていた。

彼らの三エーカー〔約一・二ヘクタール〕の農場を歩いていると、ブライアンが言った。「野菜づくりの世界に入った三〇年前、年輩の農家からは疑いの目で見られていた。その世代は化学物質のせいで早死にする人が多かった。その子どもは同じことをしたくないと思っている」。だが時代は変わり、地域の農業普及所も今では、有機農法と土壌の健康についての相談に乗っている。

この一〇年で昆虫が大きく減ったことも、ブライアンは教えてくれた。何度もミツバチがいなくなったので、養蜂を諦めざるをえなかった。またホタル、キリギリス、コオロギ、蚊までもが農場のまわりで少なくなった。しかし地面の下では、順調に運んでいた。土は大量のミミズを育て、それを目当てにたくさんの鳥がやってきた。タイミングを見計らったかのように、鮮やかな赤い羽をひらめかせた鳥が飛び去っていった。

裸地を作らず、常に何かを栽培する

私たちは腐葉土マルチの山へ向かっていた。ブライアンが詳しく語り始めた。「ここでは混ぜる工程をやっている」。ブライアンは四つの材料から腐葉土、つまり堆肥を作っている。わら、木材チップ、落ち葉、岩粉だ。最初の三つは炭素を豊富に含む、だからこうした材料を堆肥に使うときには窒素源〔畜糞〕を足して、炭素とのバランスを取るのだと彼は説明した。最後の材料は粉末にした花崗岩で、作物の生長を促進することがわかったからだ。ブライアンとアニータは農場に、年間五〇トン以上という大量の有機物を使っている。

この堆肥づくりのやり方では、ブライアンは堆肥の温度を五〇℃以下に保つようにしている。一般的な堆肥の作り方に一工夫加えて、ブライアンは堆肥づくりに使った有機物の一部を微生物に分解させる。栽培床に加えると、土壌生物が仕上げをして、栄養が少しずつ土壌に浸透するのだ。

それほど多くの有機物を手に入れるには、大変な費用がかからないだろうか？　野菜は早く生長し収量が高い作物であることをブライアンは指摘する――訪問当時、コネチカット州で合法的に栽培できる作物としては、面積あたりもっとも利益が大きいものだ。毎年一エーカー〔約〇・四ヘクタール〕につき一〇万ドル以上を産出し、同じ面積あたりの穀物から得られるものよりはるかに多い。高価値の野菜は、肥沃度を維持する堆肥と有機物への投資に見合うことを生産者は理解する必要があると、ブライアンは言い、むしろ、それが不耕起野菜栽培の鍵だと締めくくった。

畜糞、特に牛糞は野菜栽培に昔から使われてきた最適な肥料だ。だがそのようなやり方は、農業化学製品が一般的になると途絶えてしまった。それでもブライアンはぶれることがない。「有機物は加えなければならない。有機物をやらずにいい結果を出した野菜農家など見たことがない」。ブライアンとアニータは、「獣医にかかる必要のない」牧草飼育の放牧牛の畜糞を手に入れている。慣行酪農家や肥育場から出た畜糞は好ましくない。抗生物質を含んでいて、土壌生物に害を与えるおそれがあるからだ。二人は、近代的な酪農場にある州指定の屎尿槽《しにょうそう》は間違っていると考えている。畜糞は堆肥化されることなく土地に戻されているからだ。

ブライアンは私たちを畑に誘い出した。曇り空の下、さまざまな緑の色合いの健康で生き生きした作物が列をなしている。ところどころに裸の地面が覗き、前作の残渣と朽ちかけた木材チップの隙間から、肥沃な黒土がうかがえる。土はふかふかして、手で簡単にすくえる。加えたさまざまな有機物が、崩れやすい団粒構造を土壌に与え、ミミズはそれが気に入ったようで、豊富な栄養に活気づいて至るところで身をくねらせていた。

ブライアンとアニータが不耕起栽培をやろうと決めたとき、最大の難関は雑草を抑えることと肥沃度を管理することだった。その二つをひっくるめたあるやり方が、実に効果的であることに二人は気づいた――常に何かしらをくまなく栽培していることだ。

二人は一年を通じて、農場のすみずみまで、土地を休ませることなく作物を植えた。農場はいくつもの長い列に分割され、さまざまな作物が、正確に言えば随伴植物を組み合わせたものが同じ栽培床に一緒に植えられていた。私たちが近づいた最初の栽培床には、レタスとトマトが混作されていた。ブライアンとアニータはまったく耕さない。代わりに二人は新しい作物を、収穫した直後の作物残渣の中に植えている。ルッコラ、カブ、ニンジンなど、五〇種を超える作物がこのやり方で栽培されている。

それぞれの作物は畑に狭い区画を割り当てられ、毎年順番に一区画ずつ移っていく。ブライアンとアニータが栽培する作物は種類が多いので、ある作物が同じ場所に戻ってくるまでには長い時間がかかる。

到着したときに匂ったニンニクは、ちょうど収穫直前だった。ブライアンが丸々とした球根を地面から引き抜いた。それはとても大きく、香りがよく、ファイトケミカルの甘い匂いをただよわせていた。アニータが持っているバスケットにそれを放り込んだ。

背の低い雑草がいくらか栽培床に生えているが、ブライアンはそれを大した問題とは思っていない。雑草は作物の陰になっており、収穫後に残っていても種ができる前に刈り取られて、次の作物を植える前にその場でマルチにされる。この農場の雑草防除の秘密がここにある。雑草が伸びる、まして優勢になる隙など決してない。作物のほうが先に生長して雑草を打ち負かしてしまうのだ。するとあらゆる雑草が緑肥となって、次の換金作物の肥料の役割をする。一部の区画ではクローバーが、その窒素固定能力を利用するために放っておかれており、また別の植物は花粉媒介者を養う。もし雑草が作物に害を与えないなら、そのままにしておいてもいい――次の作物を植える前に全部刈り取るまで。ブライアンとアニータは、時間と費用をかけて雑草を殺そうとする代わりに、それをリサイクルして利益を得ているのだ。

二人は三つの農地を耕作している。メインは農場にあるもので、他に近所に二つ土地を借りている。降水量は十分（年間一一〇〇ミリ以上）なので、灌漑は一切必要ない。雨はすべて葉の茂ったふかふかの地面に染み込む。豪雨でも、表面流出はほとんど発生しない。不耕起農法を始めてから、二人は点滴灌漑装置も撤去した。それは功を奏した。無灌漑と優れた雑草防除の組み合わせで、労力が大幅に省かれたのだ。

ブライアンにとって、すべては土との関係にさかのぼる。「それこそが農家がもっとも影響力を持つものであり、人間が影響をおよぼすことのできる最重要要素だ」。だからブライアンは恐れることなく土を扱い、実験、観察、工夫を怠らないのだ。

そうする中で、ブライアンは成功の秘訣にたどり着いた。作物を収穫して、残った雑草や作物残渣を地面近くで刈り取ったら、栽培床を透明なビニールシートで覆う。太陽の熱に一日か二日さらすと、伸びた枝も枯れる。ビニールシートは巻き取って次に使うときまでおいておき、それから半ば分解された自家製の堆肥を地面から一、二センチの厚さにかぶせる。菌類の接種材料を加えることもある。栽培床に種をまいたあと、種子が土にしっかり触れるようにしたほうが発芽率がいいことに、ブライアンは気づいていた。そこで、大きな熊手に似た道具に鎖をフォークの歯のように取りつけている。栽培床を一往復して最後の仕上げ——いくらかのマルチ——を施すと、そこは種まき完了だ。

ブライアンは「地面がいつも完全に植物かマルチで覆われた状態を保つために」できるだけ有機物分解と光合成が活発になるようにしている。その言葉通り、私たちは彼の農場で裸の畑をまったく見なかった。あらゆる作物の風合い、色、形が集まって鮮烈なモザイク模様を織りなしていた。この農場に休耕地はない。すべて作物が生い茂り、生命が躍動していた。

キノコが生える畑——森から土を入れる

ブライアンとアニータは耕起をやめると同時に、韓国式自然農法で知られるやり方を採用して、土壌に栄養を与え始めた。その中に、菌根菌に富む近隣の森の土壌を少量、堆肥やマルチに混ぜ込むという手法があった。菌類の活動を一気に活性化させようという発想だ。土壌を攪乱せず、種菌を植えた有機物を使うという組み合わせは、実にうまくいった。今では土中には菌糸が張りめぐらされ、キノコが畑にときおり顔を出す。地下には以前より大幅にミミズが増え、有機物含有量は隣の慣行農場と比べて三倍以上に高まった。

会話の中でブライアンは、農場の状態を、自然の状態も農業生産上の状態も、絶えず観察することを一貫して強調している。彼はそれを簡潔にこう述べている。「自然にあるすべてのものは対話している」。森と、畑を取り巻く匍匐性《ほふくせい》で葉の広いゴボウ属の植物が、ヘビ、カエル、鳥、有益な昆虫にすみかを与え、それらが畑の野菜を狙う害虫となりうるものを食べてくれるのだと、ブライアンは語った。

ぎっちり植えられたラシネートケールの栽培床を囲んで、ブライアンは自分の意図を見せてくれた。彼はしわの寄った暗緑色の葉を何枚か裏返し、ガの卵が隠れているのを指さした。やがて孵化して作物をかじる未来の害虫だ。ブライアンは平然としていた。すでに卵を見ており、そこにあるのを知っていたのだ。さらには、イモムシを食べるものがまもなく卵から現われることを知っていた。

畑には寄生バチが寄ってきて、イモムシに卵を産みつけ、イモムシがケールに害を与えるようになる前に、孵化したハチの子どもはそれを餌にしてしまう。ハチの幼虫が成虫になると、イモムシでなくキャベツの仲間の花蜜を餌にするようになり、またその葉の下で繭の状態で越冬する。寄生バチに越冬場所を提供してやることで、春には貪欲なイモムシが作物を襲う前に、新たなハチの群れがきっちりと待機しているわけだ。

農場を歩きまわりがなら、アニータは道々サラダの材料を摘んではバスケットに入れていた。見学を終えて彼らの家に戻るころには、考えられるもっとも新鮮な昼食の材料が集まっていた――摘みたてのフェンネル、二種類のエンドウ、セロリ、何種類かのレタス、これにチーズを添え、この上なく香り高いニンニクで風味づけする。よい土にはすばらしい味の食べものが育つという、美味な公開実験だった。

ブライアンとアニータが野菜農場経営に飛び込んだころ、健康によい食品の需要が拡大していた。タイミングは絶好だった。二人がファーマーズ・マーケットで作物を売っていると、最初にやってきた客の中に、がん、多発性硬化症、パーキンソン病、消化器疾患などを患った人たちがいた。彼らは農薬のかかっていない食べもの、ブライアンが言うには「毒が入ってなくて、クソみたいな味がしないもの」を求めていた。

現在ブライアンとアニータは栽培したもののほとんどを、生協と町にある地元のレストランに卸し、残りは週末のファーマーズ・マーケットで売っている。だからなんだかんだで、彼らはいつも作物を売っているのだ。「マーケティングのようなことは一切やったことがない。野菜はひとりでに売れていくのだ」。ブライアンがもっと畑を借りて拡張しようと調べたところ、コストの増加で「現状維持のためにもっと働く」ことになりかねないとわかった。それでは意味がないので、二人は小さいままで繁盛を続けている。

一方でブライアンは、自分が流れに逆らっていることを知っている。現在の農家は品質よりも量に応じて報酬が支払われるので、彼らが窒素肥料と農薬を過剰に使う理由がブライアンにはわかっている。それは量のための策だからだ。

ブライアンの策と目的は違う。彼は昔ながらの手法と現代の科学を融合して、質の高い作物の生産に的を絞っている。それは慣行農法のものより圧倒的に優れた野菜をもたらすと、ブライアンは信じている。彼は品質を、三つの性質を基準に判断している。貯蔵(野菜、特に根菜がどのくらい長く貯蔵できるか)、風味(味はよいか)、色(鮮やかさ)だ。では作物の品質をどのように確保するのか? 土を耕さない、肥料をやりすぎない、土壌生物の活性を保つ、害虫を食べる肉食昆虫にすみかを与えることだ。

面白いことに、タバコ・ロード農場の土壌は本来、銅と亜鉛の濃度が低いのだが、トマトは銅の、ホウレンソウは亜鉛の含有量が、十分とされる量よりも多い。岩の粒子を溶かす強い酸を使った試験で、土壌には他にもさまざまなミネラルが含まれていることが明らかになっている。ブライアンのケールはモリブデン量がきわめて高く、レタスは鉄分豊富だ。ブライアン本人も鉄の意志で満ちている。

そのような無機微量栄養素を地面から取り出して、ブライアンとその作物に取り込ませたものは何だろうか？　土壌生物だ。植物は、自身の健康に必要な多くの酵素を作るために、ミネラル元素を必要とすることをブライアンは強調し、さらに、農業慣行が酵素の生産を妨げると、害虫や病気が襲いかかるのだと説明する。植物が自分を守るために必要な化合物を、作ることができなくなるからだ。花に色をつける鮮やかな色素は、作物が地下の農場労働者から十分に栄養を受け取っていることの、一目でわかる印の一つだ。

ブライアンとアニータは夢想家からはほど遠い。汗水流して土を起こし、タバコ・ロード農場が買えるほど稼ぎ出してきたのだ。しかし二人は、後に続く人たちがチャンスを得られないのではないかと心配している。近年銀行は、大邸宅に住宅ローンを貸したがり、そのため地所を自作農場として使うことが難しくなっている。二人は同じ農業の未来像を持っている。その中では農場ごとの農法が、土壌と土地の自然条件に応じて独自に調整される。そして私たちが訪問したとき、ブライアンは著書の仕上げをしていた。その本、*No-Till Intensive Vegetable Culture*（不耕起集約的野菜栽培）では、ブライアンの栽培方法と蓄積された知識を、彼が新世代の農家として期待する人たち――土地に生物を取り戻し、土壌をよみがえらせようと奮闘する人たち――に伝えている。

私たちが去る直前、農場にやってきた鳥たちの合唱が、力強いバックグラウンドミュージックを奏でていた。それは一日の終わりにふさわしかった。

歌うカエル農場《シンギング・フロッグズ》――アグロフォレストリーの野外実験

ブライアンとアニータがコネチカットの農場でしていたことは、旅の次の立ち寄り先と、驚くほどの共通点があった――シンギングズ・フロッグズ農場、サンフランシスコの北のワインカントリーに位置する小規模な野菜農場だ。草木に覆われて湿気の多いオハラ一家の農場に比べると、気候条件は暑く乾燥している。それでも、ポールとエリザベス・カイザー夫妻は、耕起せず農業化学製品も使わずに、同じくらい見事な野菜づくりの腕前を見せている。

飛行機が小さなソノマ・カウンティ空港に向けて高度を下げるあいだ、私たちは窓から外を見ていた。北カリフォルニアの風景は私たちには見慣れたもので、ベイエリアで大学院生だったころのことを思い起こさせた。天然のオークとセコイアの交ざった木立が、金茶色の草に覆われた丘のあいだに広がっている。七月、雨季はとっくに過ぎ、大地は乾ききっていた。ブドウの木を植えた区画が見えてきた。あるものは縦横にきっちり並べられ、あるものは土地の自然の等高線に沿っている。だがほとんどのブドウ畑では土がむき出しで、列のあいだは白茶けている。

飛行機は着陸し、私たちはレイ・アーチュレッタに会うために出発した。農業界では「ソイル・ガイのレイ」として知られるその人物は、天然資源保全局を最近退職した、情熱と反骨の科学者だ。天然資源保全局が、その歴史的起源である侵食防止にとどまらず、土壌の健康づくりを農家と共同で推進するように、彼はあと押ししたのだ。

レイには、シンギング・フロッグズの作物と、土壌の健康度がまったく違う対照となる農場の作物の栄養素密度を比較するのを助けてもらうことになっていた。私たちが作物のサンプルを扱い、レイは土壌サンプルを担当する。

翌朝、セバストポルの小さな繁華街をあとにして、すぐに私たちは農家と小さなブドウ畑のあいだを抜ける急カーブの続く一車線道路に乗った。「コンポスト・クラブ」というロゴが入ったトレーラーの脇を通り抜けると、道路は終点になり、そこで車を停めた。二頭のヤギが「カエル横断注意」の標識を掲げた柵の向こうから、金色の目で無遠慮にこちらをにらんでいた。私たちもにらみ返していると、ポールとエリザベスが出迎えにやってきた。

九エーカー〔約三・六ヘクタール〕足らずの地所はピザの一切れのような形をしており、ピザの耳にあたる坂を上りきったところに二人の家がある。下るにつれて幅が狭くなり、農場の一番低いところには池があって、谷の反対側の斜面を覆うブドウ畑を遠く望む。二人は二エーカーと四分の一〔一ヘクタール弱〕で野菜を栽培し、納屋、生け垣、堆肥積み場が半エーカー〔約〇・二ヘクタール〕を占めている。残りの土地は主に原野、池、家のスペースとなっている。

カイザー夫妻が二〇〇七年にこの土地を手に入れたとき、そこは一二年間有機家庭菜園として使われ、木はほとんどなく、灌木が二本あるだけだった。二人にとってそれはおあつらえ向きだった。二人は西アフリカでの平和部隊〔開発途上国支援ボランティア組織〕時代にやったような熱帯アグロフォレストリーの野外実験を行なった。今では数千本の在来種の多年草、実のなる低木、樹木が農場を飾っている。カリフォルニアでは異例だが、カイザーの土地には水がある。農場の至るところに湧き水を引いた池があるからだ。農場をシンギング・フロッグズ農場と名づけたのも無理のないことだ。

四〇代半ばのポールは、グレイトフル・デッド〔アメリカのロックバンド〕発祥の地にほど近いメンローパークで育ち、パークレンジャーになって人々に自然のことを教えたいと考えていた。現在彼は、それを行なっている。鳥の集まる農場でだけだが。私たちが訪問した日、ポールは農家風レンジャー装備——黒いオーストラリアン・カウボーイ・ハット、紫と黒のチェックシャツ、ポケットがたくさんついた茶色のワークパンツ——を身につけていた。ポールによれば、近隣の公園や自然保護地域には、シンギング・フロッグズ農場ほど多くの鳥類はいない。彼らは鳥が集まってくる理由を、木や灌木をたくさん植えたからだと考えている。しかしポールとエリザベスが農業で成功した鍵は、地下の生命を再生したことにある。

農場を手に入れたとき、前の所有者は二人のスタートを手伝ってくれた。何をしたかと言えば、すみずみまで耕したのだ。今ではエリザベスはフルタイムで農業をやっているが、当初は外で看護師として働き、実際に

シンギングズ・フロッグズ農場

耕したのはポールだった。初めのころ仲間や指導者は、耕起が農業の基本だとカイザー夫妻に教えた。だからポールはそうしていたのだ。絶えず土埃に巻かれているだけでも気が滅入ったが、さらに嫌な気分になったのがヘビを切り刻んでしまったときだ。耕起にいいところなどあるようには思えなかった。農業の醍醐味は生命を育てることで、殺すことじゃない。土埃が立つだけでなく、耕したあとの土は「固まって、隙間がなくなってしまう」。雨が地面にほとんど染み込まず、カリフォルニアの乾燥した気候で求められるものとは正反対になってしまうのだ。

固定資産税を支払うため、不耕起栽培で年三回収穫

このような初期の経験を基に、ポールとエリザベスは農場から犂《すき》を追放した。優秀な若い従業員も見つか

り、農場になくてはならない存在になった。彼は二人と、また農場の方針とも馬が合った。そうなると、彼を冬のあいだ雇っておく方法を考え出す必要があった。一年を通じて農業をすることには実用的な意味もあった。カリフォルニアでは周年で作物の生長が有望であり、冬場に農場を休ませるためには大きな労力がかかる。ワインカントリーでは固定資産税も重く、年間二万ドルを支払うには、年に三回以上の収穫が必要だった。不耕起野菜栽培に移行することで、一年中収入が確保できた。

彼らの不耕起栽培の追求は、ドキュメンタリー映画製作会社が栽培床のミミズの映像を撮影するために農場を訪れたことで勢いづいた。最初に掘った栽培床にミミズはいたが、野菜が絵になるものではなかった。二番目と三番目には野菜はあったが、ミミズがいなかった。しかし四番目の栽培床には大量のミミズがおり、見事な作物があった。ミミズのいる栽培床はどちらも回転耕耘機で耕しておらず、ミミズがいないところは耕していたことにポールは気づいた。驚くべき発見だ。耕起と回転耕耘機の使用はミミズを殺していたのだ。やがて二人は、トラクター耕起から回転耕耘機、それからブロードフォーク〔二本の柄のあいだにフォーク状の歯をつけた農器具〕へと切り替え、ついには苗を栽培床に移植するとき以外、土壌を撹乱しなくなった。

農法を見出すまでにしばらく時間がかかった。どの畑にどの作物をいつ植えるかを計画することから栽培期が始まる大規模な工業化された農場とは違い、カイザーのやり方は、一日か二日前に決めるというものだ。こうすることで、農場の自然の動向——花粉媒介者、害虫、天候——に、より同調することができる。こうしたもののやり方と、農場の規模が小さいことで、彼らは「混沌とした認識の上に成長する」ことができる。

それでも、彼らには彼らなりの計画がある。それは育苗温室の準備段階で、種まきは需要予測——シーズンを通じて顧客が欲しがると思われるもの——に基づいて始められる。「要するに、ある時期にその作物がどの顧客に一番向いているかだ。関連要素が常に二〇ほどある。何が栽培床に植わっているか、季節はいつか、どの作物を植えるか、何が芽を出しているか」。そして作物を組み合わせることができ、二種類以上の作物を一つの栽培床で育てられるなら、そのようにする。

彼らは苗床に追いまきをする。何も生えていない地面があるのはもっとも重い罪だからだ。余った苗はどうするのか？　ファーマーズ・マーケットに持っていく。

ひと言で言えば、ポールとエリザベスは、自然を観察して農業の基礎とする、即興的な生態学者のジャムセッションのようなものをやっているのだ。その場の即興で演奏しながらも、ちゃんとわかっていてやっている。レイに言わせると「問題は道具じゃない――生態学を理解して、適切な道具を使うことだ」。

耕起をやめて最初の年末には、土壌はすでに改善されていた。そしてよくなり続けている。二人が農業を始めたとき、表土の有機物含有量は、農場内の地点により一～三パーセントだった。不耕起を始めると、一年に平均一パーセント高まり、計測する栽培床にもよるが一〇～一二パーセントで安定した。ポールとエリザベスは現在、土壌の有機物濃度がこの範囲に保たれるように管理している。私たちの庭に起こった変化と同じように、シンギング・フロッグズ農場の土壌有機物濃度の上昇は、全世界の農地からの化石燃料による炭素排出を農業で相殺するための目標値、年〇・四パーセントを上回っている。

カイザー夫妻は土壌有機物を増やすために、耕起をやめただけではなかった。栽培床のあいだを歩いていると、むき出しの地面を見つけるのが難しい。私たちが立ち止まった最初の栽培床の真ん中では、太いトマトの茎が分厚いわらのマルチ層から伸びていた。二人はブドウ栽培の技術――エスパリエ――を巧みに使い、トマトを格子に這わせて、狭い栽培床で縦のスペースをうまく利用している。随伴作物のレタスが栽培床の両肩に植えられている。これは三月以来、二度目のレタスの作付けだった。二人は長さ三〇メートルのトマトの栽培床から、一回トマトを収穫する前に、一二〇〇ドルのレタスを二回収穫する。同様の組み合わせ――栽培床の真ん中に生長の遅い作物、両側に生長の早いもの――によって、生長の早いもの（たいていレタスなどの葉物）を年間通じて毎週収穫できる。この方法でカイザー夫妻は、四〇種一〇〇品種を超える食用作物を栽培し、その中には一二種類のレタス、一四種類のトマト、六種類のブロッコリーとカリフラワー、さまざまな品種のビーツ、キャベツ、ニンジン、フェンネル、ハーブ、花などがある。カボチャのような季節が進んでからの作物は、秋になると栽培床からあふれ出す。

オハラ夫妻と同様、カイザー夫妻もすべての栽培床でいつも何かしら栽培している。こうすれば植物は絶えず太陽エネルギーを捉えて滲出液に変え、それによって土壌生物が増殖する。初めの頃とは対照的に、現在はどの栽培床にも一年間に最低三種から一〇種の作物が植えられる。春には栽培床の半分で混作されると、ポールは言う。私たちが見た次の栽培床には、芽キャベツのあいだにソラマメが栽培されていた。ブロッコリーもソラマメと混作すると、とても効果が上がることがわかった。アブラナ科の作物は一般に菌根菌を維持しない。そこでポールとエリザベスは、マメ科植物を一緒に植えている。被覆作物を使っているかと質問すると、ポールは、自分たちの作物は全部被覆作物だと反射的に答えた。これはいいところを突いている。作物すべての総合的効果が土壌を守り、肥沃度を高める生物を育てているからだ。

私たちが立っている栽培床は、ブロードフォークですらかき回さなくなって七年がたっていた。土壌はどんな具合だろうかと私たちは思い、手で掘ってみた。「掘る」というほどの労力は要らなかった。むしろ濃厚なシチューにスプーンがゆっくり沈むように、軽く手が入っていった。焦げ茶色の土は表面から一センチ下でもまだ湿っていた。最後に雨が降ったのは四月、四カ月前だというのにだ。マルチと堆肥が地面の水分を保ち、作物と土壌生物はそれを利用できる。収穫後、残った作物の刈り株はすべて地面の高さで切って堆肥にされる。地下の根や茎は土壌生物の餌になり、やがて土に還る。

農場の作物はすべて手植えされている。ほとんどは苗床で発芽させる。収穫後に残った部分は、すでに述べたように地面の高さで切り、堆肥にするか地面に残してマルチにする。それから堆肥を栽培床の表面に薄く施し、新しい作物を植えつける。この方法は、オハラのものとよく似ており、土壌生物に餌を与え、栄養がマルチから土壌へ移り、そして生きている作物に戻るという循環を維持する。また、作物が雑草より先に生長するので、雑草駆除の手間が減る。やはり、タバコ・ロード農場のように、カイザー夫妻にとって雑草との闘いは大きな問題ではない。

シンギング・フロッグズ農場も大量の堆肥を使い、半分は自家製で、残り半分は家庭から出る有機物で作った自治体の堆肥を買っている。このような農法を試さないことの弁明するよくある意見が、堆肥のコストが大きすぎるというものだ。しかしポールは、種子に払う額のほうが堆肥より大きく、しかも両方を合わせても全コストの一〇分の一に満たないと言う。出費のほとんど（約八〇パーセント）は人件費なのだ。彼らは馬糞、さまざまな種類の植物質、時にはヒツジの糞を堆肥にし、三〜九カ月熟成させる。また、毎年、最大で干し草二〇〇俵をマルチにしている。

不耕起——土壌からの窒素流亡が起こらないわけ

不耕起に移り始めたころ、ある有機農業コンサルタントが農場に来て、二人が栽培床に施している堆肥とマルチの量では、大量の窒素が池に流れ込み、農場から逃げてしまうと自信ありげに言った。そのコンサルタントの経験からすると、カイザー夫妻が使っている程度の堆肥では、窒素を含んだ表面流出が発生していたからだ。だが他の農場での経験と、カイザー夫妻の行なっていること——というより、行なわなくなったこと——には大きな違いがあった——耕起だ。

それでも、ポールとエリザベスは窒素流出の可能性を心配し、地所の丘側の井戸と湧き水、それから地所全体の池を検査した。もっとも高い位置の池の窒素濃度は六〜八ｐｐｍだった。二人は農場の一番下から流出する表流水を、大雨の前と後でタイミングを変えて四回検査した。結果は常に〇ｐｐｍだった。農場から窒素は流出していなかったのだ。流出はありえなかった。不耕起では、ある生物から別の生物へと窒素を循環させる土壌生物が増えるからだ。

季節的に池ができる農場の一番低いところへと、私たちは向かった。耕起をやめたときに起きたまた別のできごとを、ポールは話したがっていた。農業を始めてから三年、池は最初の雨で満杯になった。毎年秋、池が干上がったときに、ポールは流れてきた表土を一二～一三センチ池からすくい、その不埒な泥を上まで運び上げては、畑にばらまいていた。しかし不耕起に移ってから、大雨が何回か降らないと池は満杯にはならず、泥はほとんど溜まらなくなった。今では農場に降った雨はほとんどすべて土に染み込むので、表面流出は起きず、土壌も畑にとどまっている。

当初、キュウリにつくハムシの大発生が、シンギング・フロッグズ農場では大きな問題だった。それはまだいるが、八年間、一本の作物もハムシが原因で失ったことはない。作物は抵抗力を大きく増し、「病害圧は今ではゼロに近い」。こうした変化があったのは、耕起をやめたことで土壌の健康状態が改善されたのと、生け垣など作物以外の植物が、ハムシを食い尽くすものなど、害虫の捕食者に生息地を与えたためだとポールとエリザベスは考えている。害虫は一年生植物で繁殖するが、肉食昆虫や鳥は、多年生植物がもたらす通年の生息地を必要とする。当然の結果として、鋭い目をしたたくさんの鳥が、栽培床を取り囲む木や灌木のあいだをうろついているのを私たちは見た。

ほとんどの農家は通路のことなどさほど気を配らない。だがシンギング・フロッグズ農場では違う。作物の列のあいだでさえ、侵食防止と、ミツバチなど益虫にとっての食物および隠れ場所の役割を果たしている。ポールはそこに十数種類の植物の種をまき、そのうち五～六種類は在来の草や地表植被と混ざり合って、よい結果をもたらした。花粉媒介者を呼ぶオレガノと草花が、作物の列の端に生え、昆虫がブンブンと羽音を立てて集まっている脇を、私たちは通り過ぎていった。こうした植物は、シンギング・フロッグズ農場ではほとんどの栽培床の両端に植えられており、今までに訪れた多くの慣行農家で失われていた何かを思い出させた――生命あふれる自然美を。

この日は、七人がこの農場で働いていた。私たちは全員で、エリザベスと農場を始めたときにポールが植えた広葉樹の木陰のテーブルに集まり、ランチを食べた。農場で育ったキュウリ、ズッキーニ、カボチャを盛った大きなサラダボウルを前に、エリザベスは通年栽培することの経済的利点を話してくれた。出始めのキュウリは一ポンド〔約四五〇グラム〕あたり四ドルの収入になるが、最盛期には他の農家も作っているので、二ドルに満たない。このやり方は経済的に引き合うが、別の理由でも正しいと感じているとエリザベスは言う。

「一年中コミュニティに食料を供給するのは重要なことだ」。

農業化学製品は一切使っていないが、シンギング・フロッグズ農場は有機農場の認定を受けていない。カイザー夫妻は、カリフォルニア州の事務手続きに三度着手したが、州はすべての栽培床の作物一つひとつについて、投入量と生産量の完全な記録を要求した。そのためには二・五エーカー〔約一ヘクタール〕の農場に対して少なくとも一〇〇〇項目の記載が必要だった。だから二人は、栽培した作物の九〇パーセントを地域支援型農業（CSA）、つまりファーマーズ・マーケットを通じて販売し、残りを主にレストランに売っている。彼らの収穫物の行き先はすべて農場から四〇～五〇キロ圏内にとどまっている。ほとんどの顧客は農場を見学したか、カイザー夫妻の講演を地域のイベントで聞いた人たちだ。彼らはポールとエリザベスが作っているような食べものが食べたいのだ。

農場の見学は続いた。ポールは私たちを納屋の一つに案内した。そこには簡単な実演の準備が整えられていた。ポールは慣行ブドウ園で採取した土壌サンプルを、シンギング・フロッグズ農場のものと並べた。ブドウ畑の土は淡褐色で、きめが粗く、手で軽く潰すと崩れて粉っぽい土埃になる。シンギング・フロッグズ農場の土は焦げ茶色で、砂糖のようだがまとまりのある感触があり、植物の根やミミズが通った穴が開いて

慣行ブドウ園の土（左、淡褐色）とシンギング・フロッグズ農場の土（右、焦げ茶色）

いる。ポールはそれぞれの土壌サンプルの塊を、別々の広口瓶の水に落とした。私たちは小学生のように横一列に並んで、何が起きるか見守っていた。シンギング・フロッグズ農場の土は小刻みに浮き沈みしてから、ゆっくりゆっくり沈み始めた。瓶の底に静かに着いたとき、それは初めと変わったところがなかった。ブドウ園の土は水に落ちた瞬間ばらけて、濁った澱のカーテンとなって沈んでいき、瓶の底にうっすらと溜まった。自分のところの土も前は同じだったと、ポールは言う。

慣行ブドウ園との土壌比較

当然私たちは、慣行農地の土壌を自分の目でも見てみたくなった。そこで近所のブドウ園を訪れ、穴を掘った。シンギング・フロッグズ農場の土とはまったく違う感触だった。足元にあるのは弾力のあるスポンジのような土ではなく、深さ一五センチの粉っぽい土だった。ポールがブドウの列のあいだで、わざと大股に月面ジャンプをすると、カーキ色の土埃が一面に舞った。この差は保水力と土壌侵食に大きく関係する。

ソイル・オーガー〔土に穴を開けてサンプルを採取するためのドリル状の機械〕で表面の土埃を楽々突き通したレイは、その下の岩のような硬い土を貫通しようと格闘していた。しかし全体重をかけても、オーガーはがくんと止まってしまう。ところが手で軽く握りしめると、この硬い土の塊は、細かいさらさらした粉になってしまうのだ。

いつも土壌サンプルを集めているレイは、準備万端だった。底を抜いたコーヒーの缶を地面に置いて、水を注ぎ、半リットルの水が埃っぽい土に全部染み込むまでにかかる時間を計る。私たちはじっと見ていた。だが退屈どころの騒ぎではない。水が抜けないのだ。三分、四分、五分たっても、水位はほんの少し下がっただけだ。水が全部染み込むのに、さらに二〇分がかかった。この実験からわかるのは、この畑に降った雨の大部分は、地面に染み込むことなく流れてしまうということだ。レイは土壌の温度も計測した。三八℃以上ある。気温の三〇℃より高く、土壌生物を殺すのに十分な熱さだ。

私たちはシンギング・フロッグズ農場に戻った。レイがソイル・オーガーを栽培床の地面に据え、静かに回した。オーガーはほぼひとりでに地面に入っていった。まずそれは、〇層と呼ばれる有機物が豊富な層に突き当たる。主に分解した植物で構成されるそれは、土壌を冷涼に保ち、土壌生物に餌を与える。レイはボーリングを続け、余計な力をほとんど加えずに六〇センチの深さに達した。手を土の中に突っ込むと、地下は湿っていて、軽く握ると一掴みの土がふんわりと丸くまとまった。レイは浸透速度を測ると、同じ大きさの瓶の水が地面に染み込むのに一分かからなかった。近隣のブドウ園より二五倍以上速い。これは一時間に五〇〇ミリ以上の降雨を吸収するのに匹敵する。このあたりで、それほどの量の雨がそんな短時間に降ることはありえないので、実際にこの畑に降った雨は全部地面に染み込み、土壌生物と作物を維持することができる。これは干

148

魅が多発し、食用作物の生産量がアメリカで一番多いカリフォルニアでは絶対に重要なことだ。

園芸の先駆者であるルーサー・バーバンクは、ソノマ郡を世界有数の野菜栽培適地だと呼んだ。そしてシンギング・フロッグズ農場は、バーバンクが正しかったことを証明した。カイザー夫妻は、年にエーカーあたり一〇万ドルを優に超える野菜を収穫している。よいワイン畑でもエーカーあたり一万~二万ドルしか生産しない。しかもポールが言うには、ソノマ郡全体で六万エーカー〔約二万四〇〇〇ヘクタール〕のブドウ園がある中、野菜農場は四〇〇エーカー〔約一六〇ヘクタール〕しかないのだ。

では、カイザー夫妻の作物はどのようにして太刀打ちできているのだろうか? ポールとエリザベスが育てた野菜をくり返し買っていく顧客が、二人の最高のフィードバックだ。中には初め半信半疑の顧客もいる。シンギング・フロッグズ農場の作物は、ニンジンに少し土が付いていたり、ケールの束に雑草がまぎれ込んでいたりすることがある。しかし味に惚れ込んだ同じ客が戻ってきて、また買っていくことに、ポールとエリザベスは気づいていた。

近所にひんぱんに耕起している有機野菜農場があった。私たちはそこへ向かい、土壌を見て、シンギング・フロッグズ農場の作物との比較について詳細を決めようとした。現場を見ると、一つ確かなことがあった。すき起こしたばかりの大量の土がむき出しで植え付けを待っている。例の慣行ブドウ園のように、この有機農場の土は疲れ、すき起こされて粉々になっており、指先で簡単に崩れた。分厚い土埃の層がマルチのように地面を覆っていた。

私たちは比較対照の作物にキャベツを選び、主力のキャベツ畑で土壌サンプルを採取した。土壌試験の結果が戻ってくると、有機物濃度は三パーセント——カイザー夫妻が農場を始めたときの高いほうの数値——だった。だが、最近有機農法に転換した新しい畑もあり、そこではキャベツの育ちが悪かった。私たちはそこからも土壌とキャベツのサンプルを採取することにした。試験の結果、土壌有機物はわずか二パーセントだった。

ポールが、自分の知っているカリフォルニアの有機農場一〇カ所をグーグルアースで調べたところ、この農場とほとんど同じように見える土壌の画像――むき出しのすき起こされた多くの畑――が出てきた。農業のタイプにかかわらず、定期的な耕起は同じ結果につながる。土壌構造が悪化し、炭素と有機物の濃度が低下して、最終的には土壌生物を衰えさせ、傷つける。

オハラやカイザーの環境再生型《リジェネラティブ》農法は、土壌の健康と栄養素濃度に差をもたらすのだろうか？　ある種の土壌分析――ヘイニー・テスト――の結果は、違う一面を明らかにしている。有機物は一般に土壌サンプルで測定できるが、それでわかるのは、どのくらいの量の炭素が含まれているかだけで、微生物の量や活動まではわからない。そこでヘイニー・テストの出番だ。この試験は土壌生物学と土壌化学を融合したもので、土壌炭素と窒素に加えて微生物の呼吸量を考慮し、微生物の活動量、つまりどのくらいの速さで地下経済が回っているかを測定する。この分析により土壌の健康度が数値化される。カイザーの数値は、近隣の耕起している大規模有機農場にある二つのキャベツ畑の三倍高く、土壌有機物は四倍近かった。同様にオハラの農場では、土壌の健康スコアが近隣の慣行農場の七倍高く、有機物は三倍以上多かった。

作物の質はこの話のもう一つの面を説明する。カイザー夫妻のキャベツには、工業的有機農場のキャベツと比べて、ビタミンKが四〇パーセント以上、ビタミンEが三分の一～三分の二、ビタミンCが八～二〇パーセント多く含まれていた。また、カルシウムが三分の一、カリウムが五分の一、マグネシウムが五パーセント多く含まれ、ナトリウムは半分以下だった。だがもっとも大きな違いは、ファイトケミカルとファイトステロール*だった。大規模有機農場の質の高いほうの畑で穫れたキャベツと比べても、カイザーのキャベツはカロテノイドを三分の一、ファイトステロールを三分の二、フェノール類を八パーセント多く含んでいた。また、最近有機に転換したばかりで質が低いほうの畑のキャベツと比べると、カイザーのキャベツはフェノール類とファイトステロールを二倍以上、カロテノイドを五〇パーセント近く多く含んでいた。

農務省の栄養データベースにある標準参考値と比較すると、カイザーのキャベツには亜鉛とマグネシウムが五〇パーセント多く含まれ、ナトリウムは、商業的に栽培されたキャベツに含まれるとされる量の五分の一しかなかった。[**] また、農務省のデータベースにはフェノール類は載っていないが、*Journal of the Science of Food and Agriculture*（食品と農業の科学）誌に掲載された二〇〇五年の研究は、ニューヨークの食料品店で購入したキャベツ、ホウレンソウ、ニンジンを含む野菜と果物の総フェノール含有量を報告している。カイザーのキャベツには、食料品店のキャベツの約二・五倍のフェノール類が含まれていた。カイザーとオハラのホウレンソウは総フェノールが約四倍、ニンジンでは六〇〜七〇パーセント多かった。土壌の健康は、特にファイトケミカル量に関係しているようだ。

土づくり——畑の生命の躍動を見守る

タバコ・ロード農場とシンギング・フロッグズ農場の事例から共通して言えるのは、劣化した土地に肥沃さを回復する確実な方法は、土壌有機物を増やし、そして——ここが重要なのだが——高いレベルで維持することだ。こうすることで微生物量と活性が高まるというのは、意外ではない。有機物は土壌細菌と菌類の餌となり、微生物バイオマスだけでなく植物バイオマスをも増やす。そうした植物が生きているときは、分泌物の形で炭素を土壌に与える。そして枯れると、収穫されなかった部分はマルチや堆肥に混ぜられ、有機物を土壌に

＊ファイトステロールは植物性脂肪で、ＬＤＬ（低密度リポタンパク質）コレステロール、いわゆる「悪玉」コレステロールを下げるのを助ける。

＊＊ USDA SR28, No.11749, cabbage, common (Danish, domestic, and pointed types), freshly harvested, raw.

戻す。この栄養の循環はひとりでに増幅して自己強化する、とてつもなく生産性の高いシステムとなる。しかし人間はそれがはたらくようにしなければならず、そしてパニックに陥って農薬に手を伸ばすことなく、畑の生命の躍動を常に見守らねばならない。害虫あるいは捕食者の卵や幼虫と、ちょっとのあいだ進んで共生しなければならないのだ。ちょうどオハラの農場のケールのように。

カイザーとオハラの農場で成功した有機農法と不耕起農法の組み合わせは、統計上の外れ値ではない。ドイツ、ミュンヘンのすぐ北で一九九二年に始まり、二一年間に及んだ壮大な圃場試験では、有機農法と慣行農法、通常の深耕と最小の浅耕の両方の効果が評価された。有機区画には牛糞が使われ、浅耕と深耕が行なわれた。慣行区画は窒素肥料が撒かれ、浅耕と深耕が行なわれた。有機でも慣行でも最小耕起が行なわれた区画は、微生物バイオマスが有意に増加した。有機農法で深耕を行なった畑も同様だった。土壌有機物は有機区画で有意に多く、細菌と菌類の量と活性も同様だった。細菌は特に有機農法から利益を受け、菌類は最小耕起の利益をもっとも受けた。しかし最大の増加は有機肥料と最小耕起の組み合わせによって得られた。

だから、豊かで多様性に富む細菌と菌類の集団が土壌に欲しければ、細菌に餌を与え、菌類をかき乱さなければいいのだ。有機農法と最小耕起を組み合わせて土壌有機物を増やせば、より多様で豊かな土壌生物の群集を維持することができる。化学物質への曝露が減り、コストが低下して結果的に収益につながるので、利益は農家へ還元される。

利益は、品質のよい食品という形で消費者にももたらされる。われわれは歯ごたえだけで味のないニンジン、水っぽいトマト、その他ひどく風味に乏しい野菜を食べてきた。偏屈に思われるのを覚悟で言うと、そうした野菜には、昔のような味がないのかもしれない。もししていたら、たぶん私たちはもっと野菜を食べているだろう。

オハイオ州立大学の研究者が、ジャガイモで面白い実験をしている。くし切りのフライドポテトを食べた被験者に、それが有機栽培か慣行栽培かを判断してもらうというものだ。ジャガイモはダークレッド・ノーランド種の同じ品種で、オハイオ州ウースターの隣接する畑で育てられた。それぞれの畑は最低数年、有機あるいは慣行で管理されてきていた。皮がついていると、被験者は有機と慣行のジャガイモの違いを知覚できた。皮をむいたものでは、違いがまったくわからなかった。

つまり味は皮にあるのだ。その皮の中に有機ジャガイモは、有意に高い濃度のカリウム、マグネシウム、硫黄、リン、銅を含んでいた。抗がん作用があると考えられるファイトケミカル、ソラニジンの量も研究者は測定した。その濃度は有機ジャガイモの身で、慣行栽培のものの二倍あった。もう一つのジャガイモの研究で、その苦味と渋味はフェノール類の含有量と関係し、ビタミンC含有量は味に影響しないことがわかっている。結論はとして、ファイトケミカルとミネラルは味に大きく影響するのだ。

農法が土壌の健康にどう影響するかに注目した研究はあまりないが、二〇二〇年のある研究は、スウェーデン南部の二〇カ所の農場で、まさにそれをやった。著者は耕起の頻度、作物の多様性、近隣の人手が入らない土壌を有機土壌改良材として使っているかなど、状況がさまざまな農場を比較した。すると、農場の土壌の健康状態は概して人手が入らない土壌より悪いこと、耕起が少なく、作物の多様性が高く、有機土壌改良材が多く使用されているほど土壌有機物が多く、微生物の活性が高く、団粒が安定していることがわかった。全体として、この研究は、土づくりを行なうことで土壌の健康は改善されることを示している。

規制と動機づけ《インセンティブ》が、土壌の健康を高め守るリジェネラティブ農法を優遇することはない。それでもカイザーとオハラの先駆的手法は、土壌の健康を再建すれば、小規模家族経営農場の採算性を高めることが可能であると示している。彼らが開発した手法が広く受け入れられる可能性など、ありえないと思いたくなるかもしれないが、その農法を拡大して大規模農場に広める代わりに、それを分散するという手もある——たくさんの小規模農場に。

成功事例を小規模農場で再現する

小規模農家にとっての最大の障壁は、慣行農法にまつわる神話、知識の不足、土地のコスト高だとポールとエリザベスは見ている。大規模農家が必要であることに変わりはないが、大都市に近い農村地域の小規模農家が、都市住民に新鮮で健康な食べものを届ける鍵だと、二人は考えている。シンギング・フロッグズ農場は現役の家族経営農場だが、ポールとエリザベスは多くの大規模農場のように税制優遇措置を受けていない。彼らはあまりに小さすぎるのだ。

多様な野菜や果物の栽培に特化した、土壌が健康で肥沃な小中規模の農場が増えれば、いかに新しいビジネスモデルを農村の生活に提示するかという、現代アメリカが長年抱えている問題への対処に役立つだろう。大規模な商品作物の栽培と比べて、初期費用と継続費用は共に低く、面積あたりの収益ははるかに大きくなる可能性を秘めている。この同じ可能性は都市圏にもある。食品廃棄物など都市の有機物を堆肥化・リサイクルするため、都市近郊や市中に農場を増やすことが求められており、その際に地価の高さを相殺してくれるかもしれないのだ。カイザーもオハラも小さな農場から、家族と数人の従業員の生活を支えるのに十分な収入を得ている。

彼らの成功の鍵は、常にすべての栽培床で作物を栽培し、土壌の有機物レベルを監視し、通常の植え付けや収穫の過程でも、できるだけ土壌を撹乱しないようにすることにあった。農法の細部に違いはあっても、いずれの農場も、土壌の健康を築き、維持するという共通の基礎の上に立っている。そして、その作業は単純でも容易でもないが、食べものを育てることで土地と土壌をよりよい状態に回復させるという、金銭的な利益を超えた報酬を受け取っているのだ。

だがそうした農場で新しい作物を育てるには、われわれが食べるものを変えることも必要だ。農家は売れるものを植える——これは、食品産業がわれわれが買う製品をどのように作り、どのように売るかに左右される。全部合わせても、アメリカの農家が栽培する野菜は、すべてのアメリカ人の摂取基準を満たす量を供給していない。土をつくる小規模な野菜農家が都市の周囲や中に増えれば、不足への対処に役立つだろう。作物の味がよく、栄養満点ならなおさらだ——カイザーとオハラが育てているもののように。

第8章 堆肥が育てる地下社会

農民として成功するには、まず土の性質を知らねばならない。
——クセノポン

農業コンサルタントへの疑問

エリック・ディロンは湿っぽいわが街シアトルの出身だが、その心がサンディ・アロー牧場にあることはほぼ確実だ。ある夏の週末、彼は、牧場とその土を見に来ないかと私たちを誘った。モンタナ州中北部のロッキー山脈東麓の丘陵に抱かれて、堂々たる尾根に挟まれた谷は大きく開け、その底をアロー・クリークが流れる。見わたすかぎり魅力的な眺めだが、土壌は風景の壮大さに見合っていない。

約一万四〇〇〇年前に最後の氷期が終わってから、何世代にもわたってバッファローとエルクがこの地方で草を食《は》み、肥沃な土地を造った。この地域の天然の土が、かつて約五パーセントの有機物を含んでいたことを聞いたとき、近代的な放牧と耕作が土地を荒廃させてしまったのだと、ディロンは悟った。ディロンが牧場を取得した二〇一三年に、土壌には一パーセントほどしか有機物がなかった。本来モンタナの草原にあったと聞いていたものの五分の一だ。

農業コンサルタントは、化学肥料と農薬を定期的に撒くようにアドバイスしたが、それが最善の解決策だろうかと、ディロンは疑問を抱いた。化学肥料を与えなくても、この土地は長いあいだ高い生産力があった。自分の土地の土壌がバッテリーを使い果たしてしまったのだと気づいたディロンは、なぜ農業が今のようなやり方なのか疑問に思うようになった。彼は堆肥、不耕起、被覆作物で土地に充電する実験も始めた。

私たちの共通の関心である土壌の健康を探りながら牧場を回っていると、ディロンは現在直面する問題を見せてくれた。牧草地を掘ると、乾いた黄褐色の土には生き物の痕跡はなく、有機物もほとんど含まれていなかった。ディロンは好奇心旺盛で呑み込みが早い。サンディ・アローの土壌の健康に対する関心を、より幅広くアメリカ農業の問題と結びつけて、ディロンは、土壌に生物を回復させればもっと栄養濃度の高い作物が育ち、ひいては家畜の飼料や人間の健康の向上につながるのではないかと考えた。

私たちは同じ疑問を心に抱いており、そしてディロンはやる気満々だった。そこで私たちは、アメリカ全土の隣りあった環境再生型《リジェネラティブ》農場と慣行農場で、作物と土壌の比較を行なうことを提案した。ここから土壌の健康によって栄養価にどの程度の差が生じるのか、わかるかもしれない。

土壌比較調査

シンギング・フロッグズとタバコ・ロード（ただし後者については土壌サンプルしか手に入らなかった）に加えて、八組の隣接する慣行農場とリジェネラティブ農場からサンプルを入手した*。各組の農場は土壌型が同じで、すべての農家が同じ作物（エンドウ、ソルガム、トウモロコシ、ダイズ）を、同じ栽培期に地所の中の一エーカー〔約〇・四ヘクタール〕に植えていた。作物サンプルは収穫時に採取され、分析のためにオレゴン

---

*農場のペアの所在地はノースカロライナ、ペンシルベニア、オハイオ、アイオワ、テネシー、カンザス、ノースダコタ、モンタナである。リジェネラティブ農家は不耕起、被覆作物、多様な輪作を組み合わせていた。

州立大学ライナス・ポーリング研究所に送られた。ソイル・ガイのレイが土壌サンプルを各組の農場から栽培期の同時期に採取し、民間の土壌研究所に分析のために送った。

　全般的に見て、リジェネラティブ農場の土壌は一貫して土壌有機物が多く、土壌健康スコアが高かった。もっとも高かったのはカイザーとオハラのものだ。リジェネラティブ農場の土壌には三〜一二パーセントの土壌有機物が含まれている。一方、慣行農場のものは二〜五パーセント（シンギング・フロッグズとペアの有機農場は三パーセント）だった。リジェネラティブ農場の土壌健康スコアは一一から三〇のあいだに収まり、一方で慣行農場のスコアは三〜一四の範囲内にあった。シンギング・フロッグズとペアの有機農場は九だった。＊農場の各組を個別に比較すると、リジェネラティブ農場が常に高く、平均して土壌有機物が二倍、土壌健康スコアが三倍あった。

　栄養素密度の観点では、すべての農場のペアを平均すると、リジェネラティブ農場の作物は、ビタミンKが三分の一、ビタミンEが一五パーセント、ビタミンB_1が一四パーセント多かった。また総フェノール類、ファイトステロール、カロテノイドが一五〜二二パーセント多く、カルシウムは一一パーセント、リンは一六パーセント、銅は二七パーセント多く含まれていた。慣行農法と比較して、リジェネラティブ農法では、人間の健康に欠かせない少なくとも一部のファイトケミカル、ビタミン、ミネラルが多く含まれる作物が産出されるようだ。言い換えれば、土壌有機物とそれが支える生物が多い健康な土壌は、作物の栄養素密度を高めるのだ。

　リジェネラティブ農法を使う農家は、土壌有機物を増やすことに力を注いでいる。堆肥づくりは比較的小規模な農場で好まれる方法であり、きわめてさまざまなやり方がある。では、よい堆肥かどうかはどこで見分けるのだろうか？　ここでニューメキシコ州ラスクルーセスに向かい、デイビッド・ジョンソンとフェイ＝チュン・スー・ジョンソン夫妻の元を訪れることにしよう。二人は堆肥づくりをまったく新しいレベルで行なっているのだ。

堆肥の力

ニューメキシコ州立大学のキャンパスに近い地元のコーヒーショップで二人に会ったとき、フェイ＝チュンの温かい人柄に、私たちは即座に快く迎えられたことを感じた。デイビッドは棒のように痩せていて、初対面では控えめな性格に思えるかもしれない。ところがいったん話しだすと、慎重な科学者らしい性格の、内に秘めた決意と不屈の粘り強さがはっきりと見て取れた。そのことは、彼がフェイ＝チュンと堆肥化法を編み出すに至った経緯を語り始めたとき、その輝く青い目からちらちらとかいま見えた。二人は知恵を合わせて、デイビッドがある研究プロジェクトに従事していたときに遭遇した、耐えがたい悪臭の問題を解決したのだ。

ジョンソンの科学への道は、通常の経路ではなかった。ジョンソンは主に請負業者として三〇年間働き、油田と林業の仕事に長く従事していた。五〇歳で彼は大学へ行くことを決心し、二〇〇二年に生物学の学士号を取得した。その二年後に修士を取得すると、廃棄物エネルギー研究コンソーシアムに協力している出身校に職を得た。

ジョンソンは、自分が堆肥を扱う仕事をするなど、ましてそこに価値を見出すようになるなど考えたこともなかった。前者は仕事を始めて二日目、新しい上司が「やってもらいたいプロジェクトがある」と言った瞬間に変わった。蓋を開けたらそれは、酪農場から出る山のような臭い牛糞に関わる問題だった。「それはもう、どれだけわくわくしたか」と、デイビッドは無表情で言った。ニューメキシコの乾燥した気候の下では、一般的な方法で堆肥を作ると、塩分を多量に含んだ最終生産物ができることが少なくない。本来プロジェクトは牛

＊土壌健康スコアは高いほどいい。スコアは土壌サンプルを研究室で分析し、微生物の活性や可給態窒素および炭素の量などを勘案して決定される。

糞を有効利用する方法を見つけ出すためのものだったが、それまでのところわかっていたのは、その堆肥が畑では使い物にならないことだった。

ジョンソンは塩分含有量を減らす方法の研究を続けた。学会に出席し堆肥づくりの講座を受講して、湿度管理について、また堆肥に絶えず酸素を供給して塩類を浄化できるある種の菌類を繁殖させる（つまり好気的にする）ことの重要性について学んだ。長いまっすぐな列（ウィンドロウ）にして堆肥を作ると、表面は乾燥して中心は嫌気的になり、有益な菌類を抑制して塩類を集積させることにジョンソンは気づいた。別の堆肥製造法が必要だった。

結果的に、どちらかといえば現実的な事情が発想の基になった。プロジェクトの予算が少なかったので、ジョンソンはウィンドロウの切り返しをみずから手作業でやっていた。堆肥を全部動かすのは腰にこたえ、フェイ＝チュンにとっても厄介ごとを引き起こした。デイビッドが仕事から帰ってくると、ほとんど毎晩、畜糞と堆肥の匂いがするのだ。切り返しをせずに堆肥の好気性と湿度を保つ、もっといい方法がきっとあるはずだ。

いくつか実験をしてみると、堆肥は表面から三〇センチほど下で嫌気的になっていることがわかった。すると課題は、山の中心でも空気が三〇センチの範囲にあるように堆肥化法を設計するということになる。フェイ＝チュンがいなかったらそれに気づかなかっただろうと、デイビッドは言う。彼女は単純な解決策を提案したのだ。「パイプを通したらどう？」。

請負業者だったころ、彼は配管工事を何度もやっていた。これはいける。二人は一緒に堆肥化法を設計した。それは小穴の開いた垂直の立て管を通気に、また、畜糞と刻んだ庭ごみを同量混ぜた堆肥に水を供給する導水管として使うというものだった。これは実にうまくいき、ウィンドロウで堆肥化した畜糞と比べると、塩分がはるかに少ない高品質の堆肥ができた。この幸運な展開が、自分の生涯の仕事を変えることになろうとは、彼はほとんど思ってもみなかった。

デイビッドとフェイ＝チュンは、この新案を「バイオリアクター」と呼んだ。それは高さ一・五メートルの円筒形の構造物で、一五センチ角の金網のフレームの内側に黒い防草シートを貼りつけて、普通の荷積みパレットに据えたものだ。二人はまず、畜糞と庭ごみを同量ずつよく混ぜたものを一トン、バイオリアクターに詰め込んだ。次のステップは、タイマーで作動する給水システムを取りつけ、もっとも肝心な通気のためのパイプを設置することだ。

設計では、直径一〇センチの小穴が開いたパイプを真ん中に一本、それを取り巻くように中央のパイプと外壁の中間に五本、垂直に立てる。パイプの位置は、堆肥の山全体を好気的にするために、空気源がバイオリアクターの内側のどこからでも三〇センチ以内に必ずあるようにする。パイプ自体は一日か二日のあいだ、型枠としての役割を果たし、その後、菌類がバイオリアクター内の材料を安定させるので、穴開きパイプは軽く引っ張れば簡単に抜ける。

ジョンソン＝スー・バイオリアクターの発明

ジョンソン夫妻のバイオリアクターの設計では、堆肥の山は当初底まで熱く保たれ、七〇℃に達する。一週間でそれが五〇℃以下に冷え、二七℃になったときミミズ（シマミミズ）が加えられる。一日に一分、堆肥の山に灌水すると、ミミズが堆肥を起こしてかき混ぜ、新たに表面に出た部分に違う微生物が繁殖して分解する。一年後には、元の一トンの原料から、三〇〇キロを超える驚くほど濃厚な堆肥が手に入る。二人が最初にこのバイオリアクターを試したところ、ミミズを引き寄せる磁石のようなはたらきをした。これには二人とも感心した。ミミズは自分で堆肥の山を見つけ、そのあたりの土（二人はそこにミミズはあまりいないと思っていた）から這い上がってきたのだ。何よりよかったのは、バイオリアクターはジョンソンを畜糞まみれにしたり、臭い洗濯物の山を際限なく築いたりしないことだった。

それはただ設置して、あとはさまざまな菌類群集が成長するに任せればいいのだ。ウィンドロウ堆肥のようにひっくり返したりかき混ぜたりすると、菌類群集を振り出しに戻し続けることになる。だが放っておけば、性能のいいスロークッカーのスープや、とろ火にかけたシチューのように、元の畜糞と庭ごみを混ぜたものは徐々にまったく別の何かへと――始めたときよりもはるかによいものへと――変化していく。もっとも肝心なのは、この新しい堆肥製造法が塩類問題も解決していることだ。切り返しをしない堆肥製造法では、菌類その他微生物群集のすみかができ、それが過剰な塩分を減らしてくれる。バイオリアクターの利点は他にもある。材料――荷積みパレットと排水管――は安価で手に入りやすい。だから設計が多用途で組み替え可能なものとなり、開発途上国の小規模な農家でも使えるし、商業的な処理のために規模を拡大することもできる。

ジョンソン＝スー・バイオリアクターと、
堆肥を手に取るデイビッド・ジョンソン

酪農場の廃棄物処理問題をついに解決したジョンソンは、大学職員としての立場を活かして大学院にただ同然で入学した。分子生物学を「ほとんど行きあたりばったりに」専攻すると、博士号の取得を目指した。それは運命的な選択だった。

一方でジョンソンの片足は、まだ堆肥の世界にあった。彼は、バイオリアクター内と自分たちが製造した堆肥に含まれる微生物群集の分析に着手した。植物生長の温室試験を行ない、バイオリアクターの堆肥を市販のブランド堆肥、そして化学肥料と比較したのだ。バイオリアクターの堆肥では生長が二倍になる一方、植物の生長にもっとも重要であると考えられ、昔から計測されていた三大元素の可給度は、植物の生長と相関がないことをジョンソンのデータは示した！ こんなことがあるだろうか？ 何か他のものが植物の生長と相関していることにジョンソンは気づいた——菌類と細菌の比率だ。* 菌類が多いほど生長は促されるのだ。これは異端であり、一般の農学者が学んできたことにことごとく反している。土壌生物の量と種類が化学肥料より重要だなどと、誰が信じるだろう？

そこでジョンソンはトウガラシを使った別の温室試験を設計し、菌類／細菌比と有機物が植物生長に与える複合効果を調べた。砂漠の砂とバイオリアクター堆肥の二種類の「土壌」を端成分として使い、さまざまな比率で混合して、五つの異なるトウガラシの培地を作る。五種類の混合物が植物生長に与える影響を比較すると、もっとも生長がいいのは菌類／細菌比がもっとも高いものであることが明らかになった。この比率が高いほど、多く実をつけた。また、土壌有機物濃度が低いと、植物が固定した炭素の九七パーセント以上が土壌に

---

*統計値に関心があれば、相関係数（R^2）が相関の強さを測る指標であることは誰でも知っている。数値がゼロであれば相関はまったくないことを意味し、数値が一であれば完全に相関がある。この温室試験において化学肥料のR^2は〇・〇一に満たず、相関がないことを示している。一方で菌類／細菌比は〇・八八であり、非常に強固な相関を示す。

流れ出し、土壌微生物群集を形成して土壌全体の有機物含有量を増やすこともわかった。しかし土壌有機物濃度が高く菌類個体数が多いと、植物が捉えたエネルギーは、より多くが植物の生長と実の形成に使われる。

生産性をつかさどる菌類・細菌比

植物は、新たな生長に投資する前に、土壌有機物と微生物群集を増やそうとしているようにジョンソンには思われた。バイオリアクターの堆肥内の微生物群集が、植物がその状態になるまでに必要な後押しをしているのではないかと、彼は考えた。特に、土壌有機物が約三パーセントに達すると、生長が著しく盛んになる。生きている土壌は健康な土壌の鍵というだけではない。それはより生産量が高いのだ。

全体としてジョンソンがトウガラシの実験から発見したことは、一定の法則性を指し示していた。植物は、生えている土壌が有機物に乏しい場合、地下に炭素を増やすことに力を入れるが、有機物量が多い土壌に生えていれば、自分自身の目下の生長を優先する。ビジネスで考えてみよう。起業にあたって資金の借り入れが必要だと、すぐには規模拡大のために投資できない。同じように、痩せた土に根づいた植物は、自分自身の生長にエネルギーを注ぐ前に、まず最初、分泌物で土壌有機物と土壌生物を増やすために投資するのだ。

温室試験に続いて、ジョンソンは圃場試験に移った。共鳴した昆虫学の教授が、大学の農場にある一エーカーの土地の三分の一を使う機会を与えてくれたのだ。ジョンソンは、慣行農法の対照区と重さ五〇〇キロほどのバイオリアクターの堆肥で処理した区画で、複数種の冬作被覆作物を栽培して比較することにした。

二〇〇九年の実験開始時には、土壌はかなり痩せていて、〇・四パーセントしか炭素が含まれていなかった。* 最初の年、堆肥を軽く散布すると、土壌有機物が五割以上増え、さらに多くのバイオマス——堆肥なしの区画と比べると五倍——を作り出した。その後の三年間、ジョンソンは耕起することも新たに堆肥を加えることもなく栽培を続け、そして土壌の変化を計測し続けた。

四年目の終わりには、土壌炭素は三倍の一・二パーセントになっていた。まだ低いが、急速な上昇だ。菌類群集は、初期値が低かったとはいえ、二〇倍以上増えた。土壌の物理的性質も変わったことに、ジョンソンは気づいた。初め土壌はレンガのようで、シャベルを地面に下ろすとがちんと跳ね返った。二年後、土壌は足元で柔らかく沈み込むようになった。毎年、土壌が改善されるにつれて、被覆作物バイオマスが増えた。結果は明白だった。生物の多様性を回復させ、土壌を攪乱しないようにすることで、土壌炭素が増え作物の生長が促進されたのだ。二〇一九年には土壌炭素は一・七パーセントと四倍に増えた。

植物が利用できる無機微量栄養素の土壌での増加も著しかった。銅と亜鉛はそれぞれ四〇パーセントと六二パーセント増えた。モリブデンと鉄は一〇倍以上、マグネシウムと窒素はほぼ二倍になった。こうしたミネラルの何一つジョンソンは加えていなかった。しかしバイオリアクターの堆肥は、菌類の量と多様性を根本的に高めた。それこそが可給態無機微量栄養素が増加した原動力であり、土壌粒子からミネラルを解き放ち、植物の根に届けたものだった。

驚くのは、こうした変化がすべて、バイオリアクターの堆肥を一回与えただけで始まったことだ。それは、土壌に有益な作物のいくつもの作用をコントロールするマスタースイッチのようにはたらく、接種剤として機能したのだ。

微生物の種類によるはたらきの違いに興味を持ったジョンソンは、どれが植物の生長ともっとも相関があるかを突き止めるために、メタゲノム解析を行なった。見つかった数千種の中で、約二〇〇種が生長と顕著なっ

＊土壌炭素と土壌有機物は密接に関係している。炭素は有機物含有量のおよそ半分を構成するからだ。だからこの場合、有機物含有量は一パーセント未満しかなかったことになる。

ながりがあった。

こうした実験を進めながら、ジョンソンは分子生物学で博士課程を継続し、堆肥が熟成する過程での微生物群集の構成を評価するまったく新しい解析ツールの開発を始めた。最初の三カ月で劇的な門レベルの変化が起きた。これは生態系の優占種が、貝類から鳥類に移行するのに相当する。しかしそれで終わりではなかった。事態はまる一年におよぶ堆肥化の過程で変わっていった。全多様性の八〇パーセントを占める種の数が四倍に増え、一カ月後の二十数種から一年後には約一〇〇種となった。それは生態系を一から生み出すようなものだった。しかし、寿命が数時間から数分という微生物の世界では、木が成熟するのに数十年から数百年かかる森林のような生態系よりも、推移がはるかに速いのだ。

多様な菌類群集の速い推移

堆肥化過程の終わりには、すべての種が初めとは変わっていた。より多様で複雑な群集が、もともと堆肥にいたすべてに取って代わっていた。バイオリアクター堆肥はとてつもなく多様な菌類群集を育てた。それは作物が誘うパートナーとなりうるものがいっぱいに詰まった、多目的な接種剤だった。ここに重要な教訓がある。堆肥の作り方で土壌中の微生物群集の構成に大きな差が生じるのだ。

たいていの人は過程をはしょりたがるが、よい堆肥は熟成に時間がかかると、フェイ＝チュンは言う。寝かせておく期間が必要なのだ。この過程で多様性の高い微生物群集が培養される。それが効き目の高い接種剤となり、植物の活発な生長を支えて土壌の健康を築く条件を作り出す。

こんなにわずかな量の堆肥が、どうしてそれほど速く、強力に効くのだろうか？　量そのものは関係ないのだ。ジョンソンが加えた量は、土壌炭素の増加を説明するにはとうてい足りなかった。どうしても計算が合わない。植物の生長促進と、土壌微生物が消費して有機物に変える滲出液の生産を、堆肥の何かが刺激していたのだ。

状況はまったく違うが、土壌の微生物構成が急速に変化するのは、一度の便移植でヒトの腸内細菌の全個体群がたちまち変わることがあるのと似ている。* バイオリアクターの堆肥は、いったん回復してしまえば何世代にもわたって持続する多様な生物を、土壌に再接種するというもののようだ。復活した生態系の活性を維持するために、農家は接種に引き続いて、新しい群集を支える農法を採用する必要がある——ちょうど食事と生活習慣を変えることが、便移植で導入された新しい群集をとどめておくのに役立つように。

ジョンソンは大学の農場にまだ試験圃場を持っていたので、帰りに私たちは立ち寄ってみた。途中、ペカン〔クルミ科のナッツ〕の果樹園を通り過ぎた。樹列のあいだは死の領域のように見えた。コンクリートの用水路が果樹園に給水しているが、乾いた土に染み込まずに水溜まりができている。すき起こされたばかりの畑の向こう側では、トラクターがもうもうと土煙を立てて地ならしをしていた。

私たちはジョンソンの試験圃場で車を停め、区画の上をチョウが舞い飛ぶのを眺めた。最初に接種してから一〇年、ジョンソンはこの区画で被覆作物と夏の換金作物を栽培している。シーズンの終わりに作物を刈り取り、切り刻んで土壌の表面にすき込む。カイザーやオハラとやり方は違うが、目的は同じ——足元の微生物群れに食べものを与えて、土壌の健康を高め、維持することだ。

ジョンソンの区画の土壌は黒く弾力がある。一方、数十センチ離れたペカンの木の下では、湛水灌漑方式が

*便移植とは文字通りのものだ。難治性のクロストリジオイデス・ディフィシルに感染した人に、健康な人から糞便を移植すると、きわめて有効であることが実証されている。この型破りな治療法の歴史と根拠については、拙著『土と内臓』で論じている。

行なわれているのに、カーキ色の土は硬く乾いてクラスト〔土壌表面の薄い膜〕ができていた。研究圃場の土壌の大部分は、〇・五パーセントしか炭素を含んでいない。一面の死んだ土だ。これが農家にとって何の役に立つのだろう？　大学の研究農場が、ひどい土でどうやって作物を育てるかではなく、どのように土壌肥沃度を回復させるかを解明しようとしないのはなぜなのだろう？

多様な土壌生物群集の再導入が、現代農業が農業土壌にもたらしている大量絶滅を止めるために不可欠だとジョンソンは考えている。バイオリアクター堆肥は生物種を再導入し、被覆作物と農作物が土壌生物に餌を与え、不耕起によって攪乱を最小限にとどめて生息地を維持・回復する。ジャンクフードや毒物はいらない。ただ植物、土壌、微生物に栄養を与える健全な生態系があればいいのだ。何世紀ものあいだ、われわれは数千年かけて積み立てた土壌の貯金で生きてきた。畜糞やその他の有機物を、土壌を立て直す薬に変えるしっかりと作った堆肥で肥沃度に再び投資し、土壌生物を活性化させる方法を、デイビッドとフェイ＝チュンは見せてくれた。

高まる関心

土壌の健康改善とは本質的には、作物の健康を衰えさせるのでなく増進するような形で、土壌生物群集の個体群を大きくすることだ。そしてこのプロセスでもっとも大きな刺激となるのが、食物だ。ジョンソン＝スー・バイオリアクターで作るような堆肥は理想的だ。それはヒトの食物で言えば、プレバイオティック食品――さまざまな種類の繊維その他植物の成分――が腸内細菌に栄養を与えるようなものだ。

しかし土壌に生物が少なければどうしたらいいのだろうか？　新しく加えることができるのだろうか？　ここでプロバイオティクス――生物そのもの――が、主に接種剤という形で登場する。生きた微生物でいっぱいの、よくできた堆肥は土壌生物の養分と接種剤両方の役割を果たす。有益な土壌生物群集が回復したら、餌を与え続け、攪乱をやめる。つまり定期的に堆肥という餌を与え、耕起を最小限にとどめるのだ。

ジョンソンによるもの以外にも多くの研究が、堆肥が土壌生物の個体数と活性を高め、それにより作物を害する病原体を抑制できることを示している。特に、畜糞、バイオ炭（木炭）、そして言うまでもなく堆肥などの有機物を主体とした土壌改良材が、土壌微生物を活性化させ、病原体の個体数を減らすことは、圃場試験で明らかになっている。ただし個別の効果は、その場に固有の条件や微生物群集による。それに加えて、堆肥と有機土壌改良材が非病原性の競合相手を増やして、病原体の抑制にどの程度はたらくかは、堆肥製造法と堆肥化された材料の性質に左右される。

有機土壌改良材は、作物がミネラルの取り込みを増やすのも助ける。たとえば緑肥、堆肥化した畜糞、バイオ炭はいずれも土壌と結合した亜鉛を植物が取り込むのを増やす。二〇一四年、スイスでのコムギを使った実験で、ムラサキツメクサとヒマワリを緑肥として使うと、穀物の亜鉛含有量が硫酸亜鉛肥料を加えたときと同じくらい増えることがわかった。有機物は微量栄養素の取り込みを促進するだけではない。重金属の取り込みを減らすこともできる。たとえば鶏糞堆肥は、カドミウムのコメへの取り込みを減少させる。

菌根菌の成長を促進するには、一般に二つの方法がある。作物に菌根菌を接種するか、すでに土壌中に存在する菌の成長を促す農法を採用するかだ。両者は互いに補い合う。接種は微生物を投入することで直接に、あるいは出来のいい堆肥を使うことで間接的に行なわれる。

作物に有益な土壌生物を接種すると、土壌の健康の根底にある生物学的プロセスの活性化を助けることは、理論として確立されている。野菜や果樹に菌根菌を接種すると、収穫の量と質の両方が向上する——そして作物のファイトケミカル含有量に影響する——ことは、研究により示されている。同じことが根と結びついた有益な細菌にも言える。レタス、ホウレンソウ、ニンジン、フェヌグリーク〔マメ科のハーブの一種。スパイスや医薬品として用いられる」にそのような細菌を接種すると、総フェノールと抗酸化物質含有量が増えただけでなく、それらの植物の抽出物は、ラットの肝細胞で酸化を防ぐ作用が高まった。言い換えれば、菌類や細菌は植物に影響をおよぼし、野菜や果物の抗酸化力を高め、それが今度は哺乳類の組織の酸化障害を軽減するのだ。つまり、有益な微生物がいる土壌で育った植物を食べると、少なくともラットにとっては、そしておそらく人間にとっても実際身体のためにいいということだ。これについてはあとで詳しく検討する。

ある種の菌根菌を接種すると、さまざまなファイトケミカルの量も大幅に増加する。特に、アーティチョーク、バジル、ニンニク、ピーナッツ、ジャガイモ、レタス、トマト、イチゴ、オオムギ、コムギ、トウモロコシなどに含まれる、フラボノイドのようなフェノール系化合物をはじめとする抗酸化物質で顕著だ。したがって、菌根菌のコロニー形成を促進するような農法が、食物のファイトケミカル含有量に影響するのも当然だ。これは、食物の栄養素密度を高めるために、作物と土壌に接種して菌根菌を培養するという発想へとつながる。

二〇〇六年に行なわれたカリフォルニア大学デービス校の研究では、トマトに菌根菌を接種すると、果実と新芽でそれぞれ、亜鉛濃度が約四分の一から半分以上増えた。同様に、二〇一二年のイタリアの研究では、共生菌類を接種されたトマトは、約三〇パーセント多く亜鉛を含み、約二〇パーセント多くリコピンと抗酸化物質を作り出した。

菌根菌と根圏細菌を接種した堆肥を使った別の実験では、トマトの質が向上し、カロテノイド含有量が増加した。二〇〇六年のインドの実験は、接種したトマトはビタミンCを多く含み、また程度にかかわらず渇水状況下で、最大二五パーセント多くの収量があることを示した。有益な菌類の接種によって、トマトのミネラル、ビタミン、ファイトケミカル含有量は大幅かつ急速に向上する。これも味のよいトマトを復活させる一つの方法だが、そうした菌類がそもそも土壌中で繁殖するような農法を用いてもいい。

タマネギはフラボノイドなどフェノール系化合物の栄養源として特に重要なものだ。異なるタマネギの品種に、トリコデルマ属のさまざまな菌類を接種して生長とファイトケミカル含有量を比較する実験においては、接種したタマネギでは、球茎が最大の重さに生長するために必要な化学肥料の量が、最高で半分にまで減ることが明らかになった。施肥量にかかわらず、フェノール系化合物は菌類を接種したタマネギのほうが多く、最も多かったのは化学肥料の使用量が半分未満ないし不使用の、接種したタマネギだった。言い換えれば、菌類の接種でファイトケミカル含有量が増え、化学肥料の使用量を減らすことができるのだ。ただしその効果は、タマネギの品種と具体的な菌類の種の両方によって決まる。

菌類が多様であることにはさらに利点がある。ここにジョンソン＝スー堆肥法が優れている理由があると、私たちは考えている。さまざまな種の菌類が含まれた堆肥を作り出すからだ。タマネギを使ったチェコの研究では、菌根菌（植物と共生関係を作るもの）と腐生菌（有機物の分解者）の両方を接種したとき、最大の生育反応と栄養増加が得られることがわかった。六種類の菌類を混ぜると、球茎の重さがほぼ二倍になり、一方で一種だけを接種しても生長は促進されなかった。菌類の混合接種は、抗酸化力とミネラル含有量（マグネシウム、カリウム、硫黄）のもっとも大幅な増加を、収穫されたタマネギにもたらした。両タイプの菌類が相乗効果を持つのは理屈に合っている。腐生菌が有機物の循環を促進し、菌根菌が植物への栄養送達を促進するという相補的な効果を生むからで、それにより根を含めたバイオマスはより大きくなる。そして根が大きく生長するということは、滲出物が増えるということであり、すると今度は腐生菌の餌になる有機物が増える。すべてがうまくいくのだ。

細菌の接種も、微量栄養素取り込みを後押しできる。インド農業研究所による実験では、コムギに根圏細菌を接種すると収量が一〇パーセント以上、タンパク質含有量は二〇パーセント近く増加し、マンガンは三分の一増えた。穀粒の鉄と銅の含有量も二倍以上になり、亜鉛濃度もやはり増加した。同様にサウジアラビアの研究者らによって明らかになったのが、ナツメヤシに根圏細菌を接種すると、品種によって効果に差があるものの、一般に土壌有機物、収量、およびナツメヤシの実に含まれるファイトケミカル、ビタミン、ミネラル量を増加し、ある品種では銅の含有量が一〇倍以上になることだ。

この増加分は、微量栄養素の過去の減少を埋め合わせるに十分なものであり、そもそも減少を引き起こしたのが土壌生物の混乱だろうということを暗示している。サウジの研究者は、接種によりナツメヤシの抗酸化物質と抗がん作用が増加することも発見している。

菌類と細菌を組み合わせて接種すると、どちらか一方だけ接種するよりもいっそうよく機能するようだ。二〇一七年にイタリアで行なわれたトマトの研究では、植物の生長を促進する細菌と菌根菌の両方を接種すると、農家が化学製品の投入を大幅に減らせるだけでなく、植物バイオマスが倍増し、ビタミンC含有量が増え、品質と味が向上することが判明している。その後の研究で同じ研究者たちは、菌根菌と植物の生長を促進する細菌を混ぜると大きなトマトができ、作物のファイトケミカル含有量が顕著に増加することを明らかにした。二重に接種された植物に与えられた窒素肥料は、ほぼ三分の一少なかったが、それでも通常の施肥を受けた非接種のトマトと同じくらいの収量があった。また、非接種のものより風味が豊かに思われ、カロテノイド濃度も高かった。同様に、二〇一四年のインドの研究では、有益な菌類と土壌細菌を混合して接種したヒヨコマメは、総フェノール系化合物とフラボノイド含有量が、処理していない作物の三倍以上になった。つまり、農地土壌に必要なのは細菌だけでも菌類だけでもない。どちらも必要なのだ。

このような研究はいずれも、作物のミネラルとファイトケミカル含有量を増加させる上で、菌根菌のコロニー形成を促し有益な細菌の数を増やす農法に将来性があることを示している。またそうすることで、健康で回復力が高く、より生産性も高い作物が育ち、しかも窒素肥料の使用量は少なくて済むのだ。

市販の微生物接種剤はすでに存在しており、研究所では商業ベースでの飛躍的発展を探り続けている。また、もっと小さな規模では、熱帯や温帯の農家がさまざまな方法で接種剤を考案してきた。農家は種菌を手に入れ（たとえば地元の土壌サンプルから）、パン種を作るような要領でそれを堆肥の容器や山に混ぜてから、畑に入れている。

集約的な堆肥作成法は、カイザーやオハラのもののような小規模農場には向いているが、エリック・ディロンの牧場や、私たちがサンプルを採取した、対照になる農場のような大規模なものの土壌に有機物を戻すために拡大するには、別のやり方もありうる。成功の鍵は、作物への有機物の運搬および循環と、個々の農場の地域気候だ。規模の拡大は、多数の小規模農家が都市や郊外から出る剪定材や食品廃棄物などの有機物を手に入れることによっても、大規模農家が被覆作物を緑肥として栽培し、畜産を作物生産に組み込むことによっても可能だ。

ジョンソン＝スー・バイオリアクターが作り出す堆肥にせよ、カイザーやオハラが採っている農法にせよ、土壌の健康を立て直すリジェネラティブ農法は、もう一つ別の目的にも役立っている。それは生涯の健康を支えるファイトケミカルの十分な供給を、われわれの身体が受けられるようにしているのだ。

第9章 多様な植物由来の見過ごされた宝石

食物と薬というのは……表裏一体のものです。
――『自然農法・わら一本の革命』春秋社　福岡正信

ワシントン大学薬草園

ワシントン大学の片隅にひっそりと隠れた、医師たちの庭を訪れるものは多くない。ここは学舎に挟まれた緑の心地よい場所で、端正な幾何学形の区画にハーブや薬用植物が満ちあふれている。ときたま私たちはここを訪れるが、他に人がいることはめったにない。学校医や医学生たちは、これがあることを知りもせず、ましてこの植物たちの使い道や効果になど、気づいていないのではないだろうか。

しかしかつて医師は、植物について何でも知っていなければならなかった。薬は植物界と、それが生み出すファイトケミカルから得られるものだったからだ。人間が医者にかかって薬を出してもらえるようになるずっと以前、祈禱師と薬草医は、野生のものであれ農地や庭で栽培したものであれ、植物が持つ健康を守り病気や怪我を治癒する性質を知り、それを職業としていた。

現代科学はヒトの食べものに含まれるファイトケミカルの健康効果を発見し、説明している。農作物が害虫や病原体に抵抗し、それらを食い止める固有の生化学的性質を持つだけでなく、さまざまなファイトケミカルは、人体に入ったときに予防薬のはたらきをする。それは、がんが発生する前に闘うための細胞浄化、毒素の中和、異常細胞成長の抑制に重要な役割を果たすのだ。また、ある種のファイトケミカルは、血圧やコレステロールを下げる作用がある、あるいは関節炎や炎症性腸疾患、パーキンソン病などの慢性疾患を防ぐのに役立っているとする証拠もある。

ヒトの健康に重要な役割を果たすことを指摘する研究が十分にあるにもかかわらず、ファイトケミカルは、主要な栄養素の中に確たる居場所を持っていない。ファイトケミカルにはミネラルやビタミンのような、一日あたりの摂取推奨量もない。そんなに人間の健康に有益なものなら、どうして栄養として扱われないのかと思うむきもあるだろう。栄養とは一般的に、成長と生存に必須のものと定義される。炭水化物、タンパク質、脂肪はどれも条件を満たしている。ビタミンとミネラルもそうだ。だが生活の質についてはどうだろう？　健康については？　作物の栄養価の評価は、今もたいていファイトケミカルを無視している。だが、わかってきたことがある。植物性あるいは動物性食品に含まれるファイトケミカルの重要性を、長いあいだ見過ごしてきたことで、われわれはみずからの健康を損ねていたのだ。

ファイトケミカルの種類は五万種

とはいえ、あわててファイトケミカルを、ビタミンやミネラルと一緒くたにしないほうがいい。それは別のメカニズムでヒトの健康を支え守るはたらきをするのだ。ファイトケミカルが健康に役立つという認識は、だんだんと高まっており、大きな医学的関心を集めている。

ファイトケミカルはよく植物の二次代謝物質と言われている。この用語の「二次」という部分は、当初この物質が、植物代謝の老廃物だと信じられていたことに由来する。しかし現在では、ファイトケミカルはそれどころか植物の健康と防衛にきわめて重要なものであることが、知られているものと思いたい。

ざっと五万種類のファイトケミカルが、これまでに特定されているが、これはやがて発見されることが予想されている数の、およそ三分の一を占めるにすぎない。それらは、われわれが食べたり飲んだりしてきた果物、野菜、穀物、コーヒー、茶、ワインに特有の色、味、風味をつけ、また肉、乳製品、卵にも風味を与えている。トマトはリコピンを含むことで知られている。これは、特に加熱調理すると、健康によい効果がある。アントシアニンはベリー類、サクランボ、プラム、ブドウに暗赤色から紫色の色合いを与えている。テルペンはオレンジに柑橘らしい味をつけ、大麻の栽培品種が持つマツの匂いと独特の香りの元となっている。そしてファイトケミカル濃度は作物によりきわめてまちまちだが、この見過ごされた宝石がどれだけ食事に含まれるかには、何を食べるかだけでなく、それがどのように栽培されたかも反映されている。

ファイトケミカルは数種類の大きなグループに分類される。もっとも研究が進んでいるグループの一つ、ポリフェノールには、八〇〇〇を超える異なるタイプが含まれる。ポリフェノールの中には、脂肪代謝に作用し、動脈を詰まらせるプラークの形成を防いで冠状動脈性心疾患のリスクを下げ、血管の健康の改善を助けるものがある。また、抗酸化作用と抗炎症作用によって、腫瘍の成長を遅らせたり炎症を軽減したりするもの、ある種のがんや認知症の予防に役立つものもある。フラボノイドはポリフェノールの下位群で、ダイズ、緑茶、ダークチョコレートに豊富に含まれ、特に強い抗酸化力を持っている。

食餌性ファイトケミカルの多くは、植物性食品の繊維の中に包まれている。植物を完全に消化するための酵素の多くは、人間にはないので、健康効果を解き放つためには腸内微生物叢に頼らなければならない。ヒトマイクロバイオームの中には、繊維とファイトケミカルをさまざまな化合物へと、ただちに作りかえるものがいる。そうした化合物の多くは、清掃係や抗炎症チームとしてはたらくような人体に不可欠な細胞メインテナンスを行ない、健康に有益な作用をする。また別の細菌代謝物は、人間の気分や認知機能に影響する。さらに、ポリフェノールの抗酸化作用は特に、腸内微生物叢がそれをより小さな分子へ分解し、血液中の運搬と細胞や組織への取り込みが容易になることで発生する。こうしたことはどれも、ヒトマイクロバイオームの重要性と、人間の身体と食べものの性質についてより幅広く考える必要性を証明するものだ。

フラボノイド、カロテノイド、フェノール

フラボノイドを多く含む植物は、東洋医学で数千年前から使われており、今では西洋医学も、その抗酸化作用と抗炎症作用を予防医学として取り入れようとしている。疫学研究のあるレビューは、フラボノイドの一種のフラボノールを多く摂取するほど、心臓病と脳卒中のリスクが下がると考えられることを示している。酸化を抑制するフラボノイドは炎症性慢性疾患、心疾患、乳がんの治療に使うことが検討されている。たとえばイソフラボノイドは、腫瘍細胞のエストロゲン受容体と結合して、乳がんの進行を遅らせることができる。また、約七万五〇〇〇人の男女を数十年にわたって追跡調査した二〇二一年の研究は、フラボノイドが多い食事を摂っていると、晩年に認知機能低下のリスクが低くなることを報告している。

ケルセチンは茶、タマネギ、ブドウ、サクランボ、ベリー、ブロッコリー、カリフラワー、柑橘類などに含まれるフラボノイド色素で、強力な抗酸化作用と抗炎症作用を持つ。人体はこれを作り出すことができない。食べものだけが供給源だ。ケルセチンは炎症に関係する酵素の活動を阻害するので、代謝性および炎症性疾患の治療に広く使われている。また、ブドウ糖の取り込み遮断、ヒト脂肪細胞への脂肪蓄積の阻害、すでにある脂肪細胞の破壊促進のはたらきを持つため、肥満抑制の効果がある。実験的研究は、ケルセチンが前立腺がんのリスクを減らし、がん細胞の増殖を阻害し、腫瘍細胞の細胞死を促進することを示している。臨床試験でもケルセチンの補充が血圧を下げること、食事から摂取する量に比例して、血中ケルセチン濃度が高まることがわかっている。

フラボノイドはワインの色、味、健康効果にも影響し、ブドウの皮の部分に集中している。赤ワインには白ワインより多く含まれている。特に、赤ワインに色をつけるアントシアニンは、健康増進効果を持つと考えられている。レスベラトロールはやはり赤ワインに含まれるポリフェノールで、ブルーベリーにも含まれている。これは強力な抗酸化・抗炎症物質で、健康な細胞の防御力を高め、腫瘍細胞の細胞死まで促進する抗がん作用を持つ。さらに、二〇一八年に行なわれた食事へのレスベラトロール添加のランダム化比較試験のメタ分析では、炎症マーカーのレベルが有意に低下した証拠が認められた。レスベラトロールが、がん、心疾患、糖尿病、炎症性慢性疾患など、さまざまな健康問題を防いだり進行を遅らせたりするという証拠は、次々と明らかになっている。

レスベラトロールであれ、ケルセチンであれ、その他のポリフェノールであれ、それをもっとたくさん食べれば、われわれは健康になるということだろうか？　それは健康を保証するのだろうか？　必ずしもそうではない。しかし、十分な栄養を与えられたマイクロバイオームと共同して、こうした化合物は人体の自己回復力を助けるのだ。

作物に含まれるフラボノイド濃度は千差万別だが、哺乳類細胞への効果に関する二〇〇〇年のレビューは、それらを豊富に含む食事を摂ると、体液や組織での濃度が薬理効果を持つまでに高まることを明らかにしている。特に、フラボノイドはヒト免疫系の最前線ではたらく炎症細胞――T細胞、B細胞、マクロファージ、キラー細胞――の活性を調節する中心的な役割をする。別のポリフェノールには、腸の病原体に対して直接抗菌作用を持つものさえある。

植物は、土壌生物や、土壌窒素の減少のような栄養の不安定化にさらされると、防御メカニズムとしてフラボノイドを産生してその濃度を上げる。この事実が、有機作物でその含有量が増える理由を簡単に説明している。一方で、慣行農法で栽培された作物は、窒素肥料で甘やかされ、生物の少ない土壌に育っているので、フラボノイド産生を活性化させるきっかけとなる刺激が足りないのだ。

グリホサートの使用もやはり植物のフェノール濃度に影響する要因だ。フェノール系化合物の多くはシキミ酸経路を通じて合成されるが、それをグリホサートは阻害するからだ。これは、グリホサートが除草のために使われている（あるいはいた）土地や、その近くで栽培される作物のファイトケミカル含有量にとって、いい知らせではない。現に一九九二年のレビューでは、多くの植物で耐病性に中心的な役割を持つフェノール類の産生を、グリホサートが阻害することがわかっている。

他にも健康に有益な効果を生むファイトケミカルがある。カロテノイドとフェノールは、培養細胞と齧歯類での研究で抗がん作用を示している。カロテノイドを多く摂取すると、男性の膀胱がんリスクが低下する。フェノール、テルペン、グルコシノレートは腫瘍の成長を阻害し、循環器疾患やアルツハイマー病のような神経変性疾患のリスクを下げる。予備研究と臨床試験は、いくつかの食品ポリフェノールががんを防ぐだけでなく、進行を遅らせるものとして有望であることを示唆している。ファイトケミカルは抗炎症防御を後押しし、悪性細胞を免疫系の攻撃に対して脆弱にする。抗がん作用は緑茶ポリフェノール、レスベラトロール、クルクミン、ケルセチン、ゲニステイン、スルフォラファンで特に報告されている。

グルコシノレートは硫黄を含むファイトケミカルの一種で、ブドウ糖とアミノ酸の誘導体である。これはキャベツ、芽キャベツ、ケール、ブロッコリー、カリフラワーのようなアブラナ科の野菜に多く含まれているが、その量はそれぞれの作物の品種により異なる。グルコシノレートが豊富な野菜をたくさん食べると、解毒酵素が活性化する。それがDNAの損傷を減らし、がんの増殖を阻害し、腫瘍細胞の死（アポトーシス）を誘発して、大腸がんのリスクを下げるのに役立つ。スルフォラファンも、アブラナ科とニンニクに見られるポリフェノールで、大腸細胞のDNA損傷を阻害することで知られる。研究により、さまざまなフェノール系化合物（フラボノイド）、硫黄含有化合物（スルフォラファン）、イソフラボン（ゲニステイン）が、培養されたがん細胞の成長を阻害することがわかっている。

ファイトケミカルは満腹感を高め、それによってカロリー摂取を減少させることを動物実験が示している。研究者の中には、レスベラトロールやケルセチンのようなポリフェノールが、カロリー制限に似た効果を表わし、哺乳類の寿命を延ばすと考える者もいる。ある研究では、ポリフェノールが豊富なココア（無糖のチョコレートと考えていい）を摂取すると、アスピリンのような効果を生んで、血栓を防ぐことまで明らかになった。ホットチョコレートの原料について、真剣に考えたほうがいいのかもしれない。

健康との関わりが確立しているにもかかわらず、食餌性ファイトケミカルの医療効果を研究した、十分に練られた臨床試験はほとんどない。それでも、現在までの証拠は、ヒト生体に有益な影響をもたらすことを圧倒的に示している。農業のやり方によって、食べものの中のファイトケミカル量は自然に増え、その結果、人間の身体に健康によいものがよりたくさん入ってくるわけだ。栽培する作物の品種も重要だ。ファイトケミカル濃度は、どの作物でも品種間で大きく違うことがあるからだ。たとえば、一般的なアブラナ科植物のグルコシノレート量は、品種改良によって大幅に低下する。そのため、この抗がん作用のあるファイトケミカルの量は、現代の食物の中から減りつつある。

ファイトケミカルの栄養学的な位置づけを中途半端なままにしておけば、重要な事実を覆い隠すことになる。すでに見たように、有機栽培と慣行栽培の食物の比較研究では、一貫してファイトケミカル濃度に大きな差がついているのだ。では、ファイトケミカルがそれほど多くの健康効果をもたらすのは、いったいなぜなのだろうか？

ファイトケミカルと人間の健康との密接な関係を理解するには、ヒト細胞という生体内のミニチュア大都市で何が起きているのかを見る必要がある。細胞が正常に機能しているとき、それが構成する組織や臓器もやはり正常に機能する。これが健康ということだ。人間の細胞には日々決まった仕事がある。栄養素からエネルギーを取り出し、作り出した老廃物を排出し、さまざまなものを作ったり直したりし、味方とコミュニケーションを取り、敵を識別して撃退し、休み、そしてまた目覚めて最初からくり返す。

日々の生活の中で人間の細胞が、滞りなく順調に動いていくために、ファイトケミカルがすることの一つが、遺伝子にはたらきかけることだ。ある種のファイトケミカルは牧羊犬のようにふるまい、特定の分子を細胞の深奥部、DNAが収容された細胞核に導く。細胞核へと案内されるそのような分子の一つに、Nrf2（語呂よくナーフツーと読む）がある。これは特定の遺伝子を活性化させる――一つや二つではなく数百もの。その多くは組織や臓器が正常にはたらくようにする、日々の細胞の維持・管理に関わる遺伝子だ。

Nrf2がはたらきかける遺伝子の多くは、抗酸化経路を活性化させ、炎症レベルを調節し、細胞の老廃物や病原体を取り除いたり食べたりする免疫細胞を刺激する。Nrf2は、ヒトゲノムとのこのような相互作用を持つことから、長寿の立役者と考えられている。Nrf2が細胞核に入って、特定の遺伝子に直接作用できるかどうかは、ファイトケミカルにかかっている。これは、多様なファイトケミカルが含まれる食事を摂ることが、健康の基礎であるという説明になるだろう。

だが、もしファイトケミカルが必要なときに手に入らず、Nrf2が無駄に核の外側にとどまっていたらどうなるか？　老廃物が溜まり、細胞が日常業務をこなすのを妨害するのだ。こうなると厄介ごとが火事のように広がる。一つの細胞が機能不全に陥ると、まわりの細胞もそれにつられ、やがてそれらを含む組織や臓器が損傷する。多くの疾患はこのようにして、つまり細胞が程度の差こそあれ、なすべき仕事をできなくなってしまうことで始まるのだ。

Ｎｒｆ２や、同じようにふるまう分子が発現させるハウスキーピング遺伝子は、多くが生物における排ガスにあたるものの除去に関わっている。人体を構成する数十兆の細胞は、絶えずエネルギーを燃焼させて活動している。この酸化プロセスは活性酸素種（reactive oxygen species：ＲＯＳ）*と呼ばれる物質を生み出す。この物質は通常の細胞活動で生産されるのだが、細胞内や体内に長くとどまると、組織を傷つける原因となりうる。そうした場合、活性酸素種はがん、循環器疾患、神経変性および自己免疫疾患などの慢性病の下地づくりに手を貸す。たとえばある種のＲＯＳは、コレステロールを心臓病に関与する酸化型へと変質させる。さらにＲＯＳは、タンパク質と酵素の化学構造を作りかえて、機能を低下させるのだ。

しかし人体はうまくできていて、ＲＯＳの解毒剤を使う。それが抗酸化物質だ。多くのファイトケミカルは抗酸化物質としてはたらく。ビタミンＡ、Ｃ、Ｅも同様だ。亜鉛とセレンもだ。何らかの方法で、抗酸化物質はＲＯＳを無力化して処理し、それにより慢性病や、その他多くの疾患の根本的原因である酸化障害を抑制し、防ぐ。

抗酸化物質はなかなか見事なはたらきをするが、その供給が少なくなると細胞はストレスを受ける。利用できる抗酸化物質に対してＲＯＳが過剰だと、糖尿病から喘息、関節炎、がんに至るまで、一〇〇を超える病的状態を引き起こしたり悪化させたりする。

では、どうすれば抗酸化物質が十分に供給されるのだろうか？　点滴灌漑の手法を用いて、規則的に食べることだ。たまにどか食いしてもまったく役に立たない。安定した供給こそが必要なのだ。この点について、ファイトケミカル、特にポリフェノールの抗酸化作用が、食物繊維を好む腸内細菌に大きく依存していることを、くり返しておいても悪くないだろう。というのは、人間の消化管の最下部――ほとんど顧みられることのない大腸――では、何兆という微生物が、食べものに含まれるあらゆる植物性食品を変換するはたらきをしているからだ。食べものにファイトケミカルを増やせば、人体内の薬剤師が、われわれの身体を守り助ける物質をより多く作れるようになるのだ。

一九八七年のある研究では、四〇代の健康なヨーロッパ人男性を七年間追跡したところ、血漿《けっしょう》中の抗酸化物質濃度が高いと、心臓病とがんによる死亡率が低下することが明らかになった。その数年前には実験室での研究で、胃がんに関係する亜硝酸塩由来の物質の生成を、ビタミンCが阻害することがわかっていた。さまざまな果物やベリー類の抽出物を用いたその後の実験で、ビタミンCと抗酸化作用のあるファイトケミカル（カロテノイドとアントシアニン）が、大腸がんと乳がんの細胞の増殖を阻害することが確認された。ビタミンC単独では、食餌性ファイトケミカルと組み合わせたときほど効果が高くないことも、研究者は報告している。

細胞が異常な増殖を始めたり、腫瘍の領域に入り込んだりすると、ファイトケミカルは細胞と交信して、死ぬべきときであることを知らせる。タマネギ、ニンニク、アブラナ科の野菜に含まれる硫黄化合物は、そのような作用を示している。これは目新しい話ではない。ニンニク抽出物に悪性細胞や腫瘍の増殖を抑える効果があることは、一九五〇年代に記録されている。以来、実験的および疫学的研究で、植物由来の硫黄を含む物質が発がん物質を不活性化し、乳がん、皮膚がん、子宮がん、胃がん、前立腺がん、大腸がんを抑制することが明らかになっている。このファイトケミカルには、人体における抗炎症作用とコレステロール低下作用もある。

農業慣行は作物中のファイトケミカル濃度に影響するが、食品の栄養含有量の分析対象になるのは、主に多量栄養素だ。そして、この観点から見ると、慣行農法による作物は一般になかなか良好だ。思い出してほしい

＊ヒト細胞は数種類の異なるＲＯＳを生産するが、その中に一酸化窒素と過酸化水素がある。「フリーラジカル」はＲＯＳの別名である。すべてのＲＯＳが常に有害であるわけではない。状況と濃度が問題であり、中には短期的にさまざまな細胞間コミュニケーションの役割を担うものもある。ある種の免疫細胞は細菌を殺すためにＲＯＳを作り出す。

のが、慣行作物と有機作物の一貫した違いがもっともはっきりするのは、ファイトケミカルと抗酸化物質――つまり、病気の発生を防いだり進行を食い止めたりするが、一般的に栄養だと思われていない物質――の量においてであるということだ。

Ｎｒｆ２活性化からその腸内微生物叢との有益な相互作用まで、これまでに説明したような事情にもかかわらず、ファイトケミカルは本当に見過ごされた宝石となっている。食べものの栄養の質とその栽培方法を、どう評価しどう考えるかが、健康にとって何が重要かという知識の拡大に、追いついていないのだ。

抗酸化物質含有食品を健康のために食べる

一九五六年、ネブラスカ大学の医学部教授デナム・ハーマンは、老化とはフリーラジカルの影響による損傷の蓄積で健康な組織が劣化し、変異を起こした結果だと提唱した。生体時計の発想を引用しながら、ハーマンは、時間と共に蓄積した酸化ダメージが、老化による衰弱を支配していると考えたのである。他の医学者たちは初め、この考えを笑った。初期の研究で、ある種の抗酸化物質は大量投与で実験動物に発がん性を持つことが証明されていたため、なおさらだった。がんと老化には多くの要素が影響するが、より最近の研究では、フリーラジカル酸化物質とがんとの関係が示されている。突飛な発想を披露してからほぼ四〇年後、ハーマンはビタミンCとファイトケミカルが、フリーラジカル反応に対抗する力を持ち、それによる損傷を軽減する抗酸化物質としてはたらくという証拠をまとめた。その頃には、最初の発想を追跡調査した多くの研究者が、フリーラジカルがたしかにがん、心臓病、アルツハイマー病の発生と進行に関与していることを明らかにしていた。ハーマンはさらに進んで、フリーラジカル反応の損傷を減らすことが、ヒトの寿命延長の鍵ではないかと推測した。

どうすればそんなことができるのだろうか？　食餌性抗酸化物質が多く含まれるものを食べるか、あるいは毎日の食事の量を減らすかだ。私たちは、「ダイエットする」ことを勧めるわけではないが、満腹感を誘う栄養価の高い食物を使った食事を摂ったほうがいいと考える。摂取カロリーを下げることは、ROSレベルを下げるのを助けるからだ。抗酸化物質の豊富な食べものがヒトの健康に有益であることは、相当な数の医学的証拠により支持されており、また抗酸化物質がマウスと線虫の寿命を延ばすことも明らかにされている。同様に、カロリー摂取量を減らすとラットの寿命が延びることもわかっており、食べすぎないことが世界でもっとも長寿な人々が住む地域、いわゆる「ブルーゾーン」の食事の共通項になっている。だから、どちらのやり方も成立する。だが実際問題として、西洋人はその逆をやっている――カロリーが高く、抗酸化性と抗炎症性のあるファイトケミカル含有量が少ないものを食べているのだ。

食餌性抗酸化物質の摂取量が多いほど、フリーラジカルの形成は少なくなり、多くの疾患、特にさまざまながんや慢性疾患の発生率が低下することが判明している。高濃度の食餌性抗酸化物質にがんの治療効果があるかについては、まだ議論の最中だが、さまざまな種類のがんや慢性疾患に対する予防効果は歴然としている。しかし植物性食品が豊富な食事の予防効果は、食品と食事に含まれるファイトケミカルの相乗効果を、個々の効果より大きくないまでも、同じくらいには反映しているかもしれない。

抗がん作用や健康増進効果で現在知られているファイトケミカルの多くは――ブロッコリーやキャベツなどアブラナ属の作物に含まれるスルフォラファンのように――その苦味のために、健康に有害な抗栄養素〔栄養素の消化吸収を妨げる物質〕であると長く考えられていた。消費者も、ファイトケミカルの多くが持つ苦味を、魅力的だとは思わなかった。そこで食品産業界は、品種改良や苦味を除去する工程によって、それを常に取り除いてきた。だが、これから見るように、苦味物質の味と香りは健康な食のための指針なのだ。おいしくてファイトケミカルが豊富な料理の作り方を考案するのではなく、われわれはもっぱら食べものの口当たりをよくすることに力を入れて、うかつにも身体の防御力を損なってしまったのだ。

ダイズに含まれる主要なファイトケミカルの一つであるダイゼインは、ファイトケミカルの効力と、その効果に腸内微生物叢がおよぼす影響を、まざまざと再認識させてくれる。大腸に適正な微生物叢があれば、それがダイゼインをエクオールに変える。この物質の濃度が十分に高いと、前立腺がんと乳がんのリスクが低下する。これは、伝統的に加工度が低いダイズを多く使った食事を続けている日本人に、この二種のがんの発生率がきわめて少ない理由かもしれない。

ファイトケミカルやマイクロバイオームが関係して、ヒトの腸内で起こる複雑な情報伝達と、それらが基本的な細胞メカニズムと経路におよぼす有益な効果を科学が完全に解明するのはまだ先のことだと、私たちは思っている。人体の正常な機能にファイトケミカルが必須でないとしたら、なぜ人間の腸の内側は、それ専用の受容体に覆われているのだろうか?

ヒトは、植物界との進化的関係を通じて、さまざまなファイトケミカルに依存するようになった。長い間、われわれの祖先は四季を通じて多種多様な植物性食品を採集し、植物のいろいろな部位からファイトケミカルを幅広く摂取していた。春にはさまざまな新芽や若葉を探しながら、夏の果実が熟すのを心待ちにする。秋から冬には、デンプン質の根や塊茎を求める。季節によって手に入る食物の取り合わせの違いは、サラダ、スープ、シチューのような複数材料の料理の起源と、それらが人間の文化全般に見られることの説明となる。

現代の食事はもちろん、遠い昔の食事とはまったく違う。今日、食事に含まれるファイトケミカルの多寡は、土壌の状況と、作物への施肥や害虫防除の方法に左右されている。人間はうかつにも、作物の内部のはたらきを阻害するたびに、人体のはたらきも弱めているのだ。

食品栄養強化プログラムは、失われた栄養を埋め合わせる一つの方法だ。それにより、中進国の国民がさまざまなビタミンやミネラルを十分に摂取できるようになった。だが、ヒトの食事にファイトケミカルを添加して栄養を強化しようというのは、簡単な案ではない。これは個々の栄養だけを考えるときに陥る罠だ。ファイトケミカルの病気予防効果は、新鮮なホールフードを組み合わせて食べることと、防御力をさらに高める腸内微生物叢の相乗効果に一部由来する。土壌の健康を回復して土壌生物を復活させ、それが作物を活性化すると、ファイトケミカルという多彩な植物由来の宝石を作る。これがヒトの健康を支える有望なやり方だ。

食べる薬

疫学研究ではたいてい、もっともがんの発生率が低いのは、果物や野菜を毎日たくさん食べる群だ。こうした食品に含まれる抗炎症・抗酸化ファイトケミカルがヒトの健康に有益な効果をもたらす元だと考えられている。

食事ががんにおよぼす効果は、今では古典となった日本の国立がん研究センター疫学部による一九七九年の研究で、はっきりと実証されている。特筆すべきはこの研究が、緑黄色野菜（ニンジン、ホウレンソウ、ピーマン、カボチャ、ニラ、レタスなど）を日常的に食べる喫煙者とそうでない喫煙者のあいだで、がんの罹患率を比較していることだ。野菜を食べる習慣のある人は、肺がんの死亡率が半分ほどで、この効果は、抗酸化作用のあるファイトケミカルを多く摂っているためだと考えられた。この研究は、食物ががんのかかりやすさに影響することを立証した。その後のヨーロッパの研究で、多彩な果物や野菜が豊富な食事が喫煙者の肺がんリスクを低下させ、アブラナ属の野菜を食べると特に大腸がんのリスクが減ることが、やはり明らかになった。

別の研究では、味のよい有機野菜は貯蔵寿命が長く、がんの始まりである細胞の変異を抑制する効果が高いことが報告されている。有機の野菜や果物がそれほど特別である理由を、どのように説明できるだろうか？すでに見たように、それらは一般に抗酸化物質などのファイトケミカルを多く含んでいるのだ。一方で上記の研究が、ビタミン不足が蔓延しているとは考えられない国のものであることから、それはビタミン以外の予防効果を持つ何か――ファイトケミカルのようなもの――の存在を示している。

半分以上、統計によっては四分の三近くのがんは、食物が原因とされている。そして肥満と加工肉の多量の摂取が、炎症とがんの増殖を促進することは、はっきりと立証されている。同様に、アルコール消費は炎症と酸化ストレスの増加を引き起こし、放置すれば発がん物質となりうる活性酸素種を作り出す。逆に、果物や野菜を多く摂取すると炎症をやわらげ、がんの増殖を抑える。簡単に言えば、果物や野菜のビタミン、ミネラル、ファイトケミカル含有量が増えれば、公衆衛生に役立つのだ。

炎症によって身体はがんになりやすく、細胞の機能を損なうＤＮＡ、脂肪、タンパク質の酸化障害が起きやすくなる。二〇一四年に*Journal of Nutritional Biochemistry*（栄養生化学）誌に掲載された論文は、肥満を慢性的な軽度の炎症と同一であるとし、食餌性ポリフェノールが、ヒトの代謝異常の原因となる肥満関連の炎症を、ある程度回復させるメカニズムを概説している。抗炎症・抗酸化ファイトケミカルをより多く含む食品は、損傷が手をつけられないほど増大する前に抑えるのに役立つ。より多くとはどれくらいだろうか？　それは何を食べるか、その作物がどのように栽培されたか、どのような土壌で育ったかに大きく左右される。

疫学調査によれば、緑茶を飲むとがんのリスクが低下する。これにはやはり、抗酸化物質が関係している。飲み物の中でも、緑茶は特にポリフェノールの一種のフラボノールが豊富で、これが発がん物質の形成を防ぎ、腫瘍の成長を阻害する役割を果たす。どのようにはたらくのか？　紅茶と違い、緑茶は発酵していない。乾燥の過程でポリフェノールが残っており、乾燥重量の三分の一を占めることもある。緑茶フラボノールは、特にがん細胞が転移するのに必要な酵素の活動を阻害して、拡散できなくする。この酵素を阻害するとマウスの腫瘍の成長を抑えられることが、研究で明らかになっている。

薬理効果とトマト、チョコレート

トマトも薬理効果がある食品の好例だ。トマトを食べると循環器疾患とある種のがんのリスクが低下する。トマトには抗酸化物質、たとえばビタミンC、フラボノイド、強力な抗酸化カロテノイドであるリコピンなどのフェノール系化合物が高濃度で含まれている。リコピンは、細胞間コミュニケーション、さまざまな慢性疾患の予防に関わるホルモンおよび免疫系の調節など、重要な代謝機能に影響する。ポリフェノール類一般、特にリコピンはがん細胞の増殖を抑え、エストロゲンと関係するがん（乳がんなど）の成長を阻害するのに役立つことがわかっている。

トマトに含まれるフラボノイドの量が多いと、本当にいいのだろうか？　研究開始時に健康だった一万人のフィンランド人男女の健康転帰を、一九六七年から一九九四年にかけて追跡したところ、食餌性フラボノイドの濃度が高いほど慢性疾患のリスクが小さくなることが明らかになった。具体的には、フラボノイドの摂取量が多いと、心臓病の発生率とそれによる死亡率、喘息と2型糖尿病のリスク、男性の肺がんと前立腺がんの発生率が低下したのだ。ファイトケミカルが豊富なトマトは、コレステロールと血圧を下げると報告されている。疫学調査では、トマトを多く摂ると循環器疾患と前立腺がん進行のリスクが減ることがわかっている。

前立腺がん患者に、前立腺切除に先だってトマトソースのパスタを三週間食べさせる食餌試験では、普段の食餌を摂った対照群と比較して、リコピンの血中濃度が二倍になり、前立腺のリコピン濃度は三倍になっていた。生体組織検査によって、トマトソース摂取群はがんの進行度が低く、DNAの酸化障害が少なく、また前立腺特異抗原（PSA）の血中濃度も低いことがわかった。研究者はこれを、より多くの腫瘍細胞が死んだためだと結論づけた。驚いた研究者は、リコピンがフェノール系化合物（ケルセチンなど）やその他のファイトケミカルと相乗的にはたらき、観察されたような結果を生み出したのではないかと考えた。

ダイズも、ゲニステインという幅広い種類のがんを予防するのに役立つポリフェノールを含んでいる。この物質は、成長中の腫瘍が酸素とブドウ糖をもっと得ようとして送る信号を阻害し、その結果がんを餓死させる。アメリカに移民して、ダイズの豊富な食事を摂らなくなったアジア人のあいだで、がんの発生率が大幅に増える隠れた理由はこれだと考えられている。別の研究では、ダイズタンパクが血中コレステロール値を下げることが示されている。ダイズのこうした有益な効果は、すべてファイトケミカルから生じたものだ。前に述べたように、腸内微生物叢もファイトケミカル、特にゲニステインのようなポリフェノールの抗酸化作用に影響している。

チョコレートを多く摂ると循環器疾患や脳卒中が約三分の一減ることが、研究レビューで判明したと聞けば、読者の多くはきっと喜ぶことだろう。チョコレートと果物と野菜に共通するものは何か？　ファイトケミカルだ。ココアは、ほとんどあらゆる食品より多く、フェノール系抗酸化物質を含んでいる。そして、チョコレートは砂糖によって高カロリーとなっているが、ダークチョコレートをほどほどに食べるのであれば、利益がリスクを上回る。

全体的に見て、手に入る証拠では、果物や野菜を多く食べると防御効果が高まることが示されている。しかし平均的アメリカ人は、果物や野菜を一日に三品目を少し超えるくらいしか食べておらず、がんや変性疾患のリスク軽減との関係に基づいて推奨される五品目以上にはとても足りない。ある一日にアメリカでは、人口の半分近くが果物をまったく食べず、四分の一近くが野菜を一つも口にしていない。果物や野菜の何が、われわれの健康を守っているのか？　それらには食物繊維とファイトケミカルがたっぷりと含まれているのだ。

ビタミンやファイトケミカルの摂取量不足は、世界的な問題だ。ブラジルで四〇歳以上の国民数千人を対象にした二〇一一年の研究では、果物、豆類、野菜が摂食量に占める割合は、三パーセントに満たないことが明らかになった。被験者のほぼ全員（九九パーセント以上）がビタミンE不足であり、九〇パーセント以上がビタミンA不足、八五パーセントがビタミンC不足だった。半数以上で亜鉛摂取量も足りていなかった。この研究は、ブラジルの典型的な食事が、慢性疾患予防のために推奨されている量の三分の一しか抗酸化物質を供給できないことも述べている。

二〇〇〇年、研究者は、非常にコレステロール値が高いアメリカ人女性一二人に精製食品の食事を四週間摂らせ、それからファイトケミカルが豊富な食事に切り替えて、もう一カ月間摂取させた。精製食品の食事は典型的なアメリカ人の食事として代表的なもので、慣行栽培の食品、動物性食品、加工度の高い食品を多量に含んでおり、果物や野菜は一日に二品目しか付かなかった。ファイトケミカルが豊富な食事は、全粒穀物、ナッツ、少なくとも一日に六品目の果物と野菜を中心にしていた。二つの食事は、カロリーと脂肪の総摂取量は同じだったにもかかわらず、ファイトケミカルが豊富な食事は飽和脂肪の量が半分以下、食物繊維、ビタミンE、ビタミンCの量は一・五倍で、カロテンは五倍だった。ファイトケミカルが豊富な食事をわずか一カ月摂っただけで、コレステロール値は約一五パーセント減少し、抗酸化物質の活性は三分の一から三分の二上昇した。

その後、二〇〇五年の研究では、植物ステロール（植物に天然に存在する脂肪）、ダイズタンパク質、アーモンドが豊富な食事が、スタチンと同様にコレステロールを下げる作用を持つことまで判明した。ニンニクを食べても効果がある。臨床試験のメタ分析では、クローブを一日に半分から一個摂取するだけで、コレステロール値が約一〇パーセント低下することがあった。全粒穀物、豆類、ナッツ、種子、あるいは緑色、黄色、オレンジ色の果物や野菜が豊富な食物には、コレステロールを減らす抗酸化ファイトケミカルが含まれている。一九八六年から一九九四年までの八年間にわたり、約五万人の男性を追跡した研究では、果物、野菜、全粒穀物、魚の多量の摂取を特徴とする食事を摂る者と、加工肉、フライドポテト、精製した穀物、菓子を大量摂取する典型的な西洋の食事を摂る者の健康転帰を比較した。西洋の食事を食べている者には、相当高い心臓病リスクがあった。

スパイス由来のファイトケミカルは、肥満が誘発する炎症反応を抑えることが証明されており、ファイトケミカルに富む多様性の高い食事に慢性的な炎症を軽減する可能性があることを示唆している。別の研究は、クルクミンと緑茶抽出物が、加齢に伴う疾患やがんを防ぐのに役立つことを示している。さらに、有機栽培のイチゴの抽出物は慣行栽培イチゴのものより、がん細胞の増殖を防ぐ効果が高い。これは有機イチゴ抽出物のほうが抗酸化ファイトケミカルの濃度が高いからだと考えられている。また、六〇歳を超えるヨーロッパ人七万人を対象にした研究では、野菜、豆類、果物、穀類が多く、魚と不飽和脂肪（オリーブ油）も豊富で、飽和脂肪（肉と乳製品）の摂取量が少ない伝統的な地中海地方の食事を摂っていた群は、死亡率が約一〇パーセント低かった。

ファイトケミカルが食事に占める重要性を見過ごしたために、人間は健康を損なってきた。われわれは考え方を変えて、薬効と防御力のある物質が常にあれば、人間の身体は疾患や攻撃をよりたやすく防げることに注目する必要がある。次に、見事なモモやイチゴを手に取り、噛みしめるときには、あるいは新しいワインの豊かで複雑な風味を味わうときには、このすばらしい食べものや、飲み物の元になった作物の性質に思いを馳せてほしい。それは人間と一緒で、内面こそが重要なのだから。

動物

ANIMAL

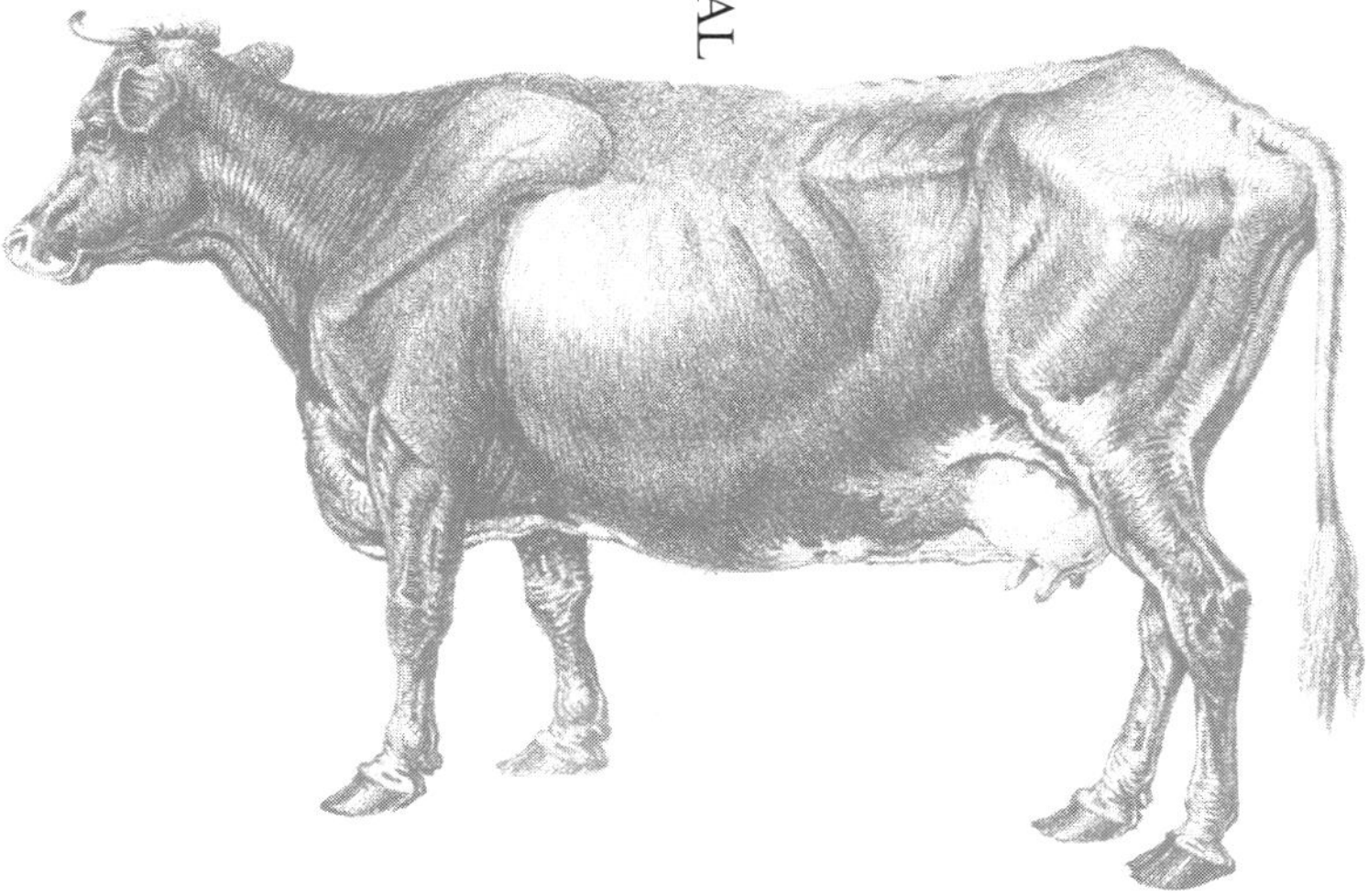

第10章 沈黙の畑

土地を持ち、それを荒廃させないことは、もっとも美しい芸術だ。
――アンディ・ウォーホル

農薬への曝露

庭造りのために土を復活させると、シアトルの都会にある私たちの裏庭の地下にも地上にも、生命が帰ってきた。ミミズと甲虫がまずやってきた。それから花粉媒介昆虫が続々と戻り、花、野菜、灌木のあいだをブンブンと飛び回った。

ただし二つの植物を除いて。地元の種苗場で購入したそれは、古風な劇場のカーテンのようなワイン色の花びらが黄色い花芯を取り巻いたヒナギクのような花が、何十と咲き誇っていたが、私たちはそこに昆虫が止まるのを見たことがなかった。アンが、この植物にはネオニコチノイドが使われているのではないかと質問したとき、種苗場側は、生産者からの情報は何もないと答えた。*ネオニコチノイドが染み込んだ植物が、害虫も有益な花粉媒介者や捕食者も区別なく皆殺しにすることを、私たちは知っていた。私たちは知らないうちに死の罠を庭に持ち込んでいたのだろうか？

ネオニコは人間の農薬への曝露を減らすとされていたが、この問題は農家や農場労働者にとって今も深刻だ。そして大半の人間は農薬が使われる場所として農場を思い浮かべるが、アメリカで購入された農薬の四分の一は庭、芝生、ゴルフ場で使われている――都市河川の農薬濃度は、農地から流れ込む河川に匹敵するほどだ。

吸入と皮膚の曝露だけが、人間が農薬を取り込む経路ではない。作物や家畜に残留して食物の一部になることもある。農薬への曝露が健康、特に子どもの健康に影響をおよぼすことがわかっていながら、全世界で合成殺虫剤の使用量は、第二次世界大戦直後の爆発的な増加以来、七五年にわたり増え続けている。そのラベルから判断すると、急性曝露がもっとも危険だ。だが、微量の農薬を含む食品や水を摂取した人間が受けている慢性曝露はどうなのだろうか?

人体はそれぞれ違う形で毒素を処理し、一日の、あるいは生涯の累積曝露もさまざまだ。規制基準は、慣行農業により食品に入り込む除草剤、殺虫剤、硝酸塩の「安全」レベルを定めようとするが、すべての人間、特に子どもに安全な摂取量を規定するのは不可能だ。しかし、曝露が少ないほどよく、まったくないのが一番だということはわかっている。

先天性異常の増加や出生率の低下は、農薬と関係があると言われている。アメリカでは先天性異常が、化学肥料由来の硝酸塩と除草剤アトラジンの濃度に比例して季節的に増減する。農薬はヒトの母乳から検出されており、ヒトでも動物でもオスの繁殖能力と生殖系の発達に悪影響をおよぼす。

そして、農薬は子どもたちに取り込まれていることもわかっている。シアトル都市圏で一〇〇人を超える五歳未満の未就学児の尿サンプルを調べたところ、九九パーセントに少なくとも一種類の農薬代謝物が、測定可

---

*ネオニコチノイド(よくネオニコと略称される)は昆虫に対して強力な神経毒として作用する。種子がネオニコに曝露されると、この農薬は生長した植物に残留し、花粉、蜜、その他の部位に組み込まれる。花粉媒介者であろうが害虫であろうが、あとで植物の一部を食べた昆虫もネオニコを取り込むので、標的以外のハナバチなどの種も害したり殺したりすることがある。

能な量で含まれていた。約四分の三は、二種類以上の陽性反応が出た。庭で農薬を使っている世帯に住む子どもからは、使っていない世帯の子どもと比べて、有意に高い濃度で農薬由来の代謝物が検出された。

その後、シアトル郊外のモンテッソーリ学校（マリア・モンテッソーリが考案した独自の教育方法を実施する学校）と公立小学校の児童二三人を対象にした研究で、殺虫剤マラチオンとクロルピリホスが体液中に見つかり、大部分が食物による曝露から来たものだと断定された。有機栽培の食品へと転換すると、濃度は劇的に、また即座に低下した。同様に、シアトルの未就学児を対象にした研究では、慣行食品を食べている子どもは、尿中のリン酸エステル代謝物濃度が六～九倍高いことが明らかになった。また、ミネソタ州で一〇〇人を超える三歳から一三歳の子どもを調査すると、二人を除く被験者全員の尿から残留農薬や代謝物が検出された。農薬への曝露の度合いには大きなばらつきがあるが、農場労働者の子どもは平均値よりも有意に高かった。

農薬を取り込んでいるのは子どもたちだけではない。アメリカ在住の一〇〇〇人の成人に行なった調査では、二〇人を除く全員から残留農薬が、また被験者の半分以上からは六種類の農薬代謝物が検出され、公衆に農薬やその代謝物への曝露が拡大していることが明らかになった。

農家以外の農薬曝露は食事から

食事からの摂取が、こうした農家以外の住民へ曝露が広がった経路として、もっとも可能性が高い。十数種のもっとも一般的に見られる残留農薬が、人体でどう代謝されるかについては、ほとんどわかっていない。また人間が摂取する農薬の量には大きな幅があり、濃度には個人のあいだで一〇〇倍の開きがあった。アメリカの成人四〇〇〇人を対象にした研究では、有機農産物を高い頻度で食べる群は、尿中のリン酸エステル農薬の値が相当低いことがわかっている。また、子どもと同じように、成人でも食事を変えると、急速に農薬の摂取量を減らすことができる。オーストラリアの研究では、成人が慣行作物から有機作物を使った食事に切り替えると、尿中リン酸エステル値が九〇パーセント減少した。

残留農薬は、調理済み食品、飲料水、果汁、ワイン、家畜飼料などありふれた飲食物に幅広く見られる。たとえばドイツでは、食品の徹底したスクリーニングで、三六一種類の残留農薬の形跡が見つかっており、サンプルが採取された食品の六〇パーセント以上で、少なくとも一種類が含まれていた。髑髏《どくろ》マークのステッカーを貼った果物や豆やパンなど誰も買わないだろうが、われわれは食べものと一緒に農薬を食べているのだ。

ある種の食べものには特に残留農薬が溜まりやすく、慣行作物には有機作物より多いのが普通だ。アメリカ農務省、カリフォルニア州農薬規制局、消費者連盟が一九九〇年代に収集した数千のデータに基づく二〇〇二年のレビューは、慣行栽培による果物や野菜は有機のものに比べて、残留農薬が含まれる可能性が三倍高いことを明らかにしている。慣行栽培のサンプルの四分の三近くは、少なくとも一種類の残留農薬を含んでいた。一部の作物では、それが慣行栽培のサンプルの九〇パーセントを超えた。この比較は、農法間の違いを過小評価している。有機作物に見られた残留農薬の半分近くは、ずっと以前に畑で使われ土壌に残留したものが、根から取り込まれた結果だからだ。

人間の農薬への曝露にはばらつきがあり、果物や野菜の残留農薬の程度は、おおむね規制値内に収まっているが、その数値が健康リスクを適切に反映しているかどうかは未だはっきりしていない。専門家の中には、規制値が真の健康リスクを大幅に過小評価していると主張する者もいる。複数の農薬の相乗効果と、生涯にわたる、またエピジェネティクス〔DNA塩基配列の変化を伴わず、後天的形質が次世代に伝わる現象〕を通じた世代をまたぐ低濃度曝露の慢性的効果がありうるというのが、その理由だ。

そもそも農薬はわれわれの体内で何をするのだろう？　特に気がかりなのは、母体内での曝露が、出生後の二年間の発達障害に関係していることだ。農薬は血液脳関門を通り抜けることができ、また胎盤を通り抜けて成長途中の胎児にまで達する。アメリカの一般母集団を代表する一〇〇〇人を超える子どもを対象にした二〇一〇年の研究では、平均より高いリン酸エステル農薬への曝露で、注意欠如・多動症（ADHD）を発症する可能性が約二倍になることがわかった。さらに、子ども時代の曝露は他の神経行動学的問題や白血病、非ホジキンリンパ腫（白血球のがん）の可能性を高める。

研究者は、過去数十年で非ホジキンリンパ腫が劇的に増加したのは、農薬、特にグリホサートへの曝露が増えたからだと考えている。動物実験、臨床試験、疫学研究に対して二〇一九年に行なわれたメタ分析は、グリホサートをベースにした除草剤と、免疫系の要であるリンパ系のがんとの関係には、説得力を持つ証拠があると結論している。農家、特にアメリカ中央部の農家にこの希少がんのリスクが拡大していることは、おそらく偶然ではない。

さらに、残留農薬は消化器系、神経系、呼吸器系、生殖系への影響に広く関係し、非ホジキンリンパ腫以外のさまざまながん、パーキンソン病、内分泌系障害の発生にも関与しているようだ。二〇一三年のあるレビューは、一般的な農薬への曝露が特定の慢性疾患のリスク要因であると考えることは、十分な証拠が裏付けられていると結論づけた。『サイエンス』誌掲載の論文は、メスのラットを高濃度の抗菌剤に曝露させると、三世代にわたってオスの子孫は精子数が減少し、繁殖力が低下したと報告している。同様の研究では、欧米人男性の精子が一九七〇年代以降半分以下に減っていることを示して物議を醸した、二〇一七年のレビューが注目に値する。全世界で、大都市に飲料水を供給する流域に農地があることを考えれば、こうした問題は農村だけでなく都市にも関係している。

害虫への対抗手段としてのファイトケミカル

実際に害虫問題を解決する上で、農薬が宣伝通り効くのであれば、なぜ農家は依然としていろいろな種類の薬を、そんなにたくさん使う必要があるのだろうか？　一つの理由は、広域殺生物剤は空を飛ぶ昆虫、鳥、土壌生物に至るまで、害虫の捕食者も殺してしまうからだ。すると抑えるものがいなくなった害虫が、たいてい最初に復活する。農薬を使えば使うほど、もっとたくさん必要になるのだ。

合成農薬が登場するまでの数億年、植物界はファイトケミカルを用いて害虫に抵抗していた。二〇世紀を通じて人間が農薬に頼るようになると、昆虫の大量殺戮が始まり、それは今も続いている。世界の昆虫のおよそ半分が死んだと推定され、草原性の鳥類が大幅に減少した一因でもある。同様に、両生類の個体数も一九五〇年代から急速に減少が始まった。

その大きさは非常にまちまちだが、農薬が土壌生物に影響することに疑いの余地はない。農薬が標的外の土壌無脊椎動物におよぼす影響に関する、四〇〇近い研究を対象にした二〇二一年のレビューでは、調査事例の七一パーセントで悪影響が見られた。ここで主に問題となるのは、農薬が有益な菌根菌の数と多様性を減らすことだ。臭化メチルやホルムアルデヒドのような土壌燻蒸剤は特に有害で、土壌の菌類を全滅させることもある。これは食品に取り込まれる栄養にも影響がある。殺菌剤の使用は窒素、リン、亜鉛の吸収をさまざまな作物で減らすことがわかっている。

農業地帯で農薬の使用が拡大した結果、ミミズなど有益な土壌生物も害されている。たとえば二〇二一年の研究では、フランス中西部ポワチエ郊外にある農地の一八〇の調査地点で、約三〇種の農薬の濃度を測定した。サンプルは慣行農地、有機農地、生け垣、草地から採取された。すべての調査地点から少なくとも一種類の農薬が検出され、三分の一以上の地点では一〇種類を超えていた。九〇パーセントを超える土壌に殺虫剤、除草剤、殺菌剤がそれぞれ最低一種類含まれていた。半数を超えるミミズも同様だった。典型的なミミズには三種を超える農薬が含まれ、九割以上が少なくとも一種類を含んでいた――ある一匹はなんと一一種に陽性反応が出た。九〇パーセントを超える慣行農地がミミズに対して高い危険性を示し、慣行農業の持続可能性に研究者は疑問を抱いた。

除草剤とその分解産物は、地表水を汚染する物質としてありふれたものだ。たとえば、アメリカ地質調査所による全国的な調査では、グリホサートとその一次分解産物で同じくらい毒性の高いアミノメチルスルホン酸（AMPA）が、試験した雨水、土壌、河川水サンプルの四分の三以上に含まれていた。同様の二〇一九年の調査では、フランス全土で三分の二を超える河川からグリホサートが見つかっている。

グリホサートはオタマジャクシに対してきわめて毒性が高く、一日の曝露で三分の二が、三週間の曝露で一〇〇パーセントが死に至ることが証明されている。一三種の両生類の幼生による実験では、野外で予測されるレベルの曝露でも死亡率が相当高いことがわかった。類似の実験でも、許容限度以下のグリホサートへの慢性的曝露によって、小型淡水甲殻類の繁殖が著しく抑制された。グリホサートはラットの肝臓に有害で、ウサギとアヒルのオスの生殖系に悪影響を与えることも明らかになっている。複数の研究から、それが脊椎動物全般に先天性異常と神経損傷を引き起こし、特に爬虫類では遺伝子損傷の原因となると結論づけられている。昆虫から哺乳類まで、世界で一番使われている除草剤の影響から逃れられる動物は、ほとんどいないようだ。

人間に対してはどうだろうか？　グリホサートは食べものの中に入っている。とはいえ、直接（急性）毒性が報告されている濃度に比べればわずかだが。農務省の二〇一一年の試験では、数百サンプルのダイズの九〇パーセント以上から、グリホサート残留物が見つかった。これがきっかけとなって、より大規模に試験が行なわれそうなものだ。だがそうはならなかった。当局はすでに、グリホサートは安全だと考えていたのだ。代わりに規制担当者は、トウモロコシ、ダイズ、家畜飼料で許容量を増やし、グリホサートの使用量増を容認した。

しかしヒトを対象とする研究が事実上存在しないため、作物に残留しても「安全」と見なされるグリホサートの量は、慣行農法の都合に合わせて設定されたように思われる。はっきりとした理由もなく、作物によって許容量が違っているのは、食品中の濃度はおおむね許容量を下回っているので危険はないという認識が、規制行動の中に徹底しているからだ。

旧弊な農学者は概して、グリホサートは直接毒性が低く、また土壌中ですぐに分解されると考えられるので、使っても安全だとしている。だから最近まで、ほとんど誰も、言うまでもなく農務省や食品医薬品局も、食品に含まれるグリホサートやその一次分解産物の試験をしていなかったのだ。しかし今では、それが食品、血液、母乳、ワインなどから検出されており、体内に入るとどうなるのか、研究者が疑問を持ち始めている。二〇二〇年のレビューでは、ヒト腸内のコア・マイクロバイオームを構成する種の半数以上が、グリホサートによる攪乱に影響されやすいことが明らかになった。

われわれは自分自身の身体で、比較対象なしの実験を行なっているようなものだ。二〇一六年に一四人の科学者からなるグループが、グリホサートの規制値がおそろしく時代遅れであることを懸念する共同声明を発表した。彼らは、グリホサートが水や食料の中に広く存在することを示す報告書をレビューして、規制当局が安全と考える濃度で、ヒトの健康に影響が懸念される根拠を提示する研究をまとめた。

グリホサートがヒトの健康におよぼす影響を扱うほとんどの報道――そして訴訟――は、がんに焦点を当てており、それも理由のないことではない。低濃度のグリホサートは、DNA修復に影響をおよぼして変異の蓄積を増やし、細胞の代謝を変えることで、ヒトの乳がん細胞の増殖を誘発することが、実験室で確かめられている。さらに、グリホサートとその補助成分がヒトの胎盤、腎臓、肝臓の細胞株に、農地で一般に使われるものより低い濃度で毒性を持つことも実験で明らかになった。言い換えれば、食べものに少しでも入っていれば害があるかもしれないのだ。

グリホサートについてのもう一つの懸念は、低濃度の慢性的曝露が動物のマイクロバイオームにどう影響するかだ。ドイツの研究所での研究は、グリホサートがニワトリの腸内マイクロバイオームに与える二次的影響を記録し、きわめて有害な家禽の病原体（サルモネラとクロストリジウム）は、グリホサートへの耐性が高いのに対して、有用菌は害されることを示した。研究者は、グリホサートを含む飼料はニワトリの腸内マイクロバイオームを攪乱して、病原体や疾病への罹患性を高めるだろうと結論している。

同様の効果は、クロストリジウム・ボツリヌム（加工の不適切な缶詰にいてボツリヌス症を引き起こす細菌）が関連する、ウシの疾患の発生率増加を調べる実験で記録されている。研究室での実験で、普段ボツリヌス菌を抑制している酪酸生成菌に対して、グリホサートが毒性を持つことが明らかになった。研究者は、グリホサートを含む飼料を摂取したウシは、第一胃に棲む有用な細菌や菌類が弱り、病気にかかりやすくなると結論した。ウシマイクロバイオームへの影響を調べたその後の実験で、グリホサートが有用微生物叢を抑制して、第一胃に棲む病原体の後押しをすることが確かめられた。グリホサートの間接的影響は、ウシのあいだで次第に広まっている病気と関係する病原性細菌に有利にはたらくようだ。

グリホサートがニワトリやウシのマイクロバイオームを攪乱するとすれば、人間の腸ではどうなのか？　グリホサートが、抗生物質やキレート剤としても特許を取得していることを思い出してほしい。だからそれがヒトマイクロバイオームを傷つけ、マンガンや亜鉛のようなミネラルの取り込みを、減らしたり阻害したりすることも考えられる。いずれもわれわれの健康に負担をかける。抗生物質はマイクロバイオームの構成を変え、グリホサートで雑草を「焼き尽く」した

ミネラル不足はヒトの酵素の機能に影響するかもしれないからだ。グリホサートで雑草を「焼き尽く」した上、収穫の都合に合わせて稔ったコムギなどの作物を枯らすために使うことは妥当かどうかを、これらは問うものだ。この慣行はさらに多くのグリホサートを、食料に蓄積させることになる。

農薬の使用は、作物のミネラルとファイトケミカル含有量に影響するという研究もあるが、その影響には大

202

きな幅がある。たとえばブラジルのある研究では、グリホサートをグリホサート耐性ダイズに使用すると、作物に含まれる鉄と、あとで説明する健康にいい脂肪の量が減ることが示されている。またノルウェーで行なわれた注目すべき研究では、アイダホ州産の慣行農法によるグリホサート耐性ダイズと有機ダイズを試験したところ、有機ダイズのほうがタンパク質と亜鉛が多く含まれ、飽和脂肪は少なかった。さらに、遺伝子組み換えダイズには、グリホサートとその有毒な一次分解産物が多く残留していた。

農薬の健康への影響と慢性的な食事性曝露のリスクについてはまだ論争があるが、農薬を使う量を減らせばそうした影響も減ることは疑いもない。そして土壌の健康を改善することが、それにつながっているのだ。

抵抗の根——多様性で病害虫防除

二〇世紀初め、植物学者は実にわかりやすい、ある専門用語を考えついた——発病抑止土壌だ。たび重なる実験により、生物のいない、滅菌された状態となっている土壌に病原体を入れると、そこに育つ植物は、生物に満ちた土壌に育つものよりはるかに高い率で病気にやられてしまうことがわかっていた。被覆作物や緑肥のような土づくりの習慣が、この力の要となる。そのような習慣は、病原体を押しのけたり、食べたりして抑制する土壌生物を支えるからだ。植物の生長を促進する細菌と菌類が、根の発達を刺激して、植物が渇水を切り抜けられるようにすることも、研究により示された。土壌生物は、植物が昆虫や草食動物にとって嫌な味を持つようにすることもある。

また植物は、グルコシノレートのような特定のファイトケミカルを使って、細菌、菌類、昆虫、草食性無脊椎動物など幅広い土壌性病害虫を抑制している。フェノール系化合物の濃度が高い有機作物は、害虫や病気の影響を受けにくくなる。一例を挙げれば、葉にフェノール類の濃度が高いと、メスのマイマイガの蛹《さなぎ》が小さくなる。すると成虫になったときに繁殖成功度が低下し、その数が減少する。全体として見ると、健康な土壌は植物が害虫に抵抗するのを助け、農薬の必要性を小さくする。ここで、植物がフェノール類を作るために使うシキミ酸経路を、グリホサートが遮断することを思い出すべきだろう。これは、多くの研究で見られた、慣行作物のフェノール類含有量が低いことの要因なのかもしれない。

農薬は標的害虫以外の多くの昆虫を殺す。欠かすことのできないさまざまな花粉媒介者までも殺してしまう。このことは、世界の食料生産の実に三〇パーセントを維持するために必要な花粉媒介者をどう守るか、という心配を引き起こしている。アメリカでは殺虫剤、病気、補助金の減額によって、養蜂業が一九五〇年以降半分ほどに縮小している。カリフォルニア州で行なわれた二〇〇二年の研究では、慣行農場が在来種のハナバチの数を大きく減らし、一方で自然生息地の近くにある有機農場はハナバチの個体数を、作物の受粉に十分な数に維持することが判明した。花粉媒介者がいなくなったことで、慣行農家は受粉サービスに毎年多額の出費を強いられている。在来種のハナバチ個体数を減らさないような農法は、作物の受粉を低下させない費用対効果の高いやり方なのだ。

土壌の健康を高める農法は、地上の生物にも効果がおよぶ。耕起を減らすと、クモなど土壌性の捕食者の安定した微小生息域ができる。たとえば、ジンバブエでの研究で、耕起は害虫を食べる地上性のクモを大幅に減らすが、不耕起農法とマルチには反対の効果があり、捕食者の群集を大きく多様にすることがわかっている。また、世界的な分析で、モノカルチャーの採用と、農地から生け垣や樹木が失われたことで地形が単純になると、花粉媒介者と捕食昆虫の多様性が低下し、そのために害虫駆除の必要性が増大して、作物の生産高が減少する結果を招いていることが明らかになった。

だとすれば、農薬はそもそも本当に必要なのだろうか？　有機農法は一般に、慣行農法よりも鳥や捕食昆虫の数を増やし多様性を高める。たとえば、同じ品種のトマトを類似の土壌で慣行と有機で栽培したときの違いを研究したところ、後者のほうが生物学的害虫駆除が活発になり、合成肥料と農薬の使用量が減った分を埋め合わせることができるという結論が出た。この研究は、カリフォルニア州セントラルバレーの二〇カ所の農場を比較したもので、有機農家は雑草を耕起で抑制しているが、慣行農家は耕起と除草剤の使用で行なっている。有機農場の大部分は、被覆作物、ミミズの糞、畜糞、堆肥を肥料として使った有機栽培を四年から一〇年続けていた。慣行農場では同等の効力を持つ化学肥料が施肥されていた。

この研究で、微生物の数と植物可給態窒素の量、また害虫を食べる捕食昆虫の数と種類は、有機農地のほうがかなり多いことがわかった。慣行農地では、根の病気の発生率と重症度が一貫して高かった。

また、有機農地と慣行農地では、細菌と菌類の総数では似通っていても、微生物群集の構成には際だった違いがあった。有機の土壌ははるかに多様な有用細菌を維持していた。草食性昆虫（害虫）の総数は同じくらいだったが、捕食性昆虫の種の豊富さと数の多さは、有機農地が七五パーセント以上勝っていた。言い換えれば、農薬を撒いていない農地のほうが捕食者が多く、だから害虫の数が農薬を撒いた慣行農地と同じくらいなのだ。ここから読みとれることは、直感には反しているが、同時に明確だ。農薬を常用すると害虫の数が増える。なぜか？　害虫はそれを食べるものより早く回復するからだ。

化学肥料に依存すると農薬の必要が増すという所見を支持する研究は、まだほかにもある。たとえば、トマトの温室研究では、窒素肥料を多量に施肥したものは、より多く葉に窒素が含まれることがわかっている。これが甲虫を引き寄せ、甲虫は施肥量が多いトマトの葉を優先的に食べる。窒素をたらふく食べた甲虫は早く成長し、大きくなり、成虫まで生き残る数が多くなる。別の温室研究では、ハモグリバエは窒素含有量の多いトマトの葉に好んで卵を産むことがわかっている。葉の窒素含有量が二倍になると、ハエの繁殖は三倍になり、寿命は二倍になる。また、窒素肥料をコムギに大量施肥したところ、アブラムシの繁殖力が高まり、作物が全体的に被害を受けたという事例もある。

言い換えれば、作物の窒素含有量を増やす化学肥料を使用すると、害虫が増え、より長く生きるようになる。水溶性の窒素肥料に頼ることは、植物の防御力を弱め、より大きく、健康な草食性の害虫を増やすことになるようだ。害虫もまた、その食べものが食べたものでできている。

窒素肥料で植物の生長を後押しすれば、害虫のご馳走を作り出し、農薬への依存が高まって、絶えず使い続けなければならなくなるという二〇世紀を通じて展開された遺産を固定化することになるのだ。有機農地では作物の病害発生の報告が慣行農地より少ないという、直感に反する二〇一八年のレビューの発見も、これで説明できる。このレビューで明らかになったのは、堆肥化した植物残渣と畜糞が、化学肥料の使用下で広まった収量を低下させる病原体を減少させることだ。合成農薬がなくても、有機農法は害虫の大発生を定期的に誘発したりはしない。要するに、微生物の多様性が高い土壌では太刀打ちできない害虫が、慣行農法の農地という多様性の低い環境では繁栄できるということだ。早い話が、慣行農法は害虫にチャンスを与えているのだ。

作物の害虫を抑制するのに役立つ、土壌の健康を築く農法はいくつもある。有用な菌類を添加すれば、植物が攻撃的病原体に対抗する防御力を高めることができる。たとえばカメルーン北部では、ある種の菌根菌をトウモロコシとソルガムに接種して、寄生植物ストライガの蔓延を約三分の一から半分減らした。ウェストバージニアのリンゴ農園では、堆肥化した鶏糞が効果的に雑草を抑制し、また捕食者の個体数も増大させて、テンマクケムシやアブラムシの数を大幅に減らした。

しかしわれわれは害虫をすべて殲滅《せんめつ》しようとすべきではない。小さな虫害や低レベルの病原体への曝露は、作物のファイトケミカル濃度を高めるのだ。これは、有機農場の農産物が、慣行農場のものよりファイトケミカル含有量が多い傾向にある理由の一つと考えられる。小さなダメージを受けると、植物防御が準備される――そして人間にとって有益な物質で満たされるのだ。だから作物を悩ませる昆虫が多少いるほうが都合がいい。食欲旺盛な捕食者が、その大半を食べてくれさえすればいいのだ。

慣行農家を農薬離れさせることはできるのか、それを知るために私たちは、農務省を去って自分で研究実証農場を始めた昆虫学者の元を訪れた。彼は、環境再生型《リジェネラティブ》農業が、農薬の使用量を減らすだけではないことを証明していた。捕食昆虫が増えるということは、農家の収入が増えるということなのだ。

農務省を辞めて自分で研究農場を始めた昆虫学者

気だるい夏の終わりの日、サウスダコタ州スーフォールズへ向かう飛行機の窓から、私たちは裸の農地を見下ろしていた。土がむき出しで、色の濃い低い部分が、地面の色が明るい区画のあいだにまだら模様になっているのが見て取れた。色の濃い部分は、地面の高いところから表土が流れ出して、一帯を蛇行する低い土地に溜まったもののようだ。しみだらけの景観は病んでいるかに見える。

だがさらに目につくのは、太古の氷河が残した、もっと大きな窪地を満たす池の水の色だ。多くは肥料が引き起こした藻の異常発生で、緑色の光を放っている。またあるものは水中をただようシルト〔岩石が砕けてできた、砂と粘土の中間の大きさの粒子〕で茶色く濁っている。ごくわずかに澄んだ群青色を見せるものもあった。こうした池は、周囲の畑で何が起きたかを、場違いなところにある表土と同じくらいはっきりと物語っている。

幹線道路を外れると、数十頭のヒツジが、木と石造りの家の正面にある電気柵に囲まれた小さな区画で草を食んでいるのが見えた。ジョナサン・ラングレンのブルー・ダッシャー農場に着いたのだ。ゆるやかに起伏した低い丘のあいだで、それはトウモロコシ畑の海に浮かぶ孤島のように異彩を放っていた。

すぐに私たちは、農場が生き物で満ちあふれていることに気づいた——ニワトリ、ブタ、ヒツジ、ハチ、鳥、たくさんの昆虫たち。そしてイブ・バルフォアの農場のように、ブルー・ダッシャーは科学と経済学の実験場だった。農家になる前、ラングレンは研究者として働いていた。現在、彼は農業をやりながら、大学の研究者や資金提供する企業が敬遠しがちな科学研究をしている——どうすれば農芸化学製品をやめられるかを。

しかし一方でラングレンも生計を立てねばならず、そのために蜂蜜を売っている。それも大量に。

の最高の換金作物であり、最大の収入源なのだ。だが毎年ミツバチはすべていなくなり、春が来るたびに新しく買っている。

慣行農法のトウモロコシとダイズの海は、ミツバチをはじめ花粉媒介者たちにわずかしか収穫を与えない。

しかも、そのなけなしの食物は、二重の打撃でハチたちを少しずつ殺す。第一は食物の質の低下。アキノキリンソウの花粉の研究は、この数十年でタンパク質含有量が、大気中の二酸化炭素濃度の上昇につれて、かなり低下していることを示している。第二に、ミツバチが農薬のかかったトウモロコシやダイズで餌を集め、往復ごとに毒を巣に持ち帰ることだ。栄養素が減り、毒が蓄積していくうちに、コロニーは健康と回復力を失う。

ではラングレンはなぜ、よりによってここに農場を買ったのだろう？　ラングレンは、農業を変えるための解決法を求めており、サウスダコタは耕作地、放牧地、ミツバチが交差する最前線にあるからだ。土地が安いことも好都合だった。四五〇平方メートルの家と離れがついた二一ヘクタールの農場が、西海岸の街で裏庭に小屋を建てるより安く手に入ったのだ。

カーキ色の作業ズボンとミツバチをあしらったTシャツ、空気穴が開いたつばの柔らかな帽子という出で立ちで、ラングレンは私たちを、かつて搾乳場だった研究所へと案内してくれた。牛糞を温めるために改修したある部屋は、実に変わっており、おそらく唯一無二のものだった。壁いっぱいにしつらえた棚には、高さ三〇センチ、直径二〇センチの、牛糞を詰めた白いプラスチックの筒が並んでいる。その一つひとつの上から小さな電球が下がり、牛糞を温めると同時に食糞性コガネムシなどの昆虫を、漏斗からアルコールの入った瓶へと集める。集まった昆虫は同定され、数が記録される。今のところ一〇〇種を超える昆虫が、サウスダコタの牛

208

糞から見つかっている。地域一帯の慣行トウモロコシおよびダイズ畑で見られるものよりはるかに多い。

ウシが新鮮な糞を落とすと、たちまちハエがわれ先に群がり、卵を産みつける。次の世代のうるさく鬱陶しいハエが羽化すると、すぐに手近のウシを見つける。だから自然では、草食動物は次から次へと移動していく。輪換放牧はこの行動を模倣したもので、ひんぱんにウシを新しい糞のあるところから移動させる。元のところに草を食べに戻るころには、捕食昆虫と鳥が害虫を食べてしまっている。

しかし、牛糞に引き寄せられる昆虫の全部が困りものなわけではない。たとえば食糞性コガネムシだ。これは草地と放牧場で栄養の分配と循環を受け持ち、土壌の健康を高める。三つの異なるタイプが異なるやり方で牛糞を食べる。「居住者」は潜り込んでそこに棲み着く。「転がし屋」はひとかたまり取って持っていく。「トンネル屋」はミミズのように下に向かって穴を掘り、牛糞を土に混ぜる。三タイプすべてが、かつてバイソンの群れのあとを追っていた生命共同体の一員なのだ。

草食動物の糞は消化過程の終末から出てくるが、それは他の多くの生物にとって始まりなのだ。コガネムシにとっての糞は、ハチにとっての花粉と蜜——成長途中の幼虫にも成虫にも上質な食料源だ。だが、農薬は食糞性コガネムシもハチのように汚染していることがわかっている。

アベルメクチンはウシの寄生虫を殺す駆虫剤として用いられる。これがウシの体内を通って糞に入ると、食糞性コガネムシも殺してしまう。意外なことではないが、牛糞の中にアベルメクチンが多いほど、糞を土壌有機物に循環させる食糞性コガネムシが少なくなることを、ラングレンの研究チームが発見している。そうして食糞性コガネムシの居住者、転がし屋、トンネル屋の活動が低下すると、土壌の健康は打撃を受けるのだ。

ラングレンは、自分が農家になるなどと夢にも思わなかった。たぶんそれが、彼が旧来の考え方にとらわれない理由の一つなのだろう。ミネアポリスの郊外で育ったラングレンは、ミドルスクール在学中はミネアポリス動物園で働き、ハイスクールのときには飼育係助手として家畜を担当した。ミネソタ大学一年生のとき、ラングレンは昆虫学を履修し、それに夢中になった。四半世紀が過ぎ、動物とのこうした原体験が、農業を始めるにあたって役に立った。

ラングレンはダルースに移って大学を修了し、マイマイガの追跡調査に従事してから、生物学的害虫駆除で修士号を取得した。ラングレンは、「学校が大嫌いだったが、成績はよかった」と言う。イリノイ大学で昆虫学の博士課程に進むと、ありふれた細菌（バチルス・チューリゲンシス）が持つ殺虫遺伝子を組み込んだ、遺伝子組み換えトウモロコシのリスク評価の研究に取りかかった。Ｂｔトウモロコシの名で知られる殺虫トウモロコシは、やがて産業界の科学への関与をラングレンに嫌というほど思い知らせた。

当初、ラングレンのあらゆる計測結果は、Ｂｔトウモロコシがテントウムシにとって安全であることを示していた。ラングレンが従っていた毒性評価の標準的タイムラインは一〇日で、その期間の観察が終わってもテントウムシはみんな元気そうだった。誰もが結果に満足だった――ラングレンも、指導教授も、研究のスポンサー企業も。ところが、ラングレンが別の商標のＢｔトウモロコシで、同じ分析を一日余計に一一日行なったところ、事態は変わった。テントウムシを調べると、全部死んでいた。つまり、Ｂｔトウモロコシはテントウムシにとってやはり致死的だったのだ。この重要な発見にもかかわらず、ラングレンは自分の研究結果を発表できないことを知らされた。いつの間にか指導教授が、資金源を失わないために秘密保持契約にサインしていたのだ。ラングレンはこの経験が「ゲームのやり方」を教えてくれたと評している。誰も知らなければ、問題はないのだ。

昆虫群衆の相互関係

博士論文を書き上げたラングレンは、サウスダコタ州ブルッキングズにある農務省の研究所に職を得た。グリホサート耐性雑草が問題になり始めており、ラングレンは除草剤の代わりに被覆作物を使って雑草を防除する方法を研究したいと思っていた。そこで、混作や被覆作物による雑草抑制を、主要害虫のダイズアブラムシと共に調べ始めた。ラングレンはこのような農法をうまく実行している農家を訪問したが、彼らのやっていることを再現できなかった。それどころか、作物の栽培のしかたをまったく知らないことが明らかになってしまった。ラングレンのダイズは枯れてしまったのだ。

そこでラングレンは別の主要害虫、コーンルートワームの天敵の研究を始めた。再び昆虫学の世界に身を投じたことで、ラングレンはリジェネラティブ農業への道を進むこととなった。彼は捕食昆虫の胃を調べて、大量のルートワームのDNAを見つけた。その出所は大量のルートワームしかありえない。だから、ルートワームを捕食する昆虫が畑に多いほど、トウモロコシの被害は少ないということだ。ラングレンにとって結論は明らかだった。捕食者に仕事をさせておくことが、効果的な害虫駆除法となる。

それからラングレンは不耕起栽培会議に出席した。そこでは農家は、コーンルートワームに言及することがほとんどなかった。なぜか？　何も話すことなどなかったからだ。害虫は彼らの関心事ではなかった。その代わりにこの不耕起農家たちは、土壌の健康、気に入っている被覆作物の組み合わせ、輪作スケジュールについて語っていた。土壌肥沃度の回復が、農薬をやめるだけでなく、肥料代の大幅な削減も可能にしたのだ。

興味を抱いたラングレンは、ある農家に頼んで、畑に畝《うね》三〇センチあたり一〇〇〇個のルートワームの卵を植えつけ、虫の侵入を模倣してもらった。虫は一匹も出てこなかった。農薬を撒かない畑に害虫が発生しなかったことは、従来の考えと真っ向から衝突する。そこは害虫がうようよしているはずなのだ。ラングレンは卵を植えつけた畑の昆虫を辛抱強く数え、コーンルートワームなど土壌害虫の捕食者は、一ヘクタールあたり約二五億匹いると推定した。ラングレンが持ち込んだルートワームに生き延びる見込みはなかった。食いつ食われつの土壌の自然は、このようにはたらいている——人が手を加えなければ。

その非公式な実験をきちんとした論文の形にすることはなかったが、ラングレンは、対照群を置いた再現性の高い研究に取りかかった。ほとんどの研究者は単一の種のみに注目していることに、彼は気がついた。害虫研究者は害虫に注目し、生物防除研究者は捕食者に注目する。誰も昆虫群集の相互関係性——何が何を、いつどこで食べるか——を見ていなかった。

農地での捕食者と被捕食者の関係を研究すれば、確実な進歩があると思われた。そこでラングレンは、昆虫群集の総目録を作成し、多様性が高いほど害虫の数が減ることを発見した。だが、昆虫の多様性に関係があるのは、農薬の使用量を減らすことだけではなかった。間接的なやり方もあるのだ。被覆作物は捕食者の生息場所を作り、そしてすみかができれば、彼らは害虫を餌にする。餌、隠れ場、営巣場所、これが食べものを探す捕食者にとっての豊かな生活だ。農薬で捕食者を一掃し、いつも同じ作物を栽培することで、農家はみずから害虫問題を作り出しているのだという結論に、ラングレンは至った。被捕食者の個体数は捕食者よりも先に回復するので、慣行農家は食べ放題の料理を、無防備に害虫の前に差し出していることになる。

二〇一一年にはラングレンの研究は順調で、農務省は彼をトップクラスの科学者として、ホワイトハウスの式典で表彰した。この頃ラングレンは、ミツバチの研究に移っていた。彼はネオニコチノイド系農薬のリスク評価を行ない、それが標的外の昆虫(捕食者)に与える影響を記録した。また、殺虫剤で処理した種子が収量を増やさず、ダイズアブラムシの数を減らせないことを証明した。これはきわめて不都合なことで、ある種の人々はラングレンをよく思わなかった。彼は巨大な企業の不興を買ってしまったのだ。

二〇一四年になると、ラングレンに逆風が吹き始めた。環境保護庁の農薬リスク評価に関する科学諮問委員会で発表することになっていたとき、ある農薬メーカーの代表が、同社がやろうとしている実験に使うテントウムシの卵を、一個七〇〇ドルというとんでもない高値で大量に買いたいと持ちかけてきたと、ラングレンは言う。来年はさらにたくさん買うという約束を目の前にぶら下げられたラングレンは、それが社の方針に従えというほとんどあからさまな買収だと理解した。その手には乗らず、自分の発言の番が来ると、同社は製品のリスクについて事実を述べておらず、過小評価していると、歯に衣を着せずに公言した。それで何も変わらなかった。環境保護庁はラングレンの評価を無視したのだ。

それから事態は険悪になった。アメリカ科学アカデミーで遺伝子組み換え作物のリスクについて招待講演を行なったあと、ラングレンは上司から、旅行申請書類の一つにサインがなかったことで注意を受けた。ラングレンはうっかり忘れていただけだと言うが、そのために二週間の停職処分を受け、方針に反さないこと、メディアに何も話さないことを命令された。

それまでラングレンは、自分で農業をやろうなどと考えたこともなかったが、旧弊な研究機構の中で働き続けられはしないことはわかっていた。彼は疑問を持ちすぎ、わかったことを好きなように話しすぎた。今の地位にとどまるなら、自分が必要だと思った研究をすることはできない。農学の資金とインフラのほとんどは慣行農業関係者が提供しているからだ。ラングレンが出会った有機農家はみんな革新的で刺激的な人たちだった。研究農場を開いて、リジェネラティブ農業に関係する研究をしてみるか?

農学の研究制度の壊滅を思い知る

それからの二年、毎日のように上司からのハラスメントに遭ったとラングレンは言う。官僚機構の上層部は、明らかに彼の見識を——あるいはそれを裏付けるデータを生成する傾向を——評価していなかった。ラングレンはとどまることがなかった。彼の同僚たちは、ヒマワリの種をネオニコチノイド処理するという、ほとんどどこでも行なわれているやり方が、害虫の数を減らしも収量を高めもしないことを明らかにした。また彼らは、ネオニコが広く用いられたことで、花粉媒介者を支えるために植えた野草の花が、働きバチの健康を損

ノースダコタの不耕起トウモロコシ畑

ねるほど汚染されていることも示した。死の花の話を聞いて、私たちは庭に植えた奇妙な、虫の寄らない植物のことを思い出した。

同じ頃、大学に勤めるラングレンの同業者たちが、ラングレンの博士課程の研究と同じような経験をしたことを語った。これが至るところで起きており、制度が壊れているのだという結論に達したラングレンは、一か八かの賭けに出て、職を辞した。

農家や養蜂家は在野の研究農場を支援してくれるだろうか？　ラングレンはブルー・ダッシャー農場のクラウドファンディングを開始した。まったく前例のないことだった。だがそれはうまくいった。寄附が少しずつ積み重なって、ラングレンは数十万ドルを手に入れた。これほどの額の立ち上げ助成金は、ほとんどの大学ではもらえないだろう。

サウスダコタ州立大学のある大学院生が論文プロジェクトを探していたとき、ラングレンは、リジェネラ

郵 便 は が き

料金受取人払郵便

晴海局承認

9452

差出有効期間
2026年 7月
1日まで

104 8782

905

東京都中央区築地7-4-4-201

築地書館 読書カード係 行

お名前	年齢	性別	男・女
ご住所 〒			
電話番号			
ご職業（お勤め先）			

購入申込書 このはがきは、当社書籍の注文書としてもお使いいただけます。

ご注文される書名	冊数

全国どの書店でもご注文いただけます。
ご自宅への直送ご希望の場合は、別途、送料をいただきます。

読者カード

ご読ありがとうございます。本カードを小社の企画の参考にさせていただきたく
ます。ご感想は、匿名にて公表させていただく場合がございます。また、小社
新刊案内などを送らせていただくことがあります。個人情報につきましては、
Jに管理し第三者への提供はいたしません。ご協力ありがとうございました。

購入された書籍をご記入ください。

書を何で最初にお知りになりましたか？
□書店　□新聞・雑誌（　　　　）□テレビ・ラジオ（　　　　　）
□インターネットの検索で（　　　　　）□人から（口コミ・ネット）
□（　　　　　　）の書評を読んで　□その他（　　　　　　　）

ご購入の動機（複数回答可）
□テーマに関心があった　□内容、構成が良さそうだった
□著者　□表紙が気に入った　□その他（　　　　　　　　　）

今、いちばん関心のあることを教えてください。

最近、購入された書籍を教えてください。

本書のご感想、読みたいテーマ、今後の出版物へのご希望など

□総合図書目録（無料）の送付を希望する方はチェックして下さい。
＊新刊情報などが届くメールマガジンの申し込みは小社ホームページ
（https://www.tsukiji-shokan.co.jp）にて

ティブ農場と慣行農場でトウモロコシ畑の土壌有機物、害虫個体数、作物収量、収益の比較をしてはどうかと助言した。ネブラスカ、ノースダコタ、サウスダコタ、ミネソタにわたる一〇組の農場で、彼女はトウモロコシの害虫の数が、農薬を使った慣行農場では無農薬のリジェネラティブ農場よりも多いことを明らかにした。またもや異端の発見だ。害虫駆除を農薬に頼ると、害虫問題は確実に続くことになるのだ。そんなことは農薬のラベルには書いていない。

この比較からは、収益は作物収量とは相関がなく、土壌有機物と相関していることがわかった。最大の収量を上げるには余計にコストがかかる。化学肥料と農薬への金銭的な支出が大きいからだ。一方、有機物が豊富な土壌はそのような出費を農家のバランスシートから減らす。健全な土壌は健全な収益に寄与するのだ。

別の研究では、輪作がダイズアブラムシの個体数を以前の水準のわずか四分の一にまで減らすことを発見した。さらにラングレンは、高付加価値で収益性の高い油糧種子を一般的なトウモロコシとダイズの輪作に加えると、健康なコロニーの維持に十分な蜜を供給して、減少したミツバチを元に戻すのに役立つだろうと提案している。

そろそろ変わるときだ

ラングレンは、カリフォルニアで進められているリジェネラティブと慣行のアーモンド果樹園の比較研究についても私たちに語った。リジェネラティブ果樹園の土壌は、慣行果樹園と比べて有機物が約三分の一多く、水分の吸収力が約六倍高かった。そして慣行果樹園もリジェネラティブ果樹園も、害虫の被害は同規模だったが、リジェネラティブ果樹園はほぼ三分の一昆虫の多様性が高く、昆虫バイオマスが六倍あり、捕食者の数ははるかに多かった。農薬を使っている慣行農家の一人が害虫の数の初期データを見たときの様子を、ラングレンは語った。その農家は、数字がどうしても信じられず、いぶかるようにこう言ったという。「それじゃあ、今払っているのは全部無駄金だってことか?」。この話をしながらラングレンは笑い、状況を変えるにはデータだけではだめだと言った。意識を変えなければならないのだ。

ラングレンは私たちを、農場の一角に案内した。そこは一見、伸び放題の畑のようだった。私たちはしばらくそこにたたずんだ。果樹の若木――目立たないが、将来果樹園になるリンゴ、ナシ、モモ、スモモと、その下層のラズベリー、イチゴ、ブドウ――のあいだで花を咲かせている平原のとりどりの多年草へ、ラングレンは注目を促した。若木にできた病気の果実も、投げ捨てておくとニワトリやブタが探し出して食べてしまう。自然と同じように、無駄は何もない。

そして自然は答えてくれる。ブルー・ダッシャー農場は多くの野生動物を支えている――アナグマ、シカ、コヨーテ、スカンク、農場では見たこともないほど多様な鳥。ラングレンの畑は、まわりの慣行農地とは違って、生命で満ちあふれていた。だが何キロも先まで蜜を集めに行く彼のミツバチにとって、周囲の環境は化学物質の地雷原だ。

ミツバチと同様、近隣の慣行農家は好調ではなかった。トウモロコシの価格がピークとなった二〇一二年以降、彼らは赤字続きだった。慣行トウモロコシ栽培ではどうしても採算が合わなくなり、彼らは投げ売りして作物保険金を受け取っている。それでも、周辺は見わたすかぎり、今もほとんどトウモロコシとダイズが植えられている。そろそろ変わるときだと、ラングレンは考えている。

南北ダコタはアメリカで蜂蜜生産量がトップの州だが、その養蜂家は、よそと同じように廃業に追い込まれている。ミツバチを守るためには農家に農薬を捨てさせる必要があると、ラングレンは言う。「日常的に農薬を撒き続けていたら、生息地が増えてもなんにもならない」。市販薬剤に含まれる規制されていない成分が、グリホサート・ベースの除草剤がミツバチに有害な理由の一つではないかと、ラングレンは疑っている。規制当局は、そのような成分は毒性が明らかになるまでは安全だと考えており、混合物の中での効果はわかっていないからだ。関心を払う者は誰もいない。しかし昆虫は、規制された有効成分だけでなく、混合された薬剤すべてにさらされるのだ。

それは人間も同じであり、そして重大問題であるようだ。二〇一三年にフランスの科学者が、さまざまな効力増強剤を含むグリホサート・ベースの除草剤がヒトの細胞株に与える影響を調べた。こうした補助剤は一般に不活性だと思われているが、試験した九種の薬剤すべてが、グリホサート単体よりも毒性が高く、環境中あるいは職業上で曝露することの多い濃度で、ミトコンドリアの活動、細胞の呼吸、膜統合性に害を与えることを研究者たちは明らかにした。

グリホサートなどの農薬は、目先の仕事を片づけるのには非常に効果的だが、その仕事自体が短絡的で、意味のないものですらあるのかもしれない。われわれが害虫を管理しようとしているとすれば、それは間違ったものを相手にしている。われわれはみずからをよりよく管理する必要があるのだ。

それではどうすれば農薬をやめられるのだろうか？ ラングレンは作物の多様性と、健康で生物に満ちた土づくりが鍵だと考える。ミツバチを殺しているものと同じ健康問題が、だんだんと人間にも影響をおよぼしていると、彼は述べている――自己免疫疾患、学習障害、食物不耐性などがそうだ。使用量を減らすのが、ミツバチと人間の農薬曝露を減らす、理にかなった方法だ。

耕起と除草剤をやめてしまったラングレンが草原の回復のためにできることは、野焼きと放牧だ。ラングレンはその両方を行なっている。春になるとまず、野焼きをする。その後生えてきた草をヒツジが食べ、そこにただちに植え付けをする。ヒツジを放牧することで、ラングレンは除草剤に金を使う代わりに、雑草を金に換えている。ヒツジもミツバチも、農場の草原に自生する草で元気に育っている。そして子ヒツジと蜂蜜を売る。農場の隅から隅まで、いくつもの収入源を生み出しているのだ。

ラングレンはヒツジを一五メートル四方の移動式電気柵で囲っている。二十数頭のヒツジが、柵で囲った草地のバイオマスの四分の三を、二日かけて食べ尽くす。それからラングレンはヒツジと柵を、草が茂った次の区画へ移動させる。彼は自分の草地を、ヒツジたちの無限のビュッフェだと思っている。それはヒツジたちも同じだ。

生き物の賑わいが戻った研究農場

ブルー・ダッシャー農場はニワトリにとっても楽園だ。ラングレンは採卵鶏を、寿命が尽きるまで飼っている。ニワトリはだいたい三年くらい生き、歳を取ったものは若い鳥にニワトリとしての心得を教える。ニワトリたちは農場の至るところで卵を産む。場所はわかっているので、そこから集めるが、たまに見落としもある。ときどき雌鳥が雛を引きつれて藪から出てくる。こうしてニワトリが増えていくのだ！

ラングレンは農場を、花粉媒介者が好む生息地がたくさんあるミツバチの天国にしようと設計したが、毎年すべてのハチを失っている。どこに巣を置いても、それは近隣の慣行農地に近すぎるのだ。「近所で年に一度抗菌剤を撒くだけで、うちのハチはみんな死んでしまう。この農薬という障害を乗り越えられる系統のハチが手に入ればいいのだが、今のところ見つからない」。かつてラングレンの女王バチは三年生きていた。今では六カ月しか持たない。

その日はそよ風が絶えず吹き、近隣の慣行トウモロコシとダイズの畑へと歩いているあいだも、実際より涼しく感じられた。ダイズは膝の高さで、トウモロコシは背よりも高い。トンボはほとんどおらず、チョウが一匹だけひらひらと飛び回っていた。地面の昆虫はコオロギだけで、黒っぽい甲虫の大群がうごめいていたラングレンの農場とはまったく対照的だった。ラングレンの農場は昆虫の勢いがよかったが、近隣を悩ませている蚊の問題はなかった。その秘密は何だろう？　彼の領空に迷い込んだ吸血鬼どもを、ブルー・ダッシャーというトンボの編隊が餌にしているからだ。

ラングレンが農場を買った金持ちで気さくな地主は、周辺の天然の草原と湿地を数エーカー、おまけに付けてくれた。地主にとっては経済的価値が何もない土地だった。ラングレンはこの無価値な土地こそが、自分の農場のもっとも重要な資産だと考えている。

この土地を手に入れたとき、ラングレンは草地に外来種が多すぎると考え、何とかしようと思った。州当局は、除草剤を撒いてもいいが、野焼きや放牧はしないようにときつく勧告した。ラングレンはそれを無視し、どちらもやってしまったが、なぜ毒物を撒くのは許されるのに、自然が何千年もやってきたことに反対するのかと疑問に思った。

春の野焼きは在来種の植物を目覚めさせた。今では在来種のメリケンカルカヤが戻ってきている。三年でラングレンの農場には、この地域では何年も見られなかった色とりどりの花や、ヤマアラシガヤ、トウワタ、プレーリーローズ、スイッチグラス、アキノキリンソウなどが育っている。そよぐ草と目を見張るほど多彩な花の中で、私たちが立ち話をしていると、ラングレンは身をかがめて背の高い草をかき分け、私たちに飛びきりのものを見せてくれた――目にも鮮やかな濃い紫色の花が天に伸びている小さな区画だ。それはリンドウの一種で、草原の在来植物群落の指標だった。ラングレンが春の野焼きを始めるまで、このまばゆいばかりの花は見られなかった。今、それが入ってくる一方、雑草のスズメノチャヒキはほとんどなくなった。草原がよみがえり、ラングレンは家畜とミツバチに餌を食べさせる。

リジェネラティブ農家はどれだけ農薬を削減できるのだろうか？　全部とまではいかなくてもほとんどなくせると、ラングレンは自信を持って言う。農薬を撒かなければならないと信じ込んでいる農家は、既存の枠の中で経験を持つ専門家が言うとおりにしているだけだ。しかし、農家が枠組みを変えるような農法を採用すれば、殺虫剤、除草剤、抗菌剤の必要を大幅に減らすことができると、ラングレンは考える。興味を持った農家にラングレンはこう勧めている。農場の隅で始めてみて、どうすれば自分の土地でリジェネラティブ農法がうまくいくかがわかったら、広げていけばいい。ほんの一年後には、大半の農家が土壌の恩恵を感じ始め、それは年々大きくなるとラングレンは予想している。

アメリカの農家の大半は、ラングレンの農場を農場だと認めないかもしれないが、それは収益を上げており、また生命に満ちあふれている。農場の草原の端に立っていると、宙を舞うトンボが目を引きつけ、生き物たちの立てる音は耳に満ちる。われわれが現代農業を、まるで生命が欠けたもののようにしてしまったのはどうしてかと、ラングレンは自問した。それに答えるかのように、橙色と黒の羽を閃《ひらめ》かせたチョウが、そよ風に乗って高く昇っていった。

ラングレンがサウスダコタ州のＢｔトウモロコシの種子、除草剤抗菌剤にかかる標準的な一エーカー〔約〇・四ヘクタール〕あたりのコストを計算したところ、総計は一六七ドルと推定された。四〇〇エーカー〔約一六二ヘクタール〕の農場なら、農薬に年間約六万七〇〇〇ドルかかることになり、州の世帯年収の中央値より一万ドル多い。サウスダコタの農家は、子どもを農場に呼び戻すことのできる第二の収入にも等しいものをドブに捨てていることになると、ラングレンは考えている。

そうする代わりに彼らは、それだけの金額をすべて農薬の販売業者を通して大企業に渡しているのだ。それどころか大半はもっとたくさん払っている。サウスダコタの平均的な農場の面積は一四〇〇エーカー〔約五六七ヘクタール〕を超える。エーカーあたり一六七ドルは、平均的な農家で一年にざっと二五万ドル近くという計算になる。サウスダコタには三万の農場があるので、ラングレンが不必要と考える害虫駆除費用が、州内で年間数十億ドルにのぼる。

どうしてこんなことになったのか？　ラングレンはこう指摘する。「窒素肥料がモノカルチャーへの道を開いた。いったんモノカルチャーを始めてしまうと、生産性を維持する手段は農薬しかないのだ」。そしてこれが終わりのない農薬依存への下地となり、農薬の業者は農家から代金を徴収し続けることができる――いわば農家から収穫しているのだ。年に二五万ドル余分な収入があったら、サウスダコタに限らずアメリカ中どこでも、農家の暮らしはどんなに楽になるだろうか。リジェネラティブ農法はコストゼロというわけではないが、被覆作物の種のようなものの投入コストは、慣行農法に必要な出費に比べれば微々たるものだ。

こうした事例をざっと挙げてから、ラングレンは先日見た映像の話に触れた。その中でペンシルベニアの農家がこう言っていた。「毎年私は、八五万ドルを稼ぐために八〇万ドル借金をしている」。いったいその八〇万ドルはどこへ行ってるんだと、ラングレンは問う。「農家は五万ドルしか手にしていない。農場の生物多様性をなくしてしまうと、それを何かで埋め合わせなければならない。その生物多様性は何らかの役割を果たしていたのだ。それは農場の働き者だったのだ。それがなくなってしまえば、小細工で代用するしかない――だがそれはうまくいかないのだ」。そしてまた大変な費用もかかる。

スーフォールズ空港に戻った私たちは、壁いっぱいに描かれたリンドウの絵の前を通り過ぎた。この華やかなパブリックアートは、土地を世話することは美しいと説いたアンディ・ウォーホルの警句を思い起こさせた。しかし、あの挑発者を自任していた画家の言葉も、まだ十分とは言いがたいかもしれない。よりよく土地を世話するには、よりよいウシの世話――そして人間の世話――が必要なのだ。

第11章 地の脂《あぶら》

私には、人間が家畜を飼っているというよりは、
家畜が人間を飼っているように思われてならない。
――ヘンリー・デイビッド・ソロー（『森の生活』飯田実訳 岩波書店）

マイクロバイオームの大部分を収めた生態系

食料品店で牛乳を探すのは、近年かなり面倒なことになってきている。私たちの親世代が若かったころは、二つか三つのブランドから選べばよかった――選択の余地があればの話だが。牛乳は牛乳でしかなかった。それは地元の、あるいは地方の酪農場のもので、ウシは主に草を食べていた。私たちが育った一九七〇年代には、牛乳はまだ食料品店の乳製品の棚で幅を利かせていて、脂肪量の違うものから選ぶことができた。今では、牛乳、クリーム、ハーフ・アンド・ハーフ（牛乳とクリームを半分ずつ混ぜたもの）を乳製品売り場で探すのに、他のさまざまな「ミルク」――豆乳、ココナッツミルク、ヘンプミルク、アーモンドミルクなど――をかき分けなければならない。

人工乳製品は、一世紀にわたって進んできた、牧草地で生の草を食べたウシから搾った牛乳離れの最新段階を象徴するものだ。牧草飼育の牛乳からの方向転換で、われわれは何を失ったのだろうか？　それは喧伝されている以上のものだ。工業化された畜産業は、安価な穀物とエネルギーに頼って効率よく生産するように最適化したからだ。しかし、必ずしもこのようにしなくてもいい。牛乳と肉の栄養価を高めながら、畜産の環境負

生き物と人間社会の本

先生、シロアリが空に向かってトンネルを作っています!

鳥取環境大学の森の人間動物行動学

小林朋道［著］　1600 円 + 税

先生！シリーズ第 18 巻！

子モモンガの協力で「フクロウに対する忌避反応」を証明し、地球を模した「ミニ地球」内でヤマトシロアリを発見。

都市に侵入する獣たち

クマ、シカ、コウモリとつくる
都市生態系

ピーター・アラゴナ［著］
川道美枝子ほか［訳］　2700 円 + 税

人工的な都市が思いがけず野生動物を引き寄せることになった理由を歴史的に振り返り、共生への道を探る。

脳と心の本

脳を開けても心はなかった

正統派科学者が意識研究に走るわけ

青野由利［著］　2400 円 + 税

ノーベル賞科学者に代表される正統派科学者が、脳と心の問題にハマるのはなぜか。分子生物学、脳科学、量子論、複雑系、哲学、最先端の AI まで、意識研究の近未来まで展望。

脳科学で解く心の病

うつ病・認知症・依存症から
芸術と創造性まで

E・R・カンデル［著］大岩（須田）ゆり［訳］　須田年生［医学監修］
3200 円 + 税

ノーベル賞受賞の脳科学の第一人者が心の病と脳の関係を読み解く。

林業と人間

広葉樹の国フランス

「適地適木」から自然林業へ

樹盗 **森は誰のものか**

リンジー・ブルゴン［著］門脇仁［訳］

林政策から拡大造林の影響が続く日本との比較まで、全体最適の森に向けた広葉樹林業を紹介する。

……地域社会の奥深くに暮らす樹盗。陰謀、犯罪、森林の内部に隠された複雑性へのスリリングな旅。

地域森林とフォレスター

市町村から日本の森をつくる

鈴木春彦［著］　2400円＋税

フォレスターとして必要な基礎技術や具体的な先進事例など、地元・現場に近い市町村林務独特の体制を作る方策を詳述。20年の経験に基づいて明快に書きおろした。

樹木の恵みと人間の歴史

石器時代の木道からトトロの森まで

ウィリアム・ブライアント・ローガン［著］
屋代通子［訳］　3200円＋税

1万年にわたり人の暮らしと文化を支えてきた樹木と人間の伝承を世界各地から掘り起こし、現代によみがえらせる。

石と化石の本

深掘り誕生石

宝石大好き地球科学者が語る鉱物の魅力

奥山康子［著］　2400円＋税

63年ぶりに日本の誕生石に新たに10種が加わった。美しさと希少性に加え、傷ついて美しさが損なわれない堅牢性を兼ね備えた鉱物である宝石たちを、鉱物の研究に長年携わってきた著者が、科学的な視点で解き明かす。

採集と見分け方がバッチリわかる アンモナイト図鑑

守山容正［著］　2700円＋税

アンモナイト王国ニッポンの超レア化石をカラーで紹介！　写真とともに科ごとのアンモナイトの同定ポイントを詳しく説明。これを読めばアンモナイトの見分け方がわかるようになる。

価格は、本体価格に別途消費税がかかります。価格は2024年5月現在のものです。

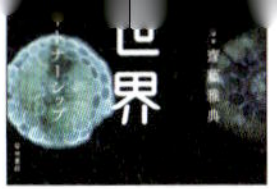

をもたらさない相手には容赦なく制裁を加えるシビアな世界を、気鋭の研究者12名が紹介する。

表する菌根研究者7名が多様な菌根の世界を総合的に解説する。

科学と人間社会の本

計測の科学 人類が生み出した福音と災厄

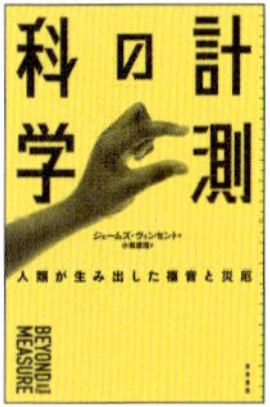

ジェームズ・ヴィンセント［著］

小坂恵理［訳］　3200円＋税

計測が、私たちの世界経験とどのように深くかかわっているかだけでなく、計測の歴史が、人類の知識の探究をどのように包み込み、形作ってきたかを、余すところなく描く。

再現！ 古代ビールの考古学

化学×考古学×現代クラフトビールが醸しだす世界古代ビールを辿る旅

パトリック・E・マクガヴァン［著］

きはらちあき［訳］　3000円＋税

世界の遺跡に残る残渣を手がかりに、考古生化学者とクラフトビール醸造家が再現に挑戦する。醸造レシピ付き。

僕が肉を食べなくなったわけ

動物との付き合い方から見えてくる僕たちの未来

ヘンリー・マンス［著］　三木直子［訳］

2900円＋税

人間とすべての生き物の関係を、アニマルライツ、疫学、生態系保全の視点も踏まえて描く21世紀の非・肉食論。

庭仕事の真髄 老い・病・トラウマ・孤独を癒す庭

スー・スチュアート・スミス［著］

和田佐規子［訳］　3200円＋税

人はなぜ土に触れると癒されるのか。庭仕事は人の心にどのような働きかけをするのか。庭仕事で自分を取り戻した人びとの物語を描いた全英ベストセラー。

荷を下げることは可能だ。まったく違ったやり方で動物を飼育すればいいのだ。

反芻動物《ルーミナント》――ウシ、ヒツジ、ヤギなど――は世界中で昔から営農体系の中心だ。英語のルーミナントはルーメン、すなわち第一胃から来ている。過少評価されているが、この種の草食動物にとって重要な臓器だ。第一胃は人間の役にも立っている。人間が消化できない草や木の葉を、消化できる肉やミルクに変えるのだ。

第一胃は実は胃ではない。胃はものを溶かすところだ。第一胃は反芻動物のマイクロバイオームの大部分を収めた生態系だ。他の生態系と同じように、多様な定住生物を支えるさまざまな生息地を、物理的地形が作り出している。軟骨の頑丈な隆起が第一胃に強度と形状を与えて、独立した区画を作り、それは発酵活動と、数兆の微生物が胃液、唾液、半ば噛み砕かれた植物の海を渡る動きを助ける。その微小な住人たちに混乱を起こしたり、違う食べものを与えたりすると、それは行動を変え、宿主の体内で作るものを変える。そして第一胃で起きることは、反芻動物にも起きる――さらには牛乳の栄養価にも。

第一胃の大きさは、一般に動物の大きさに対応している。ウシを例に取ろう。標準的な大きさのビール樽には約六〇リットルが入る。これにもう一つ樽を足した約一二〇リットルが、小さな牛の第一胃の大きさだ。もう一つ樽を足して、そこにグラウラー〔容量約二リットルの通い瓶〕を何本か加えたものが、最大クラスの第一胃で、約一九〇リットルになる。

科学者は一世紀にわたり、多種多様な家畜の品種で第一胃を調べてきたが、この生命と力のみなぎる場所について、まだ完全にはわかっていない。その研究は難しい。微生物叢と反芻動物の食餌との関係は、絶えず変わっていくからだ。日ごと、季節ごとに、何もかもが厳密には同じではないのだ。反芻動物が相当な量のタンパク質をどのように得ているかは、この力をある程度説明している。細菌の身体はタンパク質に富み、したがってそれが死ぬと、第一胃から流れ出て、消化管の下部でアミノ酸に分解される。反芻動物は、このアミノ酸を利用して自分の体を構成するタンパク質を作り、その一部は人間が消費する牛乳や肉になる。

反芻動物は体内の微生物を利用して、生きた植物、特に若く盛んに生長しているものからエネルギーを取り出すように進化した。あとで見るように、新鮮な飼い葉はウシの健康にいいだけでなく、人間が食べる肉や乳製品の栄養プロファイルの向上にもつながる。しかしそもそもそのような食餌を、ほとんどのウシはもはや食べていない。今や進化によって決定された適量以上に穀物を食べている動物は、人間だけではないのだ。

脂肪が人体を支配する

第一胃の微生物叢は、反芻動物が食べたものを何でも発酵させ、二種類の主要な副産物——ガスと脂肪酸——を生成する。反芻動物の食餌はガスの生産と、乳や肉の一部となる脂肪の種類に影響する。ガスの大半を占めるのはメタンと二酸化炭素だ。第一胃にいっぱいに充満すれば、動物は死ぬこともある。そこで反芻動物は単純な解決策を取る——げっぷだ。発酵によるもう一つの主要副産物、脂肪酸は第一胃を出て、反芻動物が必要とするエネルギーの大半を供給する。この脂肪が、肉や乳製品を食べたわれわれの身体の一部となるのだ。

こうしたつながりがヒトの健康におよぼす影響を理解するためには、脂肪酸についてもう少し詳しく見てみるといいだろう。考慮すべき細かな点はたくさんあるが、脂肪酸の生化学的本質はきわめて単純だ*。二つ以上の脂肪酸をつなげると、脂肪になる。単体の脂肪酸が反芻動物の体内で、重要な生理活性を促進する場合もあれば、完全な脂肪分子が必要となる場合もある。たいてい、この二つの用語は交換可能なものとして使われる。

脂肪酸鎖の長さは炭素数が二個から二〇個以上まで幅がある。短鎖脂肪酸は生体の基礎的機能のエネルギーを供給する——植物を肉の筋肉組織に変え、乳腺を刺激して乳を作らせるのだ。第一胃の微生物叢は短鎖脂肪酸を自分自身に都合よく変えることができ、たいていは長くする。長くなった鎖はそれから栄養のパッケージの一部となって、反芻動物とその肉や乳を摂取した人間の健康を支える。

脂肪とそれを構成する脂肪酸は、信じがたいほど多様な分子の一団だ。たとえば牛乳には、約四〇〇種の種類が異なる脂肪酸が含まれ、そのうち十数種が乳脂肪分として特に多い。

脂肪の生物学的影響は二つの基礎的な化学的特徴――炭素鎖の長さと、水素原子が炭素に結合しているかどうか――に左右される。第二の特徴は、どこかで聞いたことのあるようなものと関係している――飽和脂肪だ。水素原子が炭素鎖上の炭素原子すべてに結合している場合、脂肪は完全に飽和しているとされる。このため飽和脂肪はどちらかといえば、少なくとも化学的な意味では、面白いものではない。他の原子がやってきたとき、結合する場所が炭素鎖にないので、反応性が高くないのだ。

これがなぜ問題なのか？　反応性の高い脂肪ほどできることが多く、もっとも反応性が高いのはもっとも飽和度が低いものだ。そのような脂肪は多価不飽和脂肪酸（ＰＵＦＡ）という別名で呼ばれているのを、読者も聞いているかもしれない。植物性食品にも動物性食品にも入っており、またよく使われているベニバナ、ヒマワリ、ダイズなど植物の種子を搾った食用油にも含まれる。一価不飽和脂肪は、飽和していない部分が炭素鎖に一つだけあるもので、多価不飽和脂肪酸に比べて反応性が高くない。オリーブ油がこのタイプの脂肪だ。最適な健康状態のために、人間には飽和脂肪と不飽和脂肪の両方が必要だ。

炭素鎖の長さに関しては、もっとも長いもの――一八個以上――がヒトの健康に特に重要な役割を果たす。そうしたＰＵＦＡの中の二つ――オメガ3とオメガ6――は、炎症および慢性疾患との関連が幅広く研究され

＊脂肪酸は鎖のような形をしており、炭素原子が「環」を形成している。メチル基（CH_3）が鎖の片方の端に位置し、もう一端にはカルボキシル基（ＣＯＯＨ）がある。

ている。この話題はあとでもう一度取りあげるが、この二つはPUFAであるため、すでに述べたように他の分子と容易に反応する。

オメガ3とオメガ6の名前に付いている数字は、炭素鎖上で最初に水素原子のない位置を示している。炭素鎖上のこのような開かれた場所は二重結合を持つ。オメガ3脂肪酸は、このような二重結合が炭化水素鎖の末端から数えて三つめの炭素原子の直後にある。オメガ6では、最初の二重結合が六つめの炭素原子のあとに来る。この単純な相違が、この二種類のPUFAのはたらきに大きな違いをもたらす。

われわれには脂肪に対して、腹や背中にぼてぼてと付いたものという先入観があり、そのため脂肪が人間の免疫系、循環器系、神経系に重要な役割を果たしていることが見えにくくなっている。その多様な化学的性質から生まれる生理活性の幅広さも、やはり主に炭素鎖の長さと飽和度の高さから来ている。

これがもっとも顕著な場所は、人体を構成する数十兆個の細胞一つひとつを包む細胞膜だ。あらゆる細胞膜は大きな課題に直面している。水やブドウ糖からファイトケミカルまで幅広い分子が細胞に入り、老廃物が出ていくように、それは流動性を持ち、柔軟で、即座に反応しなければならない。しかし同時に細胞膜は、内容物が外にもれ出さないように強靱でなくてはならない。そして自然が生んだ脂肪の化学的多様性こそが——飽和であれ不飽和であれ——細胞膜がうまく機能するための基礎なのだ。いずれも役割があるが、多すぎたり少なすぎたりすれば健康を損なうことがある。

細胞膜の脂肪はもう一つ重要な機能を持っている。免疫細胞が炎症を調節する分子を作るために使う必須の物質を貯蔵することだ。さらに、脂肪は視覚や認知のような基本的な機能を調整し、まとめるメッセンジャーのようにはたらく。脂肪がどう機能するか（あるいは機能しないか）は、食物から取り入れた分子が人間の身体、精神、健康に深く影響することをきわめて明確に例証している。

人体内の脂肪の構成に影響を与えるものは何だろうか？　答えは、驚くまでもないが、われわれが食べる動物性・植物性食品に含まれる脂肪だ。そしてその脂肪構成は、今度は家畜が食べたものや作物の栽培方法に左右される。特に反芻動物にとって、食べる植物の種類——枯れた草か生きている草か、葉か種子か——と、それを第一胃の微生物叢がどのように改変するかが、われわれが食べ、最終的にみずからの血肉になる乳製品と肉の脂質特性《プロファイル》をおおむね決定づける。この単純な事実が人間すべてを、土地と、作物や牧草地の下にある土壌の健康と結びつけている。

地の脂が乳となり人間になる

地の脂がどのようにして人間になるかは、簡単な事実から始まる。われわれ哺乳類は乳を飲む。これが哺乳類の定義だ。この事実がヒト、ヒグマ、ウサギ、ウシを、地球上に棲む他のあらゆる哺乳類と、それぞれの母親を介して結びつけている。母親の乳腺は脂肪分に富む乳を作り、分泌する。母乳は乳児に、生命に活を入れる物質を豊富に与える。そして乳腺ほど脂肪を大量に作り出すものは他にない。

遺伝子は哺乳類の乳に含まれる脂肪の量を決定する。北極圏に棲むズキンアザラシを例に取ろう。そのミルクの約六〇パーセントが脂肪であるのは偶然ではない。脂肪はエネルギーを大量に蓄えており、それは温血動物であるアザラシの子どもが、地球上でもっとも寒い地域で成長するために必要なものだからだ。

脂肪含有量のわずかな違いが、乳製品に大きな違いをもたらすこともある。ぜひともジャージー牛かガーンジー牛の牛乳で作ったアイスクリームを味見してほしい。どちらも小柄なウシで、淡黄褐色や赤褐色など茶系の色をしている。その乳脂肪分はウシの中で上位に属し、五パーセントほどだ。

それからホルスタインの牛乳で作ったアイスクリームかチーズを試してみよう。ホルスタインは見間違いようがない。アメリカでもっとも大きくてもっとも一般的な乳牛で、白地に黒か赤茶色のパズルのような形の洒落ちた斑入《ふい》りの毛色が目立つ。ホルスタインの牛乳の脂肪含有量はウシの中でも少ないほうで、約三パーセントだ。そのため乳製品にすると、ジャージーやガーンジーの牛乳で作ったものに比べて、あまり濃厚でなく味が薄い。ヒトの母乳の脂肪分も三パーセントから五パーセントの範囲に収まることから、ウシがヒトの文化と食べものにこれほど深く根ざしている理由がわかる。

育種家はアイスクリームの質（あるいは味）にさほど関心がない。彼らの目標は主にウシに多くの乳を出させることだ。ホルスタインの生物学的特性がそれに都合がよかった。脂肪生産に向けるはずのエネルギーを、脂肪分が少ない牛乳をより多く作ることに回すのだ。ホルスタインがたいていの大規模な酪農場で好まれている理由がこれだ。牛乳を量産することにかけては、地球最大の乳牛の乳房にかなうものはない。

とはいえやはり、反芻動物のミルクは栄養価の高いものだ。栄養のパッケージとしてヒトの食べものでこれに迫るものはほとんどない。それは完全なタンパク源、つまり人体が必要とするが体内で合成することのできない九種類のアミノ酸を含んでいるのだ。牛乳は水溶性のビタミンB群、脂溶性のビタミンAとEも豊富に含んでいる。身体を作るミネラルとしては、牛乳にはカルシウム、マグネシウム、リンが比較的多く、また亜鉛とセレンも、ある程度入っている。そして穀物や野菜と同じように、牛乳に含まれるビタミンとミネラルにも、土壌の健康、ウシの餌にする牧草や作物の栽培方法を反映して変動がある。また、牛乳と肉の脂肪とファイトケミカル含有量も、ウシが食べたものを反映しているのだ。

こうしたことがなぜ重要なのか？　牛乳や肉の脂肪のバランスと組成は、反芻動物が高度に加工された枯れた植物を食べた場合と、牧草地で生きた植物を食べた場合とでまったく違うからだ。この枠組みを通して見ると、旧来のやり方でウシを育て給餌することは動物の健康に、そして肉と乳製品を食べる人間の健康に影響する。

トウモロコシを食べるウシ

第二次世界大戦前、世界中の乳牛は、天候が許すかぎり牧草地で草を食べていた。ウシたちは搾乳場を出て牧草地まで歩いていき、生の草を食べ、植物界を自分にも人間にも栄養となるものに変えた。同時にウシの糞尿は土地を肥やした。

ウシの食餌が変わったのは、人間が、ウシを牧草地から引き離して、枯れた植物と栄養価の高い種子——特にトウモロコシとダイズ——からできた飼料を与えようとしたときからだ。種子には、若い植物が好調なスタートを切れるようにするための、多量の貯蔵エネルギーが詰め込まれている。この新しい高エネルギー食は、牛乳生産を促進し、牧草地で草を食べさせるよりも肥育を速くした。

この転換の原動力は何だったのか？　安価な化石燃料と穀物生産量の増加が相まって、収穫・加工・長距離輸送のコストが下がった。一九六〇年代には、アメリカの農家はありあまる量のトウモロコシを栽培しており、そのトウモロコシを高度に加工して炭水化物に富むウシの飼料にするほうが、生の牧草を食べさせるより安上がりになった。それに屋内で飼えば、日常的にウシを放牧場から搾乳場に移動させ、また牧草地に戻すための費用と手間を農家は省くことができる。一頭あたりの牛乳生産量を上げることを期待して、ヨーロッパでも北米でも大規模な屋内飼育場に乳牛の群れが収容されるようになった。

育種家は、一頭あたりの乳生産高を最大にするため、大きなウシを選抜した。このウシの身体は、放牧では維持できないほど大きくなった。高性能牛を詰め込んだ生産性の高い酪農場では、工場を動かし続けるために、エネルギー密度の高い濃厚飼料——主にアメリカではトウモロコシ、ヨーロッパではダイズ——というハイオクタン燃料に頼った。

対照的に、放牧中心の酪農家は、繊維質とファイトケミカルが豊富な牧草や、その他の生の飼い葉で元気に育つ小型のウシを好んだ。放牧牛は牛乳生産量は少ないが、農家が飼料に出費する額は少なく、一般にウシ一頭あたりではなく面積あたりの牛乳生産量を最大にしようとしていた。草がよく茂る肥沃な土地を持つ農家は、多くのウシを飼い、一頭あたりの生産量が低くても埋め合わせることができた。この二つのウシの生活――屋内で暮らし大量の枯草と単糖類を食べるか、屋外で暮らし放牧地の植物を食べるか――は、土壌、ウシ、牛乳の脂質プロファイルに決定的な違いをもたらした。

地理的な影響もあった。ウシなどの反芻動物は、生草を一年中食べられる温帯気候――ブリテン諸島、ニュージーランド、カリフォルニアなどが思い浮かぶ――に適応している。大陸性あるいは山岳性気候の地域では、一年を通じての放牧が現実的でないので、冬のあいだ家畜は屋内に移され、春が来て屋外の暮らしに戻るまで保存飼料（梱包乾草など）を食べていた。

今日、アメリカの乳牛の大多数は一年中屋内で生活しており、そのうちざっと三分の一は、五〇〇頭以上が収容された環境にいる。大規模な屋内酪農場への流れはヨーロッパでも受け入れられ、放牧はここ数十年で減少している。オーストリア・アルプスでは、農地の半分が伝統的に牧草地にあったが、現在では乳牛の五頭に四頭以上が屋内飼育だ。限られた季節にせよ放牧されるものは五分の一に満たない。ウシを山岳地帯であちこち移動させるのには、労力と混乱が付き物なので、屋内での牛乳生産はいっそう魅力的なものに捉えられた。現在ヨーロッパ諸国は、年間数百万トンのダイズ原料の飼料を、かつて生の草を食べていたウシに与えるために輸入している。アメリカやヨーロッパの大半とは対照的に、アイルランドとニュージーランドの乳牛の多くは、今も牧草地の生の草を主な餌としている。

牧草飼育《グラスフェッド》の酪農場では、太陽が草を育て、それをウシが収穫・加工し、牛乳として中央の集荷場に運ばれる。一方濃厚飼料では、飼料を栽培・収穫・加工し、それから屋内の施設に閉じ込められたウシに与えるのに、多くの燃料と化学肥料が必要となる。後者のやり方では労力が大きく、はるかに多くの化石燃料を使い、無料の天然肥料である反芻動物の糞を、悪臭のする廃棄物に変えてしまう。それでもトウモロコシ、ダイズ、エネルギーが安価であるかぎり、濃厚飼料は一頭あたり最大の牛乳を生産し、利益を出すことができる。進歩が続くにつれ、ウシは屋内へと移されていった。

年間を通じての屋内飼育と濃厚飼料給与への転換を促した主な経済的要因は、乳価と穀物原料飼料のコストとの比率だ。乳価が濃厚飼料価格に対して高い水準にとどまっているところでは、放牧はほとんど行なわれていない。乳価が維持され、安価な穀物には補助金が支払われているアメリカのように。対して、乳価が穀物原料飼料と比較して低い水準にあるところでは、乳牛の放牧が続けられる傾向にある。一九五〇年代以降アメリカの農業政策は、穀物生産を最大化し、安価な加工食品を作るための換金用トウモロコシとダイズの価格を低く抑えることを追求してきた。このやり方はこの上なく成功した。

アメリカでは一九五〇年から二〇〇〇年までのあいだに、トウモロコシの平均収量は四倍になった。これをどうするのか？　ウシと人間に食べさせるのだ。同じことがダイズでも起きた。大豆油は現在、世界の食用油消費量のほぼ半分を占める。飛行機で中西部の上空を飛ぶと、窓から見える景色はほとんどがトウモロコシ畑とダイズ畑だ。あいにく、ウシに安上がりな屋内生活をさせるという思いつきは、ウシの健康と乳製品の（そしてあとで見るように肉の）健康増進効果を損なうことが多かった。

こうした新しい問題が起きたのは、一つにはこのような食餌や生活の変化が、すべての反芻動物の健康を促進する要である第一胃の微生物にどのような影響があるか、検討しようとする者がほとんどいなかったからだ。繊維とファイトケミカルが豊富な生の植物の食餌から、穀物主体の食餌に切り替えることでpHが変わり、第一胃に混乱が生じて動物が死ぬこともある。当時の畜産学雑誌に掲載された研究や記事の多くが、濃厚飼料への転換に伴う消化、繁殖、母体の健康などおびただしい数の問題に注目していたことが何よりの証拠だ。効果がわかっている解決法——野外で生の草を食べさせること——は、確認された健康問題の解決法として取りあげられることはめったになかった。反芻動物の生態が、恐竜が死に絶えたすぐあとから約五〇〇〇万年かけて磨き上げ、調整し、試されたものであることなど誰も気に留めなかったのだ。

工業化が畜産業を変貌させるにつれて、生きた植物が家畜の飼料に占める割合は縮小していった。反芻動物が、自分自身の身体に備わった知恵で何を食べるか決める代わりに、人間はその猿知恵で思いついたありとあらゆるものを食べさせようとする。ミカンの皮のような果物の屑は食べるだろうか？　醸造粕はどうだろう？　種子から油を搾った滓は？　ボール紙をリサイクルしたものは？　畜産学者は、牛乳をできるだけ多く、肉をできるだけ速く生産するための安い飼料をこぞって探していた。

今日、アメリカの乳牛のほとんどは、完全混合飼料《TMR》（Total Mixed Ration）を食べている。アメリカ陸軍が開発した戦闘糧食《MRE》――「Meal, Ready-to-Eat」（調理済みの食事）――の反芻動物版だ。だが、重要な違いがある。タンパク質、炭水化物、脂肪、ミネラル、ビタミンを計算して配合したウシのＴＭＲには、多くの場合、食欲増進剤、抗生物質、成長ホルモンが含まれている。

ＴＭＲのカロリーの部分に関しては、だいたい大量のトウモロコシとダイズ、またもちろんオオムギとオートムギからできており、そのすべてがオメガ6脂肪酸に富む*。ＴＭＲ主体の餌を食べるウシは、かつてよりも多量のオメガ6脂肪酸を摂っていることになる。だから人間がそうしたウシの肉や乳を消費するとき、オメガ6脂肪酸がわれわれの食物の中に、さらにはわれわれの身体を構成する細胞膜や組織に加わる。

ヒトの食事中のオメガ6脂肪酸でもっとも多くを占めるリノール酸（ＬＡ）と、オメガ3脂肪酸ではもっとも多いα-リノレン酸（ＡＬＡ）の摂取を、われわれはもっぱら食物に頼っている。この二つの脂肪酸は、その重要性から栄養素の中でも特別な名称――必須脂肪酸――で呼ばれている。人体内で作ることができないからだ。反芻動物の食べたものが、人間の身体になる。そして、正常で効果的な免疫反応を起こすためには、どちらか片方だけでなく両方のタイプの脂肪酸が必要だ。しかし、ウシの餌がＴＭＲに切り替わると、牛乳と肉はオメガ3よりもはるかに多くのオメガ6をヒトの食物に送り込むようになった。

食餌で変わる牛乳の中身

前に述べたように、動物のゲノムは乳に含まれる脂肪の総量をだいたい定めている。だが脂肪の種類にはかなり変動がある。品種が同じなら、TMRを与えたウシが作る牛乳は放牧牛のものと比べると、乳脂肪含有量は低いが、飽和脂肪酸の割合は高い傾向にある。乳牛の食餌に生の草が増えるほど、牛乳に含まれる不飽和脂肪酸の割合は増え、したがって飽和脂肪酸の割合は減る。そして、放牧された牧草飼育のウシの牛乳には、TMRを与えられた屋内飼育のものに比べてオメガ3が多く含まれ、オメガ6が少ないことが、大量の科学文献に記録されている。

ウシの食餌が牛乳の脂肪構成に影響することを畜産学者は以前から知っていたが、二〇一三年、二種類の異なる餌を食べた乳牛に限定して着目した、きわめて広範囲にわたる徹底的な研究が行なわれた。一方の餌は有機牛乳の国の基準を満たしていた。その基準によれば、乳牛は少なくとも餌の三〇パーセントを認定された有機牧草地から摂ること、一年を通じて屋外に出ることができ、また年間少なくとも一二〇日は放牧されていることが求められていた。有機牛乳の生産には穀物ベースの飼料（有機栽培作物を使ったもの）の給与が認められており、この研究ではウシの年間の食餌の五分の一を占めていた。

慣行飼料を与えたウシは生草をほとんど、またはまったく食べていない。したがって、慣行牛乳と有機牛乳

＊すべての種子油にオメガ6脂肪酸が豊富とは限らない。キャノーラ油は、他のほとんどの種子油と比べるとオメガ6脂肪酸量が低い。また亜麻仁油の脂肪酸構成はオメガ3が多い。

を比較するために計画されたものではあるが、この研究は間接的に牧草を主にした飼料とＴＭＲの違いを問題にしていた。

研究者は一年半のあいだに、アメリカ全土の七つの地方から四〇〇近い牛乳のサンプルを集めた。半分と少しが有機酪農場からのサンプルで、残りが慣行酪農場のものだった。平均すると、有機牛乳には慣行牛乳に比べてオメガ3が三分の二多く、オメガ6が四分の一少なかった。

もし乳牛が国の有機認証基準の要求を超えて、さらに多く生の植物を食べたとしたら、これらの脂肪の違いはもっと大きくなるのだろうか？　この疑問をきっかけに、二〇一八年に追跡研究が行なわれた。それは先の研究の結果と、「グラスミルク」*——主に生きた植物を食べたウシの乳——の一〇〇〇を超えるサンプルの脂肪構成を比較したものだった。グラスミルクは有機牛乳の一・五倍オメガ3を含んでおり、コップ一杯のグラスミルクと同じ量のオメガ3を慣行牛乳で摂ろうと思ったら、二杯半飲まなければならなかった。

これらの結果は、反芻動物の食餌を変えると、乳に含まれるオメガ6とオメガ3の濃度がどのように変動するかを調査した他の研究と一致している。一般に、屋外での放牧の時間が長くなるほど、オメガ3が増える。反対に、コーンサイレージ（枯葉、茎、トウモロコシを混ぜたもの）の消費が増えると、穀物主体の濃厚飼料と同じように、オメガ3が減りオメガ6が増える。七八件の研究を対象にしたあるレビューでは、通年放牧から濃厚飼料主体の屋内給餌まで、さまざまな給餌法で飼育されたウシの乳の脂肪酸構成を比較し、基本的なオメガ6（リノール酸）とオメガ3（α-リノレン酸）の含有量は、ウシが食べたものを直接反映していると結論した。言い換えれば、牛乳のオメガ3含有量を増やし、オメガ6とオメガ3のかつての比率と釣り合いが取れるようにするもっとも単純な方法は、牛を放牧することだ。

枯れた植物や穀物主体のＴＭＲでなく、生の植物が豊富な餌を食べたウシの乳のオメガ3含有量が多いのは、人間と同様に家畜も、必須脂肪酸のオメガ3とオメガ6を合成できないことと関係している。では家畜はそれをどこから取り込んでいるのだろう? 地の脂、地球を覆う青草からだ。生きている植物は、陸上では最大の天然不飽和脂肪酸供給源なのだ。基本的なオメガ3であるα-リノレン酸は木の葉や草に含まれる脂肪の半分以上を占める。だから牧草の若葉やその他の植物の葉を、ウシがむしゃむしゃと食べるとき、それは大量のα-リノレン酸をたらふく詰め込んでいるのだ。

オメガ3は光合成に欠かせない、つまり葉緑体に集中しているということだ。それは日光をエネルギーに変えるという化学の魔法を引き出す、植物細胞に特有の構造だからだ。葉緑体は葉の中に存在するので、生きている植物は動物が食べても食べても再生する不飽和脂肪酸の宝庫だ。

種子はもう一つの主要な植物性脂肪源だが、葉と違ってオメガ6が豊富で、そのため反芻動物にとってはまったく別の食べものだ。種子は貯蔵のために作られるのであって、光合成や、食べられたときすぐに再生するためではない。

種子には多種多様な脂肪が含まれているが、基本的なオメガ6のリノール酸が多い。穀物が多い食餌を摂取した反芻動物の組織は、リノール酸漬けになる。あとで詳しく見るように、オメガ6が多くオメガ3が少ない食物は、ウシにも人間にもよくない。理想的には、二つの釣り合いが取れているか、それに近いのが一番健康によい。グラスミルクではオメガ6/オメガ3比が一:一で、有機牛乳はオメガ6がオメガ3の二倍、慣行牛乳にはほぼ六倍含まれていた。

一般に、生の植物には、乾草やサイレージのような乾燥飼料よりも高濃度の脂肪が含まれている。これはつ

---

*グラスミルクは牛乳のブランドで、餌の少なくとも六〇パーセントを牧草から摂らなければならないと指定している。これはアメリカ農務省の有機認定基準による要求の二倍である。ただし二〇一八年の実験に使われたウシは、さらに多く、ほぼ完全に牧草主体の餌だけを摂っていた。

じつまが合っている。生きている植物は生長、結実、防御のためのエネルギーを生産するのに、葉緑体を多く必要とする。枯れると脂肪を含んだ葉緑体が壊れ、オメガ3は急速に分解され始める。乾燥飼料と乾燥していないものを比較した研究では、枯れた草は生の草より三分の一から半分、オメガ3が少ないことがわかっている。乾草のような保存飼料では、オメガ3が生の飼料の半分以下になる。これが、生き生きと育った緑の葉をたっぷりと食べたウシの乳と肉には、オメガ3が多くオメガ6が少ない理由なのだ。

切ったばかりの植物を俵状に梱包したベールをサイレージ化する（低酸素環境を作って、ある種の発酵菌が植物組織の分解を遅らせるような細菌発酵プロセスを経る）と、オメガ3の損失が低下する。これは植物に含まれるオメガ3などの栄養素を維持するのに役立つ。たとえばクローバーから作ったサイレージは、生の草よりも高いオメガ3含有量を示すことがある。だから、生の植物を食べるか枯れたものを食べるかだけでなく、あとで消費するためにどのような保存法を取るかが、いずれも牛乳と乳製品の栄養プロファイルを決定するのだ。

反芻動物のように、われわれ人間の食事も第二次世界大戦後に、オメガ3よりもはるかに多くのオメガ6を含むようになった。オメガ6増加の理由は主に、変質せず長持ちする種子油が食品加工業者に好まれているためだ。変質しにくい油脂は、長く棚に置かれる加工食品には理想的だ。だから加工食品に含まれるオメガ6に富む種子油は、アメリカの必需品となった。白米や精白小麦粉と同じように、保存を優先したことで期せずして栄養と健康を軽視する結果になったのだ。

オメガ6と共役リノール酸

だが、オメガ6を自分の——あるいは反芻動物の——食餌から完全に取り除いたほうがいいなどと考えるのは早計だ。基本的脂肪酸のリノール酸は、もう一つの脂肪酸、共役リノール酸（ＣＬＡ）の前駆物質なのだ。この特殊な脂肪は、肉と乳製品にだけ含まれている。そう、動物性食品にだけだ。なぜか？　第一胃に生息する特殊な細菌がＣＬＡの生産に関わっているからだ。＊ 動物性脂肪がヒトの健康に役立つという発想は、脂肪についての旧来の考え方に反するが、ＣＬＡには抗炎症作用があることがわかっている。乳製品がアメリカで消費されるＣＬＡの約四分の三を供給していることから、これは特に重要な意味を持つ。一九六〇年代から二〇〇〇年代初めまでに、ホルスタインの牛乳のＣＬＡ含有量が半分以上減ったことも合わせて考えてみたい。つまり、ホルスタインの牛乳を飲んでいる人は、同じ効果を得るために、今では二倍のカロリーを摂らなければならないということなのだ。

前に挙げた二〇一三年の比較研究では、有機牛乳はＣＬＡが慣行牛乳より平均して約五分の一多く、夏の放牧期にはＣＬＡがさらに五〇パーセント増えることがわかっている。二〇一八年の追跡研究では、グラスミルクには慣行牛乳と比べて二倍以上、有機牛乳の五〇パーセント以上多くのＣＬＡが含まれることが明らかになっている。

別の研究でも同様に、放牧牛の乳には、穀物とサイレージの混合飼料を与えたウシのものよりもＣＬＡが多いことが判明している。さらに、放牧に移行するとすぐに牛乳のＣＬＡ含有量が倍増し、放牧から屋内でのコーンサイレージ給餌に切り替えたウシには、一週間足らずで逆のことが起きた。

季節によってＣＬＡが変動し、春には濃度が高くなることを多くの研究が報告している。なぜか？　その頃

＊第一胃の微生物は、炭化水素鎖上の最初の二重結合の位置を一つ先に移動させて、オメガ7脂肪酸に変えることで、リノール酸（必須オメガ6脂肪酸）からＣＬＡを作る。この小さな変更は大きな差を生み、その作用を炎症作用から抗炎症作用へと反転させる。さらに、ＣＬＡの中には反芻動物の乳腺内で作られるものもある。ヒトマイクロバイオーム中のある種の腸内細菌もＣＬＡを生産する。

にグラスフェッドの乳牛の多くが、牧草地で草を食べ始めるからだ。これは意外なことではない。第一胃のCLA生成菌は、葉や茎の繊維で繁殖するからだ。ある研究では、放牧され、補助飼料を与えられていないウシは、典型的なTMRを給与されたウシと比べてCLAが五倍の牛乳を生産することまでわかった。そしてCLAは牛乳と乳製品の中で安定しているので、ウシが食べたものはわれわれに引き継がれるのだ。

スイスで行なわれた特に興味深い研究は、低地の牧草地で放牧されたウシと屋内飼育のウシとで、牛乳の質——および経済性——を比較している。放牧乳牛の乳は飽和脂肪酸が少なく、オメガ3脂肪酸が二倍、CLAが三倍含まれていた。一方で、屋内飼育の牛乳は、総脂肪含有量が多いので高値がつき、生産量が多いので高収入をもたらした。しかし、屋内飼育のウシからの収入が大きいといっても、それは機械類、サイレージ、トウモロコシの飼料のコストを賄うには足りなかった。低コストの放牧のほうが収益性は高かったのだ。市場でのプレミアムを別にしても、オメガ3とCLA含有量が高いグラスフェッド牛乳の生産は利益になった。現代の屋内飼育システムでは、農家は生産量が増えても利益は少なくなる。スイスの消費者が品質の低い牛乳を高い値段で買ったとしてもだ。

面白いことに、第一胃のあるパラドックスによってCLA生成は高まる。この生態系は、生きた植物の繊維を発酵させる細菌群を中心に回り、繁栄するが、リノール酸、α-リノレン酸、その他の多価不飽和脂肪酸の摂取量が高まると、重大な問題も発生する。こうした脂肪は、発酵菌が自身のエネルギーを作るための重要な代謝経路を阻害するのである。そこで細菌は、ある化学の技を使って状況を好ましいものに変える。このときCLAが生み出される。[*] このプロセスは反芻動物に大きな利益をもたらす。第一胃微生物群集の主要な構成員に、仕事を続けさせられるからだ。しかしこの特殊な細菌群が、急減あるいは消滅するようなことがあると、第一胃のpHが下がって酸のタンクのようになり、CLAが減少するだけでなく、宿主動物に際限のない苦痛と慢性的な不調を引き起こす。

一般的な治療——第一胃の微生物叢を抗生物質で全滅させるというもの——を行なうと問題が悪化し、慢性的な酸の過剰、アシドーシスを引き起こすことがある。これは反芻動物にとって特に深刻な健康問題だ。どうしようもなく混乱した第一胃は、ＣＬＡを活発に産生することができない。ということは牛乳（と肉）にもそれがあまり入ってこないということだ。

牧草飼育《グラスフェッド》と穀物飼育《グレインフェッド》の牛乳の脂質プロファイルに見られる他の大きな違いも、穀物が豊富な食餌で起きる第一胃の混乱で説明できる。ヨーロッパの研究で、デンマーク、イタリア、スウェーデン、英国の有機農家と慣行農家の牛乳を比較したところ、放牧されたか生草を食べたウシの乳のほうが、ＣＬＡとα－リノレン酸、抗酸化物質（ビタミンＥとカロテノイド）を最大二倍も、慣行飼料を給与されたウシのものに比べて多く含んでいた。この研究は、有機すなわち低投入型酪農経営のほうが健康な牛乳を生産できるが、その差の大部分は、有機農場では新鮮な餌への依存度が高いことによると結論づけた。

ポルトガル沿岸から一五〇〇キロ西に位置するアゾレス諸島で、ある有意義な実験が行なわれた。少量の濃厚飼料を補助として与えながらホルスタインを一〇日間放牧し、それから三週間、ＴＭＲと濃厚飼料に完全に切り替え、最後にもう三週間放牧に戻し、そのあいだ産生する牛乳の脂肪酸構成を追跡するというものだ。実験期間中、乳中の多価不飽和脂肪酸総量はあまり変わらなかったが、その組成は大きく変わった。ＣＬＡ含有量はＴＭＲを給餌しているあいだに三分の二低下し、放牧に戻すと一週間で元の水準に戻った。同様に、オメガ６／オメガ３比率は、最初の放牧のあいだ二：一を少し超えるくらいだったが、ＴＭＲ給餌のあいだに六：

＊第一胃での多価不飽和脂肪酸解毒プロセスは生物学的水素添加と呼ばれている。これには非常に役に立つ細菌であるブチリビブリオ・フィブリソルベンスが関係しており、多価不飽和脂肪酸の炭素鎖に水素を添加して、新種の脂肪を第一胃内に作り出す。その一つがＣＬＡである。

一に上昇し、再び牧草地に戻すと二：一を少し切るまでに戻っていった。

結局のところ、この生化学的な作用はかなり単純だ。乳牛にオメガ3が豊富な餌を与えれば、オメガ3の多い牛乳を産生するのだ。

バターとチーズとファイトケミカル

ウシの食べものは昔とは変わっている。だから牛乳も昔と同じではない。バターやチーズもそうだ。アイルランドで行なわれたある研究では、放牧されたグラスフェッドの乳牛とTMRを与えた乳牛とでバターの違いを調べる実験を設計し、グラスフェッドは栄養価を向上させることを確かめた。グラスフェッドのバターは二倍のCLAを含みリノール酸が半分だっただけでなく、ベータカロテンが多く血栓形成指数（血栓を誘発するリスクの指標）が大幅に低かった。特に注目すべきが、TMRのバターにはオメガ3がまったく含まれていなかったことだ。グラスフェッドのバターにはかなりの量のオメガ3が含まれ、色と風味もよかった。

放牧牛とTMR牛の乳脂質プロファイルの違いは、チーズにも引き継がれる。放牧牛とTMR牛を比較したアイルランドの別の研究では、食餌の違いがチェダーチーズの栄養組成、特性、風味に影響することがわかっている。放牧牛の牛乳からチーズを作ると、TMRを与えたウシから作ったものと比べてCLAとベータカロテンが二倍以上含まれていた。グラスフェッドのチーズは、基本的なオメガ3（α-リノレン酸）が二～四倍多く、基本的なオメガ6（リノール酸）が二分の一から三分の一で、動脈硬化指数や血栓形成指数も低かった。TMR飼育のチェダーチーズは白っぽく、グラスフェッドのものはベータカロテン含有量が高いので黄色みが強い。

同様に、季節によって放牧と屋内飼育を切り替えている農家で製造したイタリアンチーズの研究では、放牧のグラスフェッド牛乳は、オメガ3やCLAを含む不飽和脂肪酸をより多く生成し、飽和脂肪酸レベルと動脈硬化指数は低く、黄色みが強いことが判明した。放牧牛のチーズは健康によいだけでなく、訓練された鑑定士は、グラスフェッド牛乳が原料のチーズとTMR飼育のものとを確実に識別できた。さらに、放牧牛のチーズには、脂肪酸プロファイルの違いを反映したと思われる食感のよさがあった。

放牧牛乳には、ファイトケミカル、ビタミンAおよびEもTMR飼育の牛乳より多く含まれる。新鮮な草を食べると牛乳のベータカロテン量が高まることは、一九三〇年代から知られている。もちろん、餌が違えば含まれているカロテノイドやその他のファイトケミカルの量も違い、これが複雑因子になる。放牧がファイトケミカルとビタミンの濃度を高め、その抗酸化作用によって、脂肪の酸化で発生する有害な副産物を大幅に減らすことは注目に値する。

多くの研究で、放牧の季節にはウシが牛舎に閉じ込められてサイレージや濃厚飼料を与えられている時期より、牛乳のビタミンAとベータカロテンの値が高いことが報告されている。植物を刈り取ってしまうと、ベータカロテンの量は急速に減少し、場合によっては八〇パーセント以上が失われる。濃厚飼料の処理にはファイトケミカルを分解する加熱を伴うので、やはりさまざまなカロテノイドの量が低くなっている。

テルペンもファイトケミカルの一種で、抗酸化、抗炎症、抗腫瘍作用を持つ。その濃度は、多様な牧草で育ったウシのミルクやクリームでは、濃厚飼料を与えられたウシのものより数倍高い。また、牧草飼料のテルペン・プロファイルはチーズにも引き継がれ、風味に影響する。

同様に、牛乳に含まれるフェノール類の量も、反芻動物の餌に含まれる量を直接反映している。たとえばフラボノイドは、さまざまな牧草を食べたウシの乳にはコーンサイレージを与えられたウシの一〇倍、濃厚飼料を与えられたウシの二倍以上多く含まれることがある。

ウシを屋内飼育にすると、低下するのは味と香りだけではない。われわれは、自分たちの健康を支える物質を、うかつにも不足させてしまった。それはウシの健康のためにもならなかった。

乳牛の健康問題

酪農が屋内飼育と高エネルギー密度の飼料へと移行するにつれて、泌乳能力の高さに北米の畜産家の関心が集まるようになった。このため北米の乳牛の身体は、ニュージーランドのホルスタインと比べて、体重、泌乳期間のボディコンディション、乳量など、いくつかの根本的な部分で変わってしまった。北米のホルスタインは五〇〜一〇〇キロ重く、ボディコンディションが低い傾向にあり、*放牧されているニュージーランドの親類に比べて乳脂肪分とタンパク質の割合が低い牛乳をたくさん産生する。

体重の軽いウシは放牧生活に向いている。一つには、土をあまり踏み固めないので、雨天時に自分で自分の食物源を荒らすことが少ないからだ。また、ボディコンディションを保つためのエネルギーを、牧草から十分に得ることができる。一方、乳生産量を最大にするために品種改良された、もっと大きな北米のホルスタインは大量のエネルギーを必要とするので、放牧では食べる速度が追いつかず、良好なボディコンディションと健康を維持する量が摂取できない。このウシは品種改良によって、本来の性質を失ってしまったのだ。

高エネルギーの濃厚飼料の食餌で何とか生きていられるスーパー牛の登場は、酪農業界の進路を決定することになった。ウシが食餌由来のエネルギーの一部を第一胃の微生物と分け合ったり、放牧地を歩き回るためにエネルギーを費やしたりすることは、一頭あたりの乳生産量を最大化することを目指す業界では無駄と見なされた。一九五〇年以来、アメリカの乳牛の平均年間乳生産量は三倍になった。だが生産量が増える一方で、乳牛の繁殖力、体力、寿命は低下した。

人工授精技術があっても、ウシの不妊は屋内飼育中心の酪農場で大きな問題となっている。たとえば、かつて酪農で知られていたニューヨーク州では、最初の人工授精で妊娠に成功する平均確率が、一九五〇年代以降約三分の一低下している。一九七〇年から二〇〇〇年までのあいだに、ノースカロライナ州の乳牛が受胎するまでに試行する平均回数は、二回未満から約三回へと跳ね上がった。繁殖力を示すもう一つの側面が、乳牛が生涯に妊娠する回数だ。一九六〇年代には、アメリカの乳牛の平均値は四回未満に下がっていた。一九九〇年代にはそれが三回未満になった。ニュージーランドの牧草飼育のホルスタインは、北米のものに比べて高い受胎率を保っていた。TMRを給餌した屋内飼育ホルスタインの受胎率が落ちていることは、酪農業界が直面する最大級の困難であると近年考えられている。なにしろ子牛にこそ業界の将来がかかっているのだから。

受胎率の低下と共に、高泌乳牛を作り出したことで乳牛の寿命低下も起きている。最大量の牛乳を産生するために頑張ったウシは、長生きしなくなったのだ。乳牛は一般に二歳で出産する。それ以降、英国における乳牛の平均生産寿命（搾乳寿命）は、一九九〇年の四年から、二〇一〇年には三年に低下した。アメリカでは、二〇一〇年の乳牛の平均生産寿命は、二年半をわずかに超えるくらいだった。対照的に、ニュージーランドの放牧乳牛は、過去数十年、半数以上が生産寿命五年を超えている。数百の集団を対象としたデンマークの研究では、放牧期間が長いほど寿命も長いことがわかっている。

ウシの自然の寿命は一五年から二〇年だ。それほど長生きなのは異例としても、ウシが穀物飼料を食べて屋内で飼育されると、われわれは健康を保つようにウシの身体に無理をさせ、かえって寿命を縮めることになる

＊ボディコンディションスコアは、低いほうから、非常に痩せていること（飢餓）を意味する1、平均的な状態の3、太りすぎ（肥満）の5まである。これは腰と臀部の状態を目測して、基本的には、ウシが乳産生にどのくらい脂肪を引き出せるか——エネルギーを蓄えているか——で評価される。

のだ。

穀物主体の濃厚飼料への移行が一般的になると、以前はまれだった慢性アシドーシスのような疾患が、乳牛でも肉牛でも珍しくなくなった。慢性アシドーシスは第一胃の粘膜内層を侵食する。すると細菌がウシの血液中に入って拡散し、肝臓などの臓器に損傷を与えるのだ。また、下痢や全身性炎症も引き起こすことがある。

こうした疾患は、穀物が豊富な濃厚飼料が第一胃の繊維発酵細菌を飢えさせ、デンプン発酵細菌の異常増殖を促進することがで引き起こされる。第一胃の生態系をこのように変えたことは、ウシの健康にとって最悪の事態となった。肥育牛は消化と代謝の異常を持っているのに加えて、感染症にかかりやすくなっている。しかしこうした健康問題は、反芻動物とその微生物のパートナーに、彼らが食べるように進化したものを食べさせれば、簡単に避けられるのだ。

低繊維で高デンプンの濃厚飼料と精製穀物は慢性アシドーシスを促進することが認識されると、どのようにして症状をやわらげるかという研究が多数行なわれた。これを防ぐ方法には、粗飼料の給餌量を増やし（つまり牧草を増やし）精製度の高い穀物を減らす、第一胃の微生物叢を抗生物質でいじくらないようにする、などがある。研究者は、アシドーシスを減らすために、穀物中心の濃厚飼料への栄養添加に主眼を置いていたが、牛乳のオメガ3や共役リノール酸含有量の減少の影響を気にかける者は、ほとんどいなかった。しかし、あとで見るように、精製穀物に過剰に頼った食餌によって健康が損なわれている哺乳類は、ウシだけではない。

今日、もう一つ重大な乳牛の健康問題となっているのが乳房炎だ。屋内飼育のウシは、放牧牛ではまれな乳房の負傷や感染にさらされる。ノースカロライナ州立大学の研究では、屋内飼育の乳牛は、放牧牛の二倍近く臨床的乳房炎〔肉眼で異常が認められるもの〕を起こしていた。乳牛の乳房炎を減らすために推奨される処方は、できるかぎり野外で放牧することだ。理由の一つは、生草からより多くのビタミンEや抗酸化物質が摂取され、乳房炎の根本原因である感染への抵抗力を高めることが証明されているからだ。

英語の婉曲表現で寿命が尽きることを「牧草地に連れて行く」と言うが、これは少なからず不適当な表現だ。むしろ牧草地がないと、乳牛が早死にする主な原因である跛行《はこう》を引き起こす原因になる。放牧牛は、屋内で飼育されコンクリート床で暮らすウシと比べて蹄病《ていびょう》の重症度が低い上に、身体がよく動き、跛行のリスクが低かった。北米の乳牛の四分の一以上が跛行し、最大三分の一にそのリスクがあるとしている研究もある。理由は単純明快だ。ひづめはコンクリートの上でなく草の上を歩くように進化したからだ。

放牧が一般にウシの健康にいいと考えられることは、それほど意外ではないはずだ。なにしろ反芻動物は、草を食べるように進化したのだから。

牧草飼料は肉の成分にも影響しているのではないかと考える向きもあるかもしれない。まさしくその通り。牛肉の脂肪酸構成は、欧米のウシの食餌と足並みを揃えて変わってきた。肉もまた昔の肉ではないのだ。

第12章 肉の中身

肉なる者は皆、草に等しい。
――イザヤ書　四〇：六（新共同訳聖書）

脂肪悪玉説のはじまり

私たちはみんな知っている、あるいは知っていると思っている、あるいは間違いなくそう聞いたことがある。脂肪は悪いものだと。だが、脂肪が十把一絡げに悪いものだという認識は、それがわれわれの体内で何をしているのかを見誤らせている。脂肪は、代謝と免疫をつかさどる遺伝子を活性化したり抑制したりするという、哺乳類の生命現象の重大な側面を誘導しているのだ。人間が喜んだり悲しんだり、明晰に考えたり意識がぼんやりしたりといったことにも、脂肪は影響することがある。また、肉と乳製品の脂肪に関しては、ヒトの食物に含まれる動物が何を食べたかが問題となる――それらが食べたものがわれわれになるからだ。

人類の祖先は、現生人類が進化するはるか以前から動物の肉を食べていたが、動物性脂肪の評判が悪くなるのは二〇世紀になってからだ。このイメージが固まったのは一九五〇年代、自信家で知られるアメリカのとある生理学者が、健康な中年男性が心臓発作で急死する事例の異様な多さに気づいたときのことだ。彼は原因を動物性の飽和脂肪と特定し、この考えは今も一般常識として信奉されている。

第二次世界大戦後、アンセル・キーズは動物性脂肪、特にコレステロールの摂取が心臓発作を引き起こすと主張して名声を確立した。最初からそうしようと思っていたわけではない。当時手に入るデータがまさにそこに像を結んだのだ。

キーズの名が世に知れたのは、飢餓の研究を行ない、戦時の食糧不足に苦しむヨーロッパの人々に栄養を供給する取り組みを先導したことからだ。新しく組織された国連食糧農業機関は、世界の飢餓問題への対処に乗り出すと、カロリー要求量と栄養に関する委員会の長にキーズを指名した。

この職務に就いているとき、キーズは、イタリア人男性がアメリカ人男性に比べて心臓発作を起こしにくいことを知った。興味を持ったキーズは、六カ国の中年男性の心臓病による死亡率を比較し、食事中に脂肪が占める割合との強い相関を発見した。脂肪を多く摂るほど、心臓病で死ぬ人が増えるのだ。この発見を論文にまとめるにあたって、キーズは、食事中の脂肪が不足していたナチ占領下のノルウェーで、心臓病死が減少したと主張した。そして飽和脂肪酸の摂取が心臓病につながると考え、その接点としてコレステロールを挙げた。

しかしキーズはその過程で、それ以外の食事因子も、比較した国のあいだで違っていることを見過ごしていた。特に、心臓発作による死亡率と脂肪消費がもっとも多かった国――アメリカ、カナダ、オーストラリア――では、砂糖とオメガ6が豊富な種子油の消費ももっとも多かった。もっとも脂肪消費量と心臓発作による死亡率が低かった二カ国は、日本とイタリアだった。これらの国の食事は、オメガ6が少なく、他の脂肪が多かった。魚中心の日本の食事は多量のオメガ3を含み、イタリア人は不飽和脂肪酸のオメガ9が豊富なオリーブ油を驚くほど大量に摂る。キーズは、アメリカ人の食事の大きな問題としてコレステロールに注目してしまうと、こうした要素をあまり考慮しなくなった。当時の医師は、高レベルのコレステロールが心臓発作を起こすと考えていた。しかし、犯人として飽和動物性脂肪に的を絞ったことで、キーズが仮説に掲げた接点は、全体像を捉えていなかった。しかし、不飽和脂肪酸の組み合わせと量も健康に影響する。その中には健康によいものもあれば悪いものもあるのだ。

動物性脂肪に関するキーズの独断的な見解は、たまたま別の利害と同調した。その半世紀前の一九一〇年、石鹼メーカーのプロクター・アンド・ギャンブル社は、農業廃棄物から作る新しい製品の特許を取得していた。この天才的な発明は、ごみを食料品に変身させた。アグロインダストリー流のリサイクルにより、柔らかく付加価値の高い綿を収穫したあとに残る種子から搾った油を、人工の食用油（水添植物油）へと変えたのだ。当初、人々はクリスコと名づけられた新商品を疑っていた。調理には必ずラードやバターのような動物性の脂が使われていたからだ。しかし同社は、新製品の油を欠かせない材料として中心に据えた料理本を無料で配るなど、数十年にわたり精力的に販売促進に取り組んだ。

食用として工業的に作られた植物性油脂はクリスコだけではなかった。大恐慌時代の動物性脂肪の不足、第二次世界大戦中のバター不足は、別の水添植物油製品を新たに生み出した——マーガリンだ。初めのうちは食欲をそそらない白っぽい色だったが、製造業者はすぐ、バターのような黄色に着色すれば消費者へのアピールが大幅に増すことに気づいた。種子油を加工して作られるオメガ6が豊富なマーガリンが、オメガ3を多く含むバターや動物由来の飽和脂肪酸に取って代わるにつれ、アメリカ人の食事における脂肪バランスは変わっていった。* 大手食品メーカーがわれわれの食べものにオメガ6をあふれさせる一方で、キーズはコレステロールと飽和脂肪酸に注目し続けた。

キーズは七カ国共同研究に着手した。アメリカ、フィンランド、ギリシャ、イタリア、日本、オランダ、ユーゴスラビアに住む四〇歳以上六〇歳未満の男性一万三〇〇〇人近くを対象に、心臓病を調査するものだ。この当時最大規模の疫学研究が一九五八年に始まってすぐ、多量の不飽和脂肪酸摂取量は心臓病による死亡率の高さと関連していることが報告された。

多くのアメリカ人男性が心臓発作で死亡している理由を示す動かぬ証拠を、自分が発見したとキーズは信じた。キーズは自分の考えを「食事—心臓仮説」と名づけ、バター、肉、その他動物性食品に含まれる飽和脂肪酸は血中コレステロール値を上げ、それによって心臓発作を引き起こすと主張した。一九六一年、『タイム』誌はキーズを表紙に掲載した。

とは言えキーズが支持した因果関係——コレステロールが心臓発作につながる——は、説明を尽くしていない。振り返ってみると、キーズは、動物性脂肪が健康によいかもしれないとするいかなる考えも、反射的にはねつけていた可能性がある。しかし、当時使うことのできた分析ツールにも同じくらい問題があった。たまたまコレステロールは血液サンプル中で検知と測定がしやすかったので、キーズは、自分の専門知が照らし出したものを見ていたのだ。

自説を広めようとする影響力の大きな科学者のご多分にもれず、キーズは、自分の考えに疑問を唱える者や、自分の仮説と一致しない結論や証拠を提示する者を、攻撃したり干したり、つぶしたりした。最初の七カ国共同研究が公表されたすぐあと、食事—心臓仮説を否定する二件のランダム化臨床試験が密かに闇へ葬られ、数十年後に再発見されるまで日の目を見なかった。その一つのシドニー食事心臓研究は、一九六六年から一九七三年にかけて、最近心臓発作に見舞われた中年男性数百人を追跡し、飽和脂肪酸をオメガ6が豊富な植物油に替えるとコレステロール値は下がるものの、次の心臓発作で死亡するリスクが高まることを明らかにした。これは考えられていた食事—心臓仮説のはたらきと一致しない。

*マーガリンや類似のバター代用品でもう一つ問題なのは、多くが合成脂肪酸という別の形で健康に有害であることが現在わかっているものを含むことだ。

食事―心臓仮説がもたらした混乱

ミネソタ冠状動脈実験も同様だった。これは一九六八年から一九七三年にかけて行なわれ、無作為抽出された九〇〇〇人を超える男女のコホートで、食餌中の動物性脂肪を、オメガ6が豊富な植物油に置きかえるというものだった。植物油を摂取したグループではコレステロール値が下がったが、心臓病による死亡リスクが上昇した。それにも動じず、食事―心臓仮説はしぶとく生き延び、飽和（動物性）脂肪の代わりに多価不飽和脂肪を摂ることをアメリカ人に勧める食生活指針の基礎を形作った。実際上これは、二〇世紀後半の数十年、オメガ6を多く含む種子油が、アメリカ人の食事を支配するさまざまな加工食品の――そしてそれを食べた人の――一部となったということだ。

食餌性脂肪をめぐる言説は、キーズの時代以来かなり発展している。脂肪の健康への影響に関する近年の研究は、特定の脂肪の種類以上に、全体の配合とバランスに注目している。しかし食生活指針は、脂肪がヒトの健康により微妙で複雑な役割を果たしていることを、なかなか認識しない。それどころか、一九八〇年に初めて発行された「アメリカ人のための食生活指針」では、脂肪をどう考え何を食べるかを混乱させ続けている遺産を金科玉条として、動物性脂肪を植物油に置きかえることを支持した。当初は賛否両論あった指針中の他の話題、たとえば炭水化物消費量などは、ある程度解決され、可能であれば、精白したものより全粒の穀物を食べたほうがいいとされている。しかし脂肪は、未だに解決を見ない話題の一つであり、アメリカ人はどの種類をどれだけ食べるべきかをめぐって、激論が今も戦わされている。これはかなりの部分、そうした提言が、自己修正される科学理論、政治的な風向き、ものごとを自分たちに都合よく歪めようとする商業的利害のあいだで作りあげられることの表われなのだ。

脂肪をめぐるあらゆる論争の中で、家畜の飼料に含まれる脂肪の配合が変わっていることに触れたものは、ほとんどなかった。アメリカ人はいわば知らないうちに実験に参加させられ、その結果と付き合わざるを得なくなったのだ。代わりに、ジョージ・オーウェルの小説のような単純な説明が定着した——飽和脂肪酸は悪い、不飽和脂肪酸はいい。ヒト免疫系の不可欠なプロセス、つまり炎症が多すぎず少なすぎず、ちょうどいい量がちょうどいい時期に起きるようにバランスのよいオメガ6とオメガ3が調整を図ることを、キーズらはよくわかっていなかった。さらに言えば、このため人間の食物には脂肪のバランスが必要であることもわかっていなかったのだ。

この関係については、のちほどもっと詳しく取りあげるが、今はリノール酸、つまり穀物と濃厚飼料が多い食餌を摂った反芻動物の体内で優位を占める基本的なオメガ6が、長鎖オメガ6脂肪酸アラキドン酸（ARA）の前駆物質であることについて考察してみたい。このオメガ6にはいくつか役割があり、その中の一つは、炎症の開始というきわめて重要なものだ。今日、典型的なアメリカ人の食事には、オメガ6がオメガ3の一〇倍から二〇倍以上多く含まれている。これは、ヒトの健康に有益だと考えられる量のだいたい三〜五倍多い。

人体は一般に、炎症を起こしても問題がない。炎症を止めることができなくなることが問題なのだ。オメガ6脂肪酸は過去半世紀、親戚筋のオメガ3よりもアメリカ人の食事の中で圧倒的に多かった。そして、炎症を制御できなくなることは、心臓病やがん（いずれもアメリカで主な死因の最上位にある）など過度な炎症が関わる疾患の重大な要因だ。これは、偶然の一致だろうか？　あるいは、とてつもない数のアメリカ人を苦しめている衰弱性の神経変性、生殖器系および代謝系疾患の多くが、過度の炎症を原因としていることも考えてみよう。この観点から見ると、西洋の食事からオメガ3に対するオメガ6の割合を減らすことが、炎症に関連する慢性疾患の増加を抑えるのに役立つ、重要な食生活の転換かもしれないのだ。

肉について考える

こうしたことを念頭に置いて、人間の脂肪の元となる動物の脂肪について見てみよう。* 牧草など生の植物を餌とした肉牛と、ＴＭＲ（完全混合飼料）を食べたものとで総脂質構成を比較した七つの研究を対象とする二〇一〇年のレビューでは、飽和脂肪酸の総量に一貫した差は見られなかった。しかし、比較調査の半数以上で、ＴＭＲを給与したウシは、総コレステロール値を上昇させるタイプの飽和脂肪酸量が高かった。さらに、飽和脂肪酸はただ一つではない。牧草飼育《グラスフェッド》の牛肉にはコレステロールを上げ下げしない脂肪酸であるステアリン酸がより多く含まれ、一方で穀物飼育《グレインフェッド》の牛肉にはミリスチン酸とパルミチン酸が多かった。これらはＬＤＬコレステロール、いわゆる「悪玉」コレステロール値を上げるものだ。顕著な違いは他にもあった。牧草飼育の牛肉には、穀物飼育のものと比べてオメガ３が一・五倍から五倍、共役リノール酸が最大二倍多く含まれていたのだ。各研究の平均値で、オメガ６／オメガ３比は牧草飼育の牛肉で二：一より小さく、一方、穀物飼育のウシでは八：一から一〇：一のあいだだった。

違いは脂肪だけではなかった。数値が報告されている研究では、牧草飼育の牛肉にはビタミンＥが一・五倍から五倍、ベータカロテンが四倍から一〇倍以上、穀物飼育の牛肉より多く含まれていた。これは孤立した所見ではない。付随研究でも牧草飼育の牛肉には、ベータカロテンとビタミンＥが穀物飼育の牛肉の数倍含まれていることが報告されている。

その前年に発表された同様のレビューでは、濃厚飼料で飼育したスペインおよび英国のウシと、ウルグアイの完全牧草飼育のものとで脂肪酸プロファイルを比較した。濃厚飼料飼育牛の筋肉内脂肪は、オメガ６／オメガ３比が八：一から一五：一だった。牧草飼育牛の比率は二：一未満だった。別の研究でも同様に、牧草飼育牛には最大で数倍の共役リノール酸が含まれ、オメガ６／オメガ３比がはるかに低かったことが報告されている。

乳牛の食餌が牛乳の脂肪酸プロファイルに影響するように、肉牛の飼料に含まれる脂肪の種類も、その肉に引き継がれる。イネ科とマメ科の牧草に含まれるオメガ6／オメガ3比は、一般にだいたい一：一であり、一方穀物主体の飼料には、オメガ6がオメガ3の一〇倍から四〇倍以上多く含まれている。簡単に言えば、ウシが食べるものの脂肪の配合が、ウシの、ひいては人間の身体を作る脂肪の配合となるのだ。

しかし、消費者は有機とは牧草飼育のことだと思うかもしれないが、アメリカ農務省のオーガニック基準の要求は、反芻動物の餌にオーガニック認証された牧草が乾燥重量で最低三〇パーセント含まれていることだけだということを思い出してほしい。言い換えれば、農務省の有機認証は、ウシの飼料が実際何でできているかに触れておらず、飼料として使われている作物が有機栽培のものだと言っているだけなのだ。だからサイレージのような枯れた植物や穀物主体の飼料が、まだウシの食餌の大半を占めているかもしれない。さらに、食肉となる反芻動物は生涯の最後の五分の一、通常最後の数カ月間、牧草を三〇パーセント与える条件から免除されている。動物福祉活動家は、農務省のオーガニック基準が屋内肥育を認めていることに憤慨しているが、牛肉を食べようとする人は、そのウシが実際には何を食べたか気をつけたほうがいいだろう。

牧草飼育の肉（と牛乳）にラベリングする制度はいくつもあるが、「牧草飼育」の定義はさまざまだ。一つにはそのような混乱のために、農務省は牧草飼育ラベル制度を二〇一六年に打ち切った。もともとはその一〇年前に設けられた農務省の牧草飼育基準は、屋内での乾草とサイレージの給餌を年に数カ月間認め、ホルモン剤と抗生物質の定期的な餌への添加を許したことで批判を受けた。一部の民間団体は現在、厳密に一〇〇パーセント牧草飼育の認証を与えている。

＊この章で検討する反芻動物の研究のほとんどは、肉牛に適用されるが、ヒツジやヤギのような他の反芻動物にも関係がある。

しかし若いウシはすべて一定期間草を食べる。やがては肥育場に行くことになっていようともだ。肉を食べる人にとってのもっぱらの関心は、屠畜までの一～二カ月でウシが食べたもの、いわゆる「仕上げ飼料」を知ることだ。肉牛では、オーガニック基準に合ったものも含め、トウモロコシ主体の仕上げ飼料が認められている。しかし、こうすることで、われわれの皿に載るものがちょうどできあがる頃に、脂肪のバランスがオメガ6寄りに変わってしまう。

アンガス牛を対象にしたある実験では、コーンサイレージと濃厚飼料を与え、屠畜の一カ月と少し前に放牧に戻した場合の効果を三年にわたって比較した。トウモロコシで仕上げをしたウシはオメガ6／オメガ3比が六：一だったのに対して、放牧で仕上げたウシは一：一を少し超える程度だった。二〇一七年のユタ州立大学による研究では、同様に、穀物で仕上げた牛肉のオメガ6／オメガ3比は、マメ科とイネ科の牧草で仕上げたものの二倍だった。

ユタ州立大学のもう一つの研究は、研究施設で三種類の異なる仕上げ飼料――イネ科の牧草、マメ科の牧草、穀物――を使って肥育したアンガス牛の雄牛のリブロースに含まれる脂肪酸プロファイルを比較するものだった。驚くまでもないが、オメガ6／オメガ3比がもっとも高いのは、穀物で仕上げたグループのウシだった。研究者はさらに、別に二種類のリブロース――主にオーガニック商品を扱っている全国的食料品チェーン店で買ったオーガニック認定の牧草飼育牛と、大規模店で購入した農務省の格付けでチョイス〔八段階の格付けで二番目〕がついた肥育場仕上げのもの――を、三種類の仕上げ飼料（イネ科牧草、マメ科牧草、穀物）と比較した。イネ科とマメ科の仕上げ飼料のステーキ肉と、オーガニック認定牧草飼育のものは、オメガ6／オメガ3比が二：一から四：一だった。一方、研究施設が穀物飼料で仕上げたステーキ肉の数値は、約六：一だった。大規模店で買った、肥育場仕上げで農務省がチョイスに格付けしたステーキ肉は、一五：一とオメガ6のレベルがもっとも高かった。

有機と慣行における肉の組成の違いに関する二〇一六年のメタ分析では、有機肉には約一・五倍多くオメガ3が含まれていることが明らかになった。報告はこの違いを、有機畜産慣行の下で放牧と牧草主体の食餌が多いためだとしている。しかし、オーガニック認証の基準を満たすためには、牧場主は家畜の餌の三分の一を生の草にするだけでいいのだ。

完全牧草飼育の牛肉とTMR給与の牛肉でオメガ6／オメガ3比を比較した研究からは、明確で一貫した結果が得られている一方で、「牧草仕上げ」の研究は、牧草飼育の基準という分野でどれほどあいまいなことが行なわれているかを暴いた。ミシガン州立大学の研究者は、一〇州にわたる十数カ所の農場で採取された、牧草飼育の表示で流通しているサーロインの七四〇サンプルを分析し、同時に屠畜前の二カ月間にウシが食べた仕上げ飼料を牧場で調査した。飼料は生の牧草から乾草とオメガ6に富むダイズの莢《さや》まで、きわめてまちまちだった。言い換えれば、生の草をたくさん食べたウシもいれば、主に枯れた植物を食べていたものもいるということだ。

オメガ6／オメガ3比の違いは、食物源の脂質プロファイルと一致したが、消費者はこれを牧草飼育のラベルからは知りようがない。オメガ6／オメガ3比は、全平均では一〇：一だったが、一部のサンプルはもっと低く、また一部は高い数値を示した。オメガ6／オメガ3比が一五：一を超える牛肉の生産者が三件あり、うち二件が、ウシに貯蔵飼料と穀物主体の補助飼料を与えていたと報告されている。比率が中位（四：一近く）だった別の二件の生産者のウシは、仕上げ飼料としてサイレージを与えられていた。比が二：一以下だった牛肉の生産者五件は、すべてウシに牧草地の牧草か生草を与えていたとされている。オメガ6／オメガ3比がもっとも高かった生産者の牛肉は、ベータカロテンとビタミンEの値ももっとも低く、そのうち二件では検出可能なベータカロテンがまったくなかった。抗酸化ファイトケミカルは、仕上げ飼料に生の葉を食べさせたと報告した生産者の牛肉でもっとも高かった。

結論として、この研究やその他多くの研究が示すのは、われわれが肉牛や網の上の肉の呼び名として何を選ぼうが、肉の脂肪酸プロファイルは、人間がウシの餌として選んだものを反映するということだ。そしてこのあとすぐに見るように、オメガ6脂肪酸が多い食物を摂るのは、ウシにとっても人間にとっても健康にいいことではないのだ。

イヌイット食の謎の脂肪

必須脂肪酸オメガ6とオメガ3、リノール酸とα‐リノレン酸がこれほど多く研究されている理由の一つは、それらが人間の生理と健康にとって重要な役割を持つより長鎖の脂肪酸へと、容易に変化するからだ。この話をするにあたって、デンマークの内科医、ハンス・オーラフ・バングとヤアン・デューアベアによる研究から始めよう。

一九六〇年代後半、二人はデンマーク人の高い心臓病罹患率について調査を始めた。バングは興味深い研究を偶然見つけていた。それは、グリーンランドの先住民イヌイットに、驚くほど心臓病が少ないことを示していた。デューアベアはバングに手を貸し、二つの集団の違いを調査するための研究計画を立てた。

二人は地域の診療記録を徹底的に調べ、イヌイットが、デンマークに住む調査対象に比べて、心臓病で死亡することがまれであることを確認した。次に彼らは、脂肪酸を分析できるように、時間をかけて辛抱強くイヌイットの血液サンプルを収集・保存した。グリーンランド・イヌイットの心血管系死亡率を測るのに使われた死亡記録の正確性に疑いを挟む者もいたが、バングとデューアベアはイヌイットから毎週の食事情報も集めており、彼らの食事には並はずれて大量のアザラシやクジラからの動物性脂肪が含まれていて、魚の脂肪は少ないことが突き止められた。サンプルサイズは小さかったが、二人の医師は頭を抱えた。当時心臓病の研究をした者はみな、キーズとその広く認められた食事─心臓仮説を知っていた。イヌイットがこれほどの量の脂肪を食べているとすると、心臓病が最大の死因になるはずだった。しかしそうはなっていなかった。

バングとデューアベアは脂肪酸の調査結果を分析していて、もう一つの謎に直面した。イヌイットはある一種類の脂肪を、デンマークの対照群と比べて七倍多く摂取していたのだ。さらに、バングもデューアベアも、その謎の脂肪を血液サンプルの中でこれまで見たことがなかった。もっとよく知りたいと考えた二人は、最先端の機器を持っているアメリカのある科学者にサンプルを送った。見慣れない脂肪はエイコサペンタエン酸（ＥＰＡ）であると同定された。二〇炭素の長鎖オメガ３脂肪酸だ。これは冷水魚の体内にこの形で見られ、また、もう少し短いオメガ３であるα－リノレン酸から合成することもできる。

デンマークの医師二人は、他にも興味深い発見をした。グリーンランド・イヌイットにはもう一つの脂肪酸が非常に少なく、デンマーク人の被験者の七分の一にすぎなかったのだ。バングとデューアベアは以前にこの脂肪と遭遇していた。それはアラキドン酸、炎症を引き起こす中心となるオメガ６だ。

バングとデューアベアが突き止めたこと──長鎖オメガ３のＥＰＡ濃度がイヌイットでは高く、一方、オメガ６のアラキドン酸がデンマーク人で高い──が、なぜ重要なのかといえば、心臓病の大元にある状況と関係があるからだ。当時はあまり一般に知られていなかったが、人間の動脈の慢性的炎症は高血圧、心臓発作、その他循環器系の症状を引き起こす大きな危険因子だ。当時は未知だったもう一つの要因が、ＥＰＡが炎症を減少させることだ。今日の目で見ると、デンマークに住む被験者のアラキドン酸の数値が高く、ＥＰＡの数値が低いのは、炎症がうまくコントロールできていなかったということだ。いわば停止スイッチがないようなものだ。

ＥＰＡについてわかったのは、似たはたらきをする長鎖オメガ３の姉妹分子が二種類あり、やはりα－リノレン酸から作られるということだ。すぐあとで詳しく見るが、人間は食物から摂取したα－リノレン酸の一部を、長鎖オメガ3に変換できるのだ。しかし、われわれには、アザラシやクジラや冷水魚ほどうまくは作れない。

EPAは二〇炭素長あるが、同じオメガ3の姉妹であるドコサヘキサエン酸（DHA）はもっと長い二二炭素長ある。このためDHAは非常に相互作用的であり、たとえば毎秒一〇〇回発火する脳内の神経細胞のように、人体内での特に迅速な活動の立役者だ。DHAは、光に反応して信号を脳に送り処理させる、網膜内の光受容細胞の形状を維持して、人間の視覚を生涯鋭敏に保つ。読者が魚油のサプリメントを飲んだことがあるなら、そのラベルには原材料としてDHAとEPAが載っていた可能性が高い。サケやサバのような冷水魚は両方とも豊富に含んでいる。

ドコサペンタエン酸（DPA）が加われば、長鎖オメガ3は三種類すべて出そろう。DPAはDHAと同様二二炭素鎖で、きわめて反応しやすい。*しかしDPAは三姉妹の中でもっとも研究されていない。理由の一つは、長鎖オメガ3の姉妹のどちらかに変形してしまう傾向があり、純粋な形で得ることが非常に難しいからだ。このオメガ3三姉妹は「超長鎖オメガ3」と呼ばれているが、ここでは簡潔に長鎖オメガ3と記述し、必要に応じて個々の物質を略称で呼ぶことにする。

伝統的なイヌイット食研究の一環として、バングとデューアベアは被験者が食べたものを記録した。一週間にアザラシとクジラの肉（および脂肪）がそれぞれだいたい六食を構成し、一方で魚は一食か二食にすぎなかった。冷水魚に含まれるオメガ3脂肪酸の健康効果は注目されているが、そのような魚は、バングとデューアベアが調査したイヌイット集団の食事の中心ではなかった。DPAが豊富な海洋哺乳類の脂肪が、彼らの食餌性脂肪の大半を占めていたのだ。

私たちは、たいていのアメリカ人がそうだが、アザラシの肉やクジラの脂肪を日常的に食べることは決してないし、ましてグリーンランド・イヌイットの伝統的水準にはおよびようがない。天然の冷水魚が、あとの二つの長鎖オメガ3（DHAとEPA）を多く含むことは知られているが、ほとんどのアメリカ人はこうした魚の大半を、習慣的に摂ることがまったくない。

アザラシ肉に匹敵するDPAの摂取源

それでは長鎖オメガ3、特に三姉妹の中で他の二つにすぐに変わることができるDPAを、どの栄養源に求めればいいのだろうか？　アザラシやクジラの親戚で陸に棲むもの——ウシなどの反芻動物——だが、どのように育てられたかにもよる。人体はDPAを姉妹脂肪に変換できる、ということは牧草飼育の反芻動物の肉や乳製品は、正しく評価されてはいないが、長鎖オメガ3の供給源になるのだ。

たとえば、ゲイブ・ブラウン〔ノースダコタ州の不耕起農場経営者。『土・牛・微生物』第9章も参照〕の牧場で放牧されていた、一〇〇パーセント牧草飼育のウシを考えてみよう。前に見た、環境再生型《リジェネラティブ》農場と慣行農場の全国比較に出てきた前者の農場の一つだ。ブラウンは、研究所の分析を私たちにも話してくれた。そこで示されていたのは、彼の雄牛から採った二〇〇グラムのリブロースステーキに含まれるα－リノレン酸（長鎖オメガ3の前駆体となる必須オメガ3）の量が、二〇一四年にアメリカの魚市場で買える天然サケなど、魚の切り身の研究で調べた五六種の魚の切り身のうち、四八種を上回っていたことだった。ブラウンのリブロースには、長鎖オメガ3の一日推奨摂取量の約三分の一が含まれていた。対照的に、一般的なアメリカの肥育場の牛肉は、DPAをまったく含んでいないらしい。

ブラウンは、自分の牧場で育てた牛肉、鶏肉、豚肉の脂肪酸プロファイルと、地元のスーパーマーケットで

＊DPAとDHAは同じ数の炭素（二二個）を持つが、二重結合の数が違う。DPAは五個、DHAは六個である。

買った慣行飼育のものとの地域別比較についても教えてくれた。ブラウン牧場の肉は、健康な土壌に生えた牧草のみで育てられ、慣行飼育されたものに比べ三倍から一〇倍のα－リノレン酸を含んでいた*。

長鎖オメガ3のEPA、DHA、DPAに関しては、慣行飼育の肉と比べて、それぞれ三八～九一パーセント、七三～三五〇パーセント、五八～二一八パーセント高かった。オメガ6／オメガ3比では、ブラウン牧場の牛肉は一：一を少し超えるくらいで、慣行牛肉は約六：一だった。鶏肉と豚肉では共に、慣行飼育の肉の比率が二倍以上高かった。最後に共役リノール酸含有量は、慣行牛肉の三倍多かった。

多数の民間の研究が、牧草主体の飼料を与えたウシの肉と、穀物主体の飼料のものとで違いがあることを確認している。前述のように七つの研究を二〇一〇年に比較したところ、EPAの量は牧草飼育のウシで二倍から一〇倍高くなっている。牧草飼育の牛肉には、穀物飼育の牛肉の一・二倍から四倍超のDPAと最大三倍のDHAが含まれていた。数年後、アメリカの牛肉における牧草仕上げと穀物仕上げの影響のレビューでは、牧草仕上げの牛肉にはリノール酸が三分の一から二分の一増、α－リノレン酸が二倍から四倍、長鎖オメガ3が四分の三多く含まれることが報告されている。牧草飼育のウシでもDHAはあまり含まれていないが、DPAは多く含まれている。伝統的なイヌイット食のアザラシやクジラに豊富に含まれているのと同じ脂肪だ。

こうした食餌に由来する差は肉牛だけにとどまるものではない。三種類の異なる飼料を食べた乳牛の乳の研究を思い出してみよう。一〇〇パーセント牧草飼育のウシから搾ったグラスミルクには、慣行牛乳より五割から三分の二多く、また有機牛乳より約四分の一多くEPAとDPAが含まれていた。DHAについては、検知可能な量を含んでいるのはグラスミルクだけだった。

牧草飼育の牛肉と乳製品には、アメリカ人の食事に長鎖オメガ3を増やす可能性があるが、この可能性に気づいている者は、ましてそれを食生活指針で勧告しようなどという者はほとんどいないようだ。代わりに、われわれは魚を食べるようにせき立てられている。しかしアメリカ人の食事で一般的な魚の中には、オメガ6／

オメガ3比が牧草飼育の牛肉より高いものもある。ある研究によれば、アメリカでよく食卓にのぼる六種の魚は、オメガ6／オメガ3比が平均六：一だった。ある養殖のナマズは、比率が一〇：一を優に超えていた——穀物飼育の肥育牛肉に匹敵するレベルだ。

アメリカ人が食べている魚の多くは養殖魚だ。サケすらもそうだ。そしてウシと同じように、サケが食べるものがその脂肪酸プロファイルを左右する。養殖サケは、海上生《い》け簀《す》に囲われて人工飼料を食べている。一方、天然サケは、渓流の水生昆虫や外洋の動物性プランクトンのようなオメガ3が豊富な食物源を捕食する。世界中で養殖業が爆発的に成長した結果、養殖サケの飼料に使う魚粉と魚油が、陸上植物の種子油に置きかえられ、その身に含まれるオメガ6／オメガ3比が天然サケの二倍に上昇した。養殖タイセイヨウサケの脂肪酸を二〇〇六年と二〇一五年のもので比較した研究では、飼料組成が変わったために長鎖オメガ3が半分に低下していることが判明した。今日、二〇～三〇年前と同じ量の長鎖オメガ3を摂ろうと思ったら、養殖サケを二倍食べなければならないようだ。

ＥＰＡとＤＨＡの血中レベルは食事からの摂取量に応じて世界中で集団ごとに差があり、冷水魚をたくさん食べる日本人、韓国人、スカンジナビア人がもっとも高い。しかしほとんどの人間は、長鎖オメガ3を推奨最低摂取量の三分の一しか摂っていない。

では、もっと天然魚を食べてはどうだろうか？　これは全世界的な解決には決してならない。全世界で漁獲高は数十年前から横ばいとなっており、われわれが食べたり、養殖魚に食べさせたりする魚はそれほど残っていない。しかし、全世界に豊富に存在するオメガ3源がもう一つある——牧草やその他の植物、ウシなどの反

＊一九九〇年代初めに農場を始めたとき、ブラウンの土壌に含まれる有機物は二パーセントに満たなかった。以来、ブラウンのリジェネラティブ放牧事業は有機物を三倍近く増やし、土壌を地域の天然の草原とほぼ同じレベルに戻した。

芻動物が食べるように進化したものだ*。

生きた植物を乳牛や肉牛に食べさせるのは重要なことだ。それはα-リノレン酸の供給源だからだ。オメガ3の一種であるα-リノレン酸は、ヒトが体内で長鎖オメガ3、特に魚油中の主要なオメガ3であるDHAに変換することができる。成人は摂取したα-リノレン酸の五パーセントをDHAに変換できるが、妊婦はそれよりかなり効率がよく、最大二〇パーセントだ。これは、胎児や乳児の正常な成長発達を支えるため、妊娠中や授乳中には特に肝心なことだ。この変換率は低すぎて問題にならないと言う者もいるが、人間は食べものから少しでも長鎖オメガ3を摂る必要がある。その出発点は明らかに単純だ。オメガ6を多く含む食べものの摂取を減らせばいい。それというのも、オメガ3と比較してオメガ6を多量に摂ると、α-リノレン酸を長鎖オメガ3に変換する効率が減るからだ。さらに、牧草飼育の肉や乳製品は長鎖オメガ3供給源なので、それらをもっと食べればオメガ3の摂取量を増やすことができる。

例の三姉妹の一つであるDPAが、容易に他の二つ——EPAとDHA——に変わることを思い出してみよう。残念なことに、食事摂取基準はDPA量を（今のところ）考慮していない。だがおそらく、欧米では食事での摂取の約半分が肉からになるはずだ。DPAは牛肉、羊肉、豚肉に含まれる長鎖オメガ3の半分以上を占めるからだ。

穀物飼育の肉を牧草飼育のものに置きかえたら、どれくらいの違いがあるのだろう？　アルスター大学の研究者が四〇人の健康な男女を対象に、一カ月にわたる二重盲検ランダム化試験を行なった。ボランティアの被験者は、油の多い魚を食べるのをやめ、いつも食べている肉の一部を牛挽肉、ステーキ一枚、ラム肉四切れに置きかえることを求められた。肉の供給源の動物は、その食餌を慎重に管理され、屠畜前の六週間に生の牧草か濃厚飼料のいずれかを与えられていた。牧草飼育の肉を食べた被験者は、α-リノレン酸と三種の長鎖オメガ3すべての血清中濃度が著しく増加（DHAではほぼ倍増）した。対照的に、穀物飼育の肉を食べたグループでは、長鎖オメガ3レベルが低下した。その結果、血中の平均オメガ6／オメガ3比は、牧草飼育肉を食べたグループで九：一から六：一に低下し、一方濃厚飼料を与えた肉を食べたグループでは八：一から一三：一に上昇した。この実験は、牧草飼育の肉を摂取すると、人体のオメガ6／オメガ3比を大幅に下げられることを示している。

草を食わせろ

ウシと同様、ニワトリの餌に何を与えるかはその健康に影響し、卵にも影響する。ニワトリの飼い方を変えれば、脂肪の付き具合が変わり、したがってわれわれの食事にもたらされる脂肪の量も変わる。もっとも顕著なのが、鶏肉の総脂肪含有量が大幅に高まり、必須脂肪酸含有量（オメガ6とオメガ3）が低下したことだ。これは、一八四〇年から二〇〇四年までのあいだに報告された研究データを比較したロンドン・メトロポリタン大学の研究結果だ。英国とアメリカでは、一般的な鶏胸肉一〇〇グラムに含まれる脂肪は、一九世紀後半には二～四グラムだった。二一世紀初頭になると、同じ量の肉に二〇グラムを超える——五倍から一〇倍の——脂肪が含まれるようになった。痩せた一九世紀のニワトリは三倍多くのエネルギーをタンパク質の形でもたらしたが、二一世紀のニワトリは、三倍多くのエネルギーを脂肪に変えたのだ。**

かつては高タンパク食だった鶏肉は、高脂肪食になってしまったようだ。皮肉なことに、赤肉〔栄養学用語で哺乳類の肉を意味し、見た目の色は無関係〕を食べる量を減らして鶏肉を増やすことが推奨されている大き

＊筆者は、森を草地や牧草地に変えることを主張しているわけではなく、むしろ草地の環境は、リジェネラティブ放牧が成功する自然な状況を生み出すと考えている。

な理由が、鶏肉が牛肉に代わる低脂肪の肉と考えられていたからなのだ。

変わったのは総脂肪含有量だけではない。脂肪の種類も同様だった。少なくとも、一九七〇年から二〇〇六年までにサンプル採取された、慣行飼育の鶏肉の脂肪酸プロファイルを分析した結果はそうなっている。基本的なオメガ6であるリノール酸の量は五割近く増え、一方で長鎖オメガ3のDHAは、以前の約五分の一にまで減っている。かつては野鳥の数値にかなり近かったのだ。だから、今日の鶏肉をDHA摂取源にしようと思ったら、一九七〇年代よりも余計に食べる必要がある。二〇〇四年から二〇〇八年までのあいだに英国の農場やスーパーマーケットで買ったオーガニック・チキンでさえ、オメガ6がオメガ3の九倍含まれていたのだ。

何が原因でこのように変わってしまったのだろう？　二〇世紀後半に、肉と卵の生産の最大化を目指して養鶏が集約化・工業化され、ウシの場合と同様にニワトリの食餌が根本的に変わったからだ。放し飼いからケージ飼いへの移行に伴って、走り回って餌をついばむようなニワトリの落ち着きのない行動を、できるだけ減らすための品種改良計画が行なわれた。ニワトリたちは狭い空間にじっとして、成長を促すための穀物を原料とする高カロリー・高タンパクの濃厚飼料と定期的な抗生物質の投与で生きていく。こうした食餌と生活様式の変化は、ニワトリの卵にも及んだ。

一九八九年に『ニュー・イングランド・ジャーナル・オブ・メディシン』誌は、アメリカのスーパーマーケットで買った卵と、ニワトリが歩き回って草や虫、干しイチジク、多量のスベリヒユ（オメガ3が豊富な多肉植物）などを食べているギリシャの農場の卵では、卵黄の脂肪酸組成に相当な違いが見られるという衝撃的な事例を発表した。ギリシャの卵はオメガ3を一〇倍多く含み、アメリカの卵はオメガ6が二倍近かった。その後の研究で、オメガ6を多く含む種子と油から作られた、粗挽きの穀物のようなペレットを食べている慣行飼育のニワトリは、オメガ6がオメガ3の一〇倍から二〇倍多い卵を産む傾向があることが確かめられた。一方で放牧鶏は虫、牧草、その他の生の植物を食べ、おおむねオメガ6／オメガ3比が五：一以下の卵を産む。

ニワトリの生活環境も卵の脂肪酸組成に影響する。この発見は一部の方面に、「放し飼い」とは正確には何を意味するのかをめぐって、軋轢と論争を生んだ。鳥は大部分の時間を屋外で過ごし、植物や生きた本物の虫を食べられる状況にあるのか？　それとも土がむき出しの狭い一画に出られるというだけで、あとは混みあった鳥小屋でペレット状の加工飼料を争って食べているのか？　数十年にわたり、いくつもの研究がこの疑問を検討し、屋外で餌をついばむ時間が長いほど、脂肪、ファイトケミカル、ビタミンのプロファイルがニワトリでも卵でもよくなるという結論に達した。これは目新しいことではない。前から知られていたことだ。

脂質組成だけでなく、ニワトリの品種と食餌が卵のビタミン含有量を左右し、ビタミン豊富な餌を与えればビタミン豊富な卵を産むことはよく知られている。また、ニワトリが食べたものに含まれるファイトケミカルは卵黄に移動するので、朝食の皿に載る卵の抗酸化物質が豊富になるか不足するかが決まる。特に、ニワトリの食餌は卵のカロテノイドの量と種類に影響するので、カロテノイドが豊富な草やサイレージを食べたニワトリは、卵黄の色が明らかに濃い黄色から赤っぽい卵を産む。

食餌は鶏肉のファイトケミカルにも影響する。たとえば、二〇一六年のイタリアの研究では、屋内で平飼いされ慣行飼料を与えられたニワトリの肉と、同様の小屋に収用されているが外で餌をついばむことができるものとで、ファイトケミカル含有量に著しい差があることが明らかになった。屋外で草や虫を食べたニワトリは、ファイトケミカルが食餌に豊富に含まれるため、屋内飼育の鶏肉より血清中の抗酸化物質濃度が五倍高

＊＊このような時系列的比較に対して、すぐに分析方法の違いを持ち出して疑問を唱える批判者がいるが、総脂肪およびタンパク質含有量を評価するのに高度な分析は必要ない。それどころか、伝統的な分析法は現代のものに劣らず正確なのだ。二〇世紀の測定技術の進歩が主に影響したのは、マイクログラム・レベルの差を分析し、きわめて多くのサンプルをより速く処理する自動制御を可能にしたことだ。

く、またオメガ3を二倍含む一方、オメガ6は少ない。

ニワトリやウシが屋外で放牧されると、その身体はビタミンDを合成することができ、それは卵や牛乳の成分となる。これはかなり直接的な因果関係がある。二〇一四年のドイツの研究は、野外を歩き回っている放し飼いのニワトリの卵黄には、屋内で慣行生産された卵の三~四倍のビタミンDが含まれていることを報告している。ウシを対象とする別の研究で、ドイツの研究者は、夏の放牧の中の一カ月間、ウシの身体にホースブランケットを掛けた。ウシの血中ビタミンDレベルは、皮膚を覆う度合いに応じて変わり、日光を浴びる面積が多いほど増え、少ないほど減った。ここから、季節による日照の移り変わりが、牛乳のビタミンD含有量に数倍の変動を生み出す理由が説明できる。

面白いことに、ニワトリとその卵は、かつては主要な陸上起源のDHA源だった。しかしそれは、DHAに変換できる必須オメガ3(α-リノレン酸)を豊富に含む餌を、ニワトリが食べていたからだったのだ。もし再び鶏肉と卵を、健康をもたらす長鎖オメガ3の供給源として人間の食事に取り入れたければ、簡単な解決法がある。ニワトリがニワトリらしく生きられるよう、オメガ3が豊富な餌のある環境で放し飼いにしてやることだ。

そしてこれは、人間の食べものの一部となる動物に与える餌が重要である理由の、もう一つの側面を明らかにしている。動物を育てる環境がその健康に影響する。簡単に言えば、餌を自分であさる放し飼いの動物のほうが健康なのだ。オメガ3値の高いニワトリは、抗体と抗酸化物質の数値も高く、免疫応答と炎症調節も良好だ。

ニワトリと同様に、ウシも閉じ込められた状態では健康でいられない。一四九三年、コロンブスは二度目の航海でウシを新世界に導入した。ウシは一年を通じて可能な時期は生草を食べ、冬の寒さが厳しい地域ではさまざまな保存飼料を食べた。数世紀後、トラクターが畜力に取って代わると、同じ農場で作物も栽培し家畜も飼うという方式は廃れ、どちらか一方に特化した大規模な農場経営に移行した。生産を最大化することを狙った補助金制度と政策が、アメリカの農家に穀物生産と畜産のどちらかを選ぶことを促したのだ。

農業が「進歩」するにつれて、膨大な量の穀物が肥育場にあふれ、そこに若い肉牛が送られて、余生を過ごすようになった。一九五〇年代には、肥育場はウシの飼料に混ぜるトウモロコシの量を、少しずつ増やしていった。中にはトウモロコシだけの食餌で、ウシをぱんぱんに太らせ始めたところもあった。灌漑農業による大規模なトウモロコシ生産が、大量に安く飼料を送り出し、集中家畜飼養施設は全国的に定着した。今日、約九〇パーセントの子牛が、最終的に肥育場行きになる。これが効率のいいウシの育て方だという主張もある。多数のウシと高カロリーの食物源を一カ所にまとめるからだ。だがこの方策は、言うまでもなくウシの健康を損なう。

牛呼吸器病（ＢＲＤ）は、アメリカのウシの不調と死亡の主な原因であり、肥育場の管理者にとって最大の課題の一つだ。一八八〇年代に初めて認識されたＢＲＤは、相当な対策の取り組みが続けられているにもかかわらず、ここ数十年肥育場を悩ませている。アメリカのほとんどのウシは肥育場におり、一九七九年から一九九四年にかけてのウシの健康の研究では、ＢＲＤが肥育場での死亡率の半分以上に関わっていると推定されている。二〇一七年までに、ＢＲＤは肥育場のウシのおよそ六頭に一頭に影響している。人間の病気で何か一つがアメリカ人の死因の半数以上を占めたら、国家的な注目と対策の対象となっているだろう。

ワクチン接種によるＢＲＤ予防の努力は、好意的に言ってもどっちつかずの成果しか上がっておらず、治療のために広く投与される抗生物質は、約三分の一の事例で効果がない。栄養補助食品でもこれといった改善は見られていない。一部の肥育場では抗生物質で一括して処理を行なっており、これが薬剤耐性菌への感染リスクを高めるなど、かえって新たな健康問題を作り出している。さらに、ＢＲＤは伝染性がないらしく、新しく到着した子牛を病気のウシと一緒に収容しても感染のリスクは増えず、むしろ感染症への抵抗力を含めた全体的な健康を損なう慢性疾患のようにふるまう。

肥育場のウシのＢＲＤを食餌の面から研究すると、興味深い傾向がいくつか浮かび上がる。肥育場で広く使われている乾燥したトウモロコシの茎の餌を与えた子牛は、新鮮な乾草を与えたものより死亡率が高いことが、一九八〇年代から知られている。新たに登場した餌に多量の穀物が含まれていることも、ＢＲＤによる肥育場での死亡率の高さと結びつけられている。

一八州の家畜飼料に含まれる微量ミネラルを分析すると、半数超で亜鉛と銅が不足していることが明らかになった。いずれも免疫系が正常に機能するために重要なミネラルだ。微量栄養素のサプリメント（ビタミンＥ、銅、セレン、亜鉛）である程度不足を補い、ＢＲＤによる死亡率を低下させることができる。しかし肥育場のウシが慢性および急性の健康問題を抱えていることは、何かが免疫系を損なっていることを意味している。

たぶんその何かが、子牛が肥育場に到着して新たに与えられる食餌のオメガ6／オメガ3比の著しい変化とつながっているのだろう。前に述べたように、オメガ6は人間に炎症を引き起こすプロセスの一部であり、これはウシでも同様だ。正常な免疫反応の急性期は、普通、作用時間が短い。初期対応タイプの免疫細胞が優位に立つと、他の免疫細胞が炎症を鎮める物質を量産し始める。オメガ3はこのような物質の構成部品であり、十分な量がないと炎症は正常に終わることができない。だが、すでに説明したように、一般的な肥育場の飼料はオメガ3をほとんど供給できず、ウシが炎症を終わらせる能力を損なっている。二〇二〇年のある研究は、同じ群れからミシシッピ州の肥育場に到着した子牛のうち、オメガ3から作られる炎症を収束させる物質の数値が高いものは健康を保ち、一方で同じ物質の数値が低いものはＢＲＤにかかることを見つけ、この関係を裏付けている。

飼料を生きた植物からオメガ6に富むものに変えると、炎症が収束できないことで起きる重大な疾患がウシに襲いかかるようになる。どこかで聞いたような話ではないだろうか？　人間が欧米の現代的食事を採用したときに起きることとそっくりだ。

肉牛と同じような環境で暮らす乳牛も、免疫系の機能不全によって起きる疾患に苦しめられている。出産後、乳牛は子宮への細菌の侵入に対して激しい炎症反応を起こす。通常、この炎症は五～六週間で正常なレベルにまで鎮静化する。しかし四分の一から半数以上のホルスタイン乳牛では、子宮の炎症が次に受精するときまで続く。これは妊娠の確率を相当に下げ、現代の乳牛の繁殖率を低下させている。

炎症反応の機能障害は、乳牛の慢性乳房炎の元でもあるらしく、オメガ3から作られる炎症収束物質の不足が原因である可能性がもっとも高い。だからウシの三大問題――ＢＲＤ、繁殖率の低下、乳房炎――はすべてウシが炎症反応を収束できないことが原因となっていると思われる。

肥育場のウシがかかる他の三つの疾患――第一胃アシドーシス、鼓腸症、肝膿瘍――は、屋内飼育の乳牛に発生するものと共通している。肉牛の飼料を牧草主体のものから、穀物や穀物を多く含む濃厚飼料へと変えたことで、アシドーシスの罹患率は大きく増加した。それは現在、肥育場の家畜では珍しくない疾患と考えられている。実際に、ウシのアシドーシスに関する二〇〇七年のあるレビューでは、典型的な肥育場の食餌と生活条件がアシドーシスにつながると結論している。発酵が速い穀物を大量に摂ると、第一胃の微生物が不安定になって鼓腸症を引き起こし、それが重大な健康問題へ一気に発展することがある。肝機能も肥育場の食餌で低下し、肥育場のウシの最大三分の一が、膿瘍を起こしている。

肥育場にいる肉牛のほとんどは、それほど長く生きることがないので、より長く生きる乳牛のようには第一胃アシドーシスや肝膿瘍の影響を受けない。その代わりにBRDが大敵となる。肥育場の管理者は当然、ウシがBRDにかからないほうがいい。慢性的な炎症性反応は、筋肉の発達に使われるはずのエネルギーを別の方面に振り向けて、ウシの体重とサシを減らしてしまう。抗生物質はたしかにBRD治療に効果があるので、予防措置として広く投与されている。だがこれは別の問題を引き起こす。第一胃の微生物叢の群集が根本から変わり、すると共役リノール酸生産が期せずして減少し、抗生物質に耐性のある細菌の発生が助長されるのだ。そのいずれも人間の健康にとっても有益ではない*。

だがわれわれは、肥育場の食餌と生活環境から起こりうるさまざまな疾患と苦痛を大幅に減らし、あるいは完全に防ぐ方法を知っている——生きた植物を食べさせるのだ。なにしろ、ウシをはじめ反芻動物は、そのやり方をちゃんと知っているのだから。炎症を、獣医師が抑制するものでなく、食餌からのオメガ3の十分な供給があればウシの身体が制御できるものだと考えることは、根本的な問題——動物に何を食べさせるか——に意識を向け直すことにつながるだろう。結論から言えば、機会さえ与えられれば、反芻動物は自分の——ひいては人間の——健康によい食べものの選び方を、完璧に知っているのだ。

*アメリカで販売されている医学的に重要な抗生物質の半数以上が、家畜の成長促進と、感染予防のために使われている。

第13章　身体の知恵

僕はねぐらを探すただの動物。
——トーキング・ヘッズ

多種を少量ずつ食べる草食動物

食べるものを選び、準備し、実際に食べるには、結構な時間がかかる。同じことをハヤブサ、ヒョウ、クモがやってのける早業にわれわれは驚嘆する。しかしたいていの人は反芻動物を見ても畏敬の念を抱くことはなく、ほとんど興味も示さない。退屈のあまりあくびでもして、他へ行ってしまう。実際のところ、歩き回って草を食べるのにいったいどれくらいの知能や能力が必要なのだろうか？　結論から言えば、大いに必要なのだ。

草食動物は愚かでものろまでもない。野生では彼らは、おおむね一日に一〇〇種類を超える植物と遭遇し、その中から選んだ三〜五種類が一食の大部分を占め、あと五〇種類以上を少しずつ食べる。その技能は、植物界から栄養素を取り入れ、同時に身体に害があるかもしれない植物成分の摂取をチェックすることにあるのだ。これは簡単な芸当ではない。そのためには草食動物の身体全体——第一胃、脳、腸受容体——を必要とするのだ。

家畜を放牧して自力で餌を摂らせるというと、動物栄養士はおおむね不安になる。動物がある程度、植物由来の毒素を摂取することは避けがたいからだ。生態学者は草食動物の生活様式について違う見方をしている。ウシから虫まで、動物がいかにファイトケミカルという爆弾をよけながら植物群集の構成を形作るかを、彼らは解き明かしているのだ。分子生物学者は、そうした関係について微に入り細に入り説明してくれるだろう。そしてまた化学者は、炭素の環や鎖が他のさまざまな原子と結合して、それが何らかのファイトケミカルという抑止力を生み出していることを話してくれるだろう。どのように見るにせよ、草食動物は植物界が与える食の試練を切り抜ける達人なのだ。

草と牛――マルチパドック輪換放牧を生んだ着想

ウシのように考えるのは簡単ではないが、約一世紀前にある好奇心旺盛なフランス人がこの難題に挑んだ。生化学者のアンドレ・ボワザンは、今日の環境再生型《リジェネラティブ》畜産法を支える視点の要となるものを思いついたのだ。ボワザンは一九〇三年、オート・ノルマンディーにある一家の屋敷に生まれた。パリで生化学を修めると、第二次世界大戦までゴム産業の技師として勤め、戦時中は自由フランス軍に参加して戦い、戦闘での勇敢な行動に対して与えられるクロワ・ド・ゲール勲章を受章する。戦後はパリの国立獣医学校で教鞭を執ったが、本当に熱中していたのは、牧草地で草を食むウシを見ることだった。その観察力と生化学の知識をウシと植物の関係に向けたボワザンは、放牧に関する旧来の知識に挑み始めた。

飼料の質が家畜の健康を左右することは、当時の農民のあいだで常識だった。しかしボワザンはある疑問を抱いていた。農業研究者は、放牧地を実際に歩き回って食べものを選んでいる動物の行動を明らかにすることなく、どうして当たり前のように飼料になりそうなものを判断できるのだろうか？　それどころか研究者たちは、きれいに管理された肥育場で、あらかじめ刈り取った草をウシに与えていた。それはウシを屋内で飼う傾向が高まっているのに倣ったものだった。当時の動物栄養学の教科書は、肥育場の食餌の微妙な差を詳しく掲載していたが、放牧法については、ウシたちはまさにそうして何千年も餌を食べてきたというのに、ほとんど触れていないと、ボワザンは不満に思っていた。肥育場の飼料を設計する専門家は、自分たちが調合したものにウシが興味を示さないと言って驚いてばかりいた。ボワザンは代わりに、ウシの餌の摂り方、動物と牧草の関係――草とウシの接点――に着目した。

一九五七年の著書 *Grass Productivity*（牧草の生産性）で、ボワザンは合理的な放牧と呼ぶものを提唱した。ウシをいくつかの小放牧地《パドック》のあいだでひんぱんに移動させ、それぞれに草が再生する時間を十分に与えてやるというものだ。この、あいだを置いた短期間の放牧という考えは、今日リジェネラティブ牧場が行なっているマルチパドック輪換放牧へと進化した。

ボワザンの慧眼は、草は放牧のあと葉を再生するのに時間が必要だという認識と、ウシは伸びたばかりの草をもっともよく食べるという実感を結びつけたことだ。きわめて生産性の高い放牧の鍵は、面積あたりにどれだけ多くの動物を詰め込めるかではなく、ウシが一つのパドックでどれだけ長く草を食べられるか、そして再びそこに戻ってくるまでにどれくらい時間をかけられるかにあったのだ。ボワザンのウシは、各パドックで一日だけ放牧されてから次へ移動すると、より多く乳を生産し、より健康になった。ボワザンは動物を、牧草地の主要作物――草――を収穫する道具だと考えた。酪農家の本当の仕事は牧草を育てることだ。ウシはそれを収穫して加工するのだ。ボワザンは三段階の草の生長を認識していた。ゆっくりと生長する初期、急生長する中期、種子の生産で終わる末期だ。理想的なシステムは、植物に初めの二つの段階を経過させてから、第三段階の初めにウシを連れてきて放牧するものだとボワザンは考えた。

ボワザンの理論の簡潔さには今なお注目に値する。草丈が一〇センチに満たない程度のとき、植物は次の、急生長期を支えるのに必要な地下の構造に投資する。この第二段階で植物は新しい葉や茎を伸ばす栄養生長をする。これまで見てきたようにオメガ3が豊富な部分だ。第三段階では植物はそれ以上生長せず、繁殖に力を入れ、穂を支えるため、強くて比較的消化しにくいセルロース豊富な支持構造を作る。新鮮な牧草の生産を最大にするには、牧草地を第二段階の急生長期に保ち、なるべく一年の大半を通じて、できるだけ速く生長させることだと考えたところにボワザンの目のつけどころの違いがある。

一つのパドックでウシをあまり長く放牧すると、植物は生長の第一段階から先に進めない。植物が、第二段階の急生長を支えられるように、枝葉と根系を再建するためにはしばらく時間がかかる。だからウシをひんぱんに移動させれば、植物に回復の時間が与えられ、ウシは伸びたばかりの草を食べ続けられる。一カ所の広いパドックで好き勝手に草を食べさせるのではなく、いくつもの小さなパドックのあいだでウシをひんぱんに移動させるようにすることは、輪換放牧と現在呼ばれているものへと発展する新しい方法なのだ。

ボワザンは動物を、その食物が育つ土壌の生化学的な写し絵として捉え、土壌有機物は土壌生物にとっての触媒のようにはたらくと考えた。ミミズと微生物は、土壌鉱物を摂取して腐植に混ぜ込み、植物が容易に取り込めるようにして草食動物に引き継がせるために欠かせないものだとボワザンは信じていた。彼は土壌生物を、肥沃度を維持し、栄養が常に移動して土壌、植物、動物のあいだを循環するための要となるものだと考えた。

ボワザンはこうした発見、理論、経験を一九五九年の著書*Soil, Grass and Cancer*（土壌、草、がん）にまとめた。ボワザンは、さまざまな鉱物元素の欠乏が植物、動物、人間の健康におよぼす影響を調べあげ、その重要性を強調した。そして、この連鎖の第一段階を単純化することの根本的な危険性を警告した。少ない種類の化学肥料に頼れば、健康に不可欠な微量栄養素のような、他の元素の必要性をないがしろにすることにつながるのだ。

土壌中のミネラルバランスに注目する

ボワザンは特に、無機肥料の過剰な使用が土壌中のミネラルのバランスを崩すと考えた。肥料は慎重に施す必要がある。ある成分が多すぎたり少なすぎたりすれば、さまざまな問題や疾患が反芻動物に発生する。ミネラルのアンバランスは細胞の代謝に影響し、あるミネラルが過剰あるいは過少になれば、別のミネラルの可給度や利用に影響することがある。

たとえば、牧草にカリウムを与えすぎれば、マグネシウムとカルシウムの取り込みを減らすように、あるミネラルの過剰が別のミネラルの不足に転じる。さらに進んで、カルシウム、マグネシウム、カリウムの理想のバランスが、植物の生長を最大限に促進する鍵であるという概念を広めようとする者もいるが、現代の土壌学者は、すべての作物と土壌に普遍的な理想のバランスがあるという考えには与《くみ》していない。それでもなお、実際の土壌のミネラルバランスは重要であり、微量栄養素の不足が植物、家畜、人間の健康に影響するというボワザンの思想は、当時先鋭的であったのみならず、今なお洞察に満ちたものであり続けている。

代謝と酵素の触媒的な影響が科学的に解明されるはるか以前から、人間は直感的に、動物は土壌の鏡像だと考えていた。この伝統的な知恵に基づいて、ボワザンは、土壌から植物、動物へと移動する微量ミネラルは触媒に作用する触媒だと考えた。特にその中の二つ、銅とホウ素は、健康の中心である生化学的反応を起こさせるものであり、それらがなければ、動物の生理機能に次から次へと混乱が起きると、ボワザンは信じた。

ボワザンは、ホウ素の可給度が植物に含まれる必須アミノ酸、トリプトファンの量に影響すると指摘した。植物は、家畜が食べ、最終的には人間が取り込む唯一のトリプトファン供給源だ。土壌中のホウ素濃度が低いと、飼料とそれを食べた動物にトリプトファンが不足する。同様に、ボワザンは植物のシステインおよびメチオニン（共に重要な硫黄含有アミノ酸）不足の原因を、土壌の硫黄濃度が低いことだとした。また、窒素肥料の与えすぎは硫黄可給度を低下させ、家畜飼料にとって重要なアミノ酸の含有量を下げると考えた。

しかしサー・アルバート・ハワードとは違い、ボワザンは化学肥料の使用を否定しなかった。ボワザンは、ミネラルの適切なバランスが、植物とそれを食べるウシの健康に重要だと確信していた。成長促進の三要素、窒素、リン、カリウムをやみくもに過剰施肥しても意味はなく、要は土壌に応じて正しいバランスを見つけることだ。窒素肥料を捨ててしまうのではなく、もっと慎重に使うことをボワザンは呼びかけた。

従来の土壌試験では、放牧された家畜が、さまざまなミネラルを実際にどれほど吸収するのか測定できないことも、ボワザンは認識していた。土壌生物は、土壌の化学物質と同じくらい重要だ。なぜならそれは、ビタミンやミネラルを植物が、ひいては家畜や人間が利用できるようにするからだ。そこでボワザンは農学者に、ウシの摂食行動を考えるように促した。科学者が考えるウシにとって理想の餌が、実際に食べる側からは違う評価を下されるかもしれない。

動物と人間の健康が、土壌のミネラルバランスとつながっていると主張するために、ボワザンは何らかの元素がさまざまな不調を引き起こしたいくつもの事例を挙げた。ヨーロッパと北米での事例研究に基づき、ボワザンは先鋭的な結論に達した。獣医学はまず、土壌を治療することに重点を置き、動物を治療しなくてもよいようにする必要がある。予防医学は家畜の健康にとって最善の解決法だ。そしてその鍵は何か？　土壌の健康だ。

すでに紹介した同時代の人々と同じように、ボワザンの慧眼は時代のはるか先を行き、ウシを草から引き離す慣行農法が、土地の生産力を保つ放牧と草の再生長のリズムを断ち切ったことに気づいていた。彼の考えでは、ウシを小さなパドックからパドックへとひんぱんに移動させる代わりに牛舎に収容するのは、家畜と牧草地両方の生産力を阻害することだった。またボワザンは、ウシのあいだで結核が流行する原因は、混雑した肥育場で質の悪い飼料を与えたことだとした。こうした環境はウシの健康を損ない、病死率が健康な動物よりはるかに高くなると彼は考えた。

重大な病気と慢性疾患は、肉や牛乳の生産を大きく損なう可能性がある。そこまでいかなくとも、それは生産の足を引っ張る。最悪の場合、家畜の早期死亡を引き起こす。そうすると当然、このような疑問が湧いてくる。動物はどの程度、自分の健康維持に役立つ餌を選ぶことができるのだろうか?

野生動物が知っている薬効植物

野生動物が病気になると、薬効のある食べものを選んで症状をやわらげるのが普通だ。このような行動には名前がついている。ズーファーマコグノシー(動物生薬学)だ。舌を嚙みそうな名前だが、語根から考えると意味は一目瞭然になる。ズー(動物)ファーマ(治療薬)グノシー(知識)だ。

古代の呪術医や哲学者は、動物が植物を薬品として利用することを知っていた。たとえばグレート・プレーンズ北部のアメリカ先住民は、セリ科の植物ラベージを「ベア・メディシン(クマの薬)」と呼ぶ。冬眠から目覚めたクマは、この植物の根を掘り出して食べる。どうやら胃腸を再び動かそうとしているらしい。

一九六〇年代初め、タンガニーカ湖畔でのジェーン・グドール(英国の動物行動学者)の研究は、チンパンジーが道具を作り他の動物を殺して食べることを明らかにして、多くの人を驚かせ、夢中にさせた。だが、この動物にはもう一つの技術があったのだ。

グドールの助手だったリチャード・ランガムはある日、野外研究記録に奇妙なできごとを報告した。二頭のオスのチンパンジー、ヒューゴーとフィガンを、いつも使っている小道で追跡していると、ヒューゴーが突然道を外れて、棘だらけの藪に飛び込んだ。チンパンジーのすることを観察するのがランガムの仕事だ。自分も藪をかき分けて進むと、ヒューゴーがキク科の草本植物アスピリア・ルディスの葉をむしっていた。チンパンジーはそれを二、三枚口に入れると、ほとんど噛まずに呑み込んだ。ランガムは食事をするチンパンジーを何頭も見てきた。たいてい葉を一摑みまた一摑みと口に入れては、むしゃむしゃと長いあいだ噛んでいた。

だがヒューゴーには自分のしていることの意味が正確にわかっていた。アスピリア・ルディスの葉の表面はサンドペーパーのようにざらざらしている。ヒューゴーは舌を磨こうとしていたわけではない。腸内の寄生虫を取り除こうとしていたのだ。アフリカの現地住民はこの植物のことを知っていて、同じように使う。ランガムの発見から数十年のあいだに、アフリカの他の地域に棲むチンパンジー、ボノボ、ローランドゴリラが、同様の虫下しの効果がある約二〇種類の葉を食べているのが観察されている。

のちにランガムは、生化学者と共同で、アスピリア属の他の植物に含まれるファイトケミカルにも、駆虫効果を持つものがあるかどうかを調べた。すると、少しだけ噛んだ一枚の葉にも、チンパンジーによく見られる寄生線虫の八〇パーセントを殺せるだけの特定のファイトケミカルが含まれていることがわかった。

反芻動物も類人猿と同じことができるのだろうか？　結論から言えば、できる。数十年前から、フレッド・プロベンサは、反芻動物が本能的な行動と先天的な生理──身体の知恵──をはたらかせて、バランスの取れた栄養の要求を満たしながら、ファイトケミカルなど植物に含まれる物質の健康効果を幅広く獲得することを探求している。アメリカ南西部の砂漠から緑に輝くニュージーランドの牧草地まで、昔ながらの牧歌的景観からこの上なく悲惨な狭い屋内飼育施設まで、プロベンサと仲間たちは、どのように反芻動物がその身体の知恵を獲得し、利用し、磨き上げたか（あるいはそうしなかったか）を記録してきた。この洞察に満ちた研究は、健康な土壌に育つ生きた植物の餌を反芻動物が選ぶときの能力に対する、憶測と旧来の考え方を一新した。

身体の知恵には肝心なものが三つある。学習はその柱の一本であり、その多くは群れの中での交流――特に母親と子どもの――という形を取る。風味は第二の柱で、反芻動物の食物の好みを、さまざまな形のフィードバックを通じて決定する。三本目の柱は場所に関するもので、動物が棲む環境が前記の二本の柱に触れる機会を与えるものであるかどうかだ。柱同士のつながりは、認識作用から細胞間コミュニケーションまで複数のレベルで発生する。広範囲にわたる研究により、草食動物は身体の知恵を使う機会を与えられると、植物界の豊穣さを読み解き整理する能力を発揮して、滋養になる食物と薬を見つける。そしてこれは次に動物の健康と幸福へ、それからもちろん栄養価の高い肉と乳製品へと変わる。

反芻動物からプロベンサが学び始めたのは数十年前のことだ。そのとき彼は、生まれ育ったコロラド州中南部に近いロッキー山脈のとある牧場で、夏のあいだ働いていた。野生生物学で学士号を取得したあと、プロベンサは大学院に進むことを決心した。彼は、野の花に彩られた青々とした高山の草原を、雪のように白いシロイワヤギが棲む峰を目指し歩いていくところを夢想していた。

大学院生の多くの例にもれず、プロベンサは何もかも予定通りには行かないことに気づいた。蓋を開けてみれば、彼はユタ州の南西の端に位置するカクタス・フラットの砂漠の研究基地で汗にまみれ、サボテンやら何やらの棘をよけながら、家畜のヤギのあとをとぼとぼと追っていた。プロベンサは、野生生物や家畜の反芻動物の餌を改善するために、ヤギの摂食行動の管理について知りたいと考えていた。

だがヤギを手に入れる前に、それを入れる囲いを造らなければならなかった。砂漠の硬い地面に全長三キロにおよぶフェンスの支柱を立てるため、プロベンサはカクタス・フラットで最初の夏のほとんどを、焼けつくような暑さの中、深さ一二〇センチの穴を次から次へと掘ることに費やした。幸い、妻のスーが、協力を承知してくれた。幸運にもフレッドとスーに会った人は、二人とも愚痴を言うようなタイプではないことがわかるはずだ。だがカクタス・フラットのその夏は地獄だったと、二人は口を揃えた。それでも、割に合おうが合うまいが、仕事は仕事だ。秋までに二人は、ヤギを収容する六組の牧草地を完成させた。

プロベンサは景観のごく細かい違い、特に植物を見分けられるようになった。特に多かったのがバラ科のブラックブラッシュ（*Coleogyne ramosissima*）だった。その小さく厚みのある灰緑色の葉は、棘だらけの茎に重なり合うように生えていて、丈は最大で一メートルほどだ。ヤギは人間の目には魅力的でない植物を食べることで知られている。ブラックブラッシュはうってつけだ。

牧草地の一つに、特に勢いのいいブラックブラッシュの藪があった。先ごろ落雷で枯れてしまったネズの巨木のまわりに茂ったものだ。ヤギはこの極上の餌を食べに来るだろうと、プロベンサは予想した。ヤギにとっては、砂漠で見つかるものの中では、天国みたいなものではないだろうか。

ナバホ・ネーションと賃貸契約した九〇頭の白いアンゴラヤギが到着すると、それを牧草地に入れる作業に、フレッドとスーは週の大半を費やした。案の定、枯れたネズの牧草地に入ったヤギは、みずみずしいブラックブラッシュに気づいて、鼻先を枝の上へ下へと動かし、灌木の一本一本で葉の匂いを確かめた。プロベンサはヤギが食事を始めるのを待った。食べるものはいっこうにいなかった。変わり者が一頭だけ、二口三口かじったが、すぐにふらりと去っていった。こんな上等のブラックブラッシュをどうして避けるのか。呆然とするプロベンサの脳裏に、ある指導教授の言葉がこだましていた。「自分より頭のいい動物を研究するものじゃない。だから君はヤギの研究はやめたほうがいい*」。

驚くのはまだ早かった。ヤギはすぐによそで食物を見つけた。カクタス・フラットの別の住人のおかげだ。好奇心旺盛そうな黒い目、特大の耳、先に房のある長い毛に覆われた尾を持つサバクウッドラットは一流の大工で、枯れ枝を使って精巧な家を建てる。その大きさはフォルクスワーゲン・ビートルほどにもなることがある。この小さな齧歯類の頭のよさ、特にネズの木の皮を家の外壁に転用する巧みさに、プロベンサは驚嘆した。

ヤギはウッドラットの家を、セルフサービスの期間限定レストランと見なした。プロベンサは、ヤギがネズの外壁を引き裂いて、頭を突っ込めるくらいの大穴を開けるのを見た。溜め込んだ新鮮な植物、種子、果実から、ウッドラットが建築資材にしているずいぶん前に枯れた枝まで、何もかもが格好の獲物だった。

収穫は多かったが、この餌あさりをしたヤギはすっかり薄汚くなった。ウッドラットの家を食べたことで鼻面はまるでペンキを塗ったかのように、くっきり二色――正面は茶色と黒、下顎の輪郭あたりから後ろは本来の白――に色分けされてしまったのだ。この新しい装いで、プロベンサは、ウッドラットの家の食べ方を覚えたヤギを簡単に見分けられた。

しかし一つ腑に落ちないことがあった。ヤギが食べたもののほとんどは、食べものなどではなかったのだ。ウッドラットの家を構成するのは、枯れた木質の素材だった。どんな栄養価がそれにあるというのだろう？　結論から言えば、答えは窒素だ。ヤギはプロベンサよりそれに気づいていた。ウッドラットの尿は、そのすみかの構造物と内容物に染み込む。水分が蒸発したあとには、窒素が豊富な尿素が残る。そして植物の場合と同様に、窒素は動物にとっても必須のものだ。ヤギの体内で、それは第一胃の微生物を維持し、筋肉を作るのに使われ、損傷したＤＮＡを修復するのだ。

だが、ヤギの謎を一つ解決すると、また一つ新たな謎が生まれた。ブラックブラッシュも窒素を含むことを、プロベンサは知っていた。なぜヤギは、食べると思われていた植物を食べなかったのだろう？　のちにプロベンサが記録しているが、みずみずしい新芽はすべて有害なタンニンを高濃度に含んでいて、これがヤギを寄せつけなかったのだ。多くの植物が新芽を草食動物から守るために同じことをしている。ヤギは、食べすぎ

＊Provenza, F. 2018. *Nourishment: What Animal Can Teach Us about Rediscovering Our Nutritional Wisdom*. Chelsea Green Publishing, White River Junction, VT, p. 16.

れば中毒するかもしれないファイトケミカルを含む生きた植物よりも、食べられる窒素にまみれたサバクウッドラットの家を好んだのだ。

カクタス・フラットでヤギから学んだことがきっかけで、プロベンサは生涯をかけた研究に乗り出した。彼はユタ州立大学の教授になり、そこで動物はどのようにして食べるものを知り、必要とする栄養と薬効に応じて食べものを選択するのかという根本的な疑問に取り組んだ。そしてわかったのは、反芻動物の身体の知恵は、人間に畜産と農業慣行について教えてくれるかもしれないということだ——そしてもちろん、自分自身の身体をどのように養うかも。

味のフィードバック、もしくは植物と踊るダイナミックなダンス

この見方は、プロベンサが研究を始めた大学院生の頃は、注目されなかった。反芻家畜を原野や牧草地の環境で育てるのはリスクが大きいと、教授たちは考えていた。農学者や動物学者は、飼料植物には有毒なファイトケミカルが蓄積されていて、反芻動物がバランスの取れた十分な栄養を含む食餌を摂る妨げになりうると見ていた。初め、プロベンサはこの考えを受け入れていた。だが、動物が食物を選び、採食パターンを発達させていくのを観察・記録するうちに、反芻動物の生活の実態がよりはっきりと見えてきた。反芻動物が元気に育つかどうかは、その生理機能、行動、棲む場所との相互関係を反映した経験に左右されるのだ。植物、土壌、水、他の動物は、敵にも味方にもなり、競合することも共存することもある。反芻動物が生きている多様な植物から食物を選ぼうとするとき、その身体の知恵は、何万年もそうしてきたように植物界の危険と利益を巧みにさばいているのだ。

ありふれたイネ科の牧草トールフェスク（オニウシノケグサ）がいい例だ。これはウシにとって優れたタン

パク源であり、第一胃の微生物の生産力と第一胃の機能を正常に保つ複合炭水化物（繊維）源でもある。しかしタンパク質や繊維と一緒に有毒なアルカロイドが入っており、それが食べても大丈夫なレベルと、食べれば意識不明に陥るレベルの中間にあるということが少なくない。*

家畜化された草食動物は、ある程度アルカロイドを食べても平気だが、食べすぎれば身体の末梢部分、まず耳、尾、ひづめで血管が収縮を起こす。この影響はアルカロイド中毒を表わす俗称「ライグラススタッガー（ライグラスよろよろ病）」「ドランケンホースグラス（馬酔草）」の意味の説明になる。中毒が長引くと、血管の収縮から組織が死に、最終的には壊疽《えそ》を起こして命取りになりうる。

では、反芻動物はどうしたらいいのだろうか？　彼らは草に含まれる栄養を必要とするが、その栄養には厄介なアルカロイドがまとわりついている。プロベンサと彼が指導する大学院生の一人は、ウシがどのようにアルカロイドの過剰摂取を避けられるようになるのかを解明する研究に着手した。それは意外にも単純だった。彼らの被験体のウシは、アルカロイドを含む植物を食べる前に、アルカロイドを中和するファイトケミカルを含む植物を選んで食べたのだ。

一二日間の実験中、二度にわたり、彼らは朝一番でウシにアルカロイドが多いイネ科植物（リードカナリーグラスとトールフェスク）を食べさせた。その直後、ウシは別の二種類の一般的な飼料植物——アルファルファとミヤコグサ——を食べに移動した。実験一二日目が近づくにつれて、体内のアルカロイド蓄積量が高まったため、ウシがイネ科植物を食べる量はだんだんと減り、特にトールフェスクでそれが顕著だった。身体の知恵がはたらいていたのだ。ウシは草の味と気分が優れないことを結びつけた。味のフィードバックと学習

*面白いことに、トールフェスクを含め多くのイネ科植物は、草食動物を遠ざける物質を自分では作らない。共生する細菌や菌類に分泌物を与えて、見返りにアルカロイドを受け取るのである。

の柱は一緒になって、ウシがトールフェスクを食べる量を減らすようにしたのだ。

これが功を奏した。アルファルファはサポニンを含み、ミヤコグサはタンニンを含む。いずれのファイトケミカルも反芻動物の腸内でアルカロイドと結合して、血流中の濃度を低く保つ。ウシが解毒剤――アルファルファに含まれるサポニンとミヤコグサに含まれるタンニン――をまず摂っていれば、それがイネ科植物のアルカロイドを中和してくれるのだ。これには牧場主が関心を持つに違いない、別の効果もある。ウシが大きくなるのだ。気分が悪くなく、病気にかからなければ、動物は食べ続け、成長し続ける。

ヒツジを使った同様の研究でも同じ結果が出ている。トールフェスクやリードカナリーグラスの前にアルファルファやミヤコグサを食べると、消化がよくなり、ヒツジはより多くの草を食べるようになる。反芻動物はこのような経験を記憶して、次に食べものを前にしたとき、吐き気や気分の悪さを避けるにはどのくらいの量を、他に何と一緒に、どの順序で食べればいいかを判断することができるのだ。

これらの研究（そしてプロベンサの著書 *Nourishment*〈栄養〉で検討されている、さらに多くの同様の研究）で明らかになったのは、反芻動物が多様な生きた植物を豊富に含む食餌を摂るとき、このプロセスがいわば、ひとりでに発達することだ。このような環境で育つ動物は、絶えず餌の組成を、栄養、ミネラル、ビタミンその他有益な物質に対する独自の要求を満たしながら植物毒の過剰摂取をしないように、調節しているのだ。

カクタス・フラットでの日々から数年後、プロベンサは、ブラックブラッシュに含まれるファイトケミカルのどれに、ヤギを寄せつけない力があるのかを突き止めるため、給餌実験を行なうことにした。ある同僚の協力を得て、プロベンサは若いブラックブラッシュの小枝から候補となる物質を抽出・精製して、物質ごとに餌のペレットに混ぜた。数カ月間、彼は一度に一種類の餌をヤギの群れに与えた。毎回、ヤギはペレットを平らげた。

プロベンサの餌は最後の一種類、タンニンを含むものだけになった。これがヤギを寄せつけないファイトケミカルに違いないとプロベンサは予想した。あにはからんや、ヤギたちはタンニンをたっぷり含んだペレットをがつがつと食べたのだ！　プロベンサは驚き、期待はずれに信じられぬという気持ちでそれを見守った。彼は貴重な助成金を、ブラックブラッシュの抽出作業で使い果たし、またかなりの時間と労力を給餌実験に費やしていた。それがすべて無駄だったのか？

あと一回の給餌分しかタンニン入りペレットは残っていなかった。翌朝、プロベンサは最後のペレットを与えた。カラカラと音を立ててペレットは飼い葉桶に落ちた。プロベンサはヤギをじっと見た。ヤギは彼を見つめ返し、まったく食べようとしなかった。前の日にはもりもり食べていたものに、今日は濡れたボール紙程度の魅力しかないかのようだ。またしてもヤギが先に立っていた。だが、とプロベンサは思った。いったいどこへ連れて行こうというんだろう？

身体の知恵の味の柱が、フィードバック・システムとして機能していることをヤギが示しているのだと、プロベンサは気づいた。トールフェスクを食べてアルカロイドに飽き飽きしているウシのように、ヤギなどの動物は、特定の味と食後にどんな気分になるかを容易に結びつけられるのだ。不快感やその他のよくない結果が、特定の植物を食べた直後にあれば、反芻動物は当分それを食べなくなる。だからヤギは二度目のタンニン入りペレットに興味を示さなかったのだ。その後、嫌な気分が鎮まると、反芻動物はまたその植物を食べるようになる。この連想は逆方向にも作用する。食べたあとによい気分になれば、動物は今後も同じ植物を探す。ダイナミックに変化を続けるダンスを植物界と踊ることは、静かに反芻することと同様に、反芻動物の生活の一部となっているのだ。

ファイトケミカルのほとんどがそうであるように、タンニンも動物に対して複数の効果を持ち、中には寄生虫を駆除するという有益なものもある。家畜化された反芻動物は、大型類人猿と同じ基本戦略を取る。影響が致命的なものにならず軽くなるように、寄生虫の数を減らすのだ。ヒツジはこの手段で捻転胃虫（*Haemonchus contortus*）に対処している。世界中でヒツジを悩ませている、たちの悪いことで知られる線虫だ。これが群れをなして反芻動物の腸壁に食いつき、栄養豊富な血液を休みなく奪い取っているとき、小さな半透明の身体全体が赤と白のらせん状の縞模様に彩られる。英語名のバーバーポールワームは、この様子が理容店のサインポールに似ていることから来ている。こうした状況はすぐに貧血を引き起こし、治療せず放置すれば命取りになりかねない。

駆虫剤が一般的な治療法だが、それが捻転胃虫に対して効果を持たなくなっている地域も多い。状況はそれ以外の多くの寄生虫でも同じで、アメリカ、オーストラリア、ブラジルの半数を超える農場が、薬剤耐性寄生虫に直面している。

幸い、タンニンを多く含む餌が、ここで役に立つ。寄生虫に対する動物の免疫反応を促進し、卵や幼虫の成長を妨げ、腸壁から寄生虫を駆逐するからだ。タンニンには抗菌、抗ウイルス、抗炎症作用もある。その効果は、すでに動物の体内にある他のファイトケミカルの種類や量、タンニンの前後に何を食べたか、全般的な健康状態など、いくつもの要素に左右され、薬効を持つことも毒性を示すこともある。興味深いことに、タンニンの科学的性質に関する目下の理解は、一六世紀スイスの放浪の医師兼錬金術師、パラケルススの格言「用量次第で毒になる」を補強している。

寄生虫駆除にタンニンを使うことの大きな利点は、土壌生物に壊滅的打撃を与えないことだ。合成駆虫剤の多くは、投与を受けた動物の糞便中でも殺虫性を保っており、とりわけ食糞性コガネムシにきわめて有害であることがわかっている。タンニンが豊富な植物を含めた、さまざまな牧草飼料を動物に食べさせることで寄生虫を駆除すれば、この問題を回避できるのだ。

平均という問題——費用対効果の真実

身体の知恵は、進路を示す羅針盤のような性質が、ある動物に特有の生理機能および代謝とかみ合っているため、ＴＭＲ（完全混合飼料）の調合担当者に難問を突きつける。そうした人たちは製品設計にあたって、もっともありふれた、普遍的な、そして困った問題に陥ってしまう。ウシも人間も、それぞれに違う。たとえば、自動車の運転席を考えてみよう。平均的な体格の人に合わせて設計すれば、誰にとっても具合が悪い。一世紀を超える自動車づくりの歴史の中で、われわれが思いついた最良のものは、ハイパーアジャスタブル・シートだ——それがどう動くのか見当がつけばの話だが。

ＴＭＲを集中給餌環境にある動物のために調合するのも、やはり同様に複雑だ。動物には一頭一頭、異なる代謝率と独特の化学組成があり、そのすべてが生活史の段階、季節、健康状態、その他の要因によって絶えず変動する。現実には、平均的な人間や動物（あるいは植物）に合わせて設計した製品は、さまざまな体格、代謝、遺伝子、マイクロバイオームを持つ固有の個体ばかりの世界では、うまく機能しないのだ。自分の家族が全員、毎食同じものを同じ量食べているかどうか考えてみるといい。

人間が規格化に努めようと、多様性は家畜や栽培植物にも根強く残っている。だがそのあらゆる多様性は、実際はよいものである。それによって病原体のような負荷からの回復力が高まったり、ある動物が口にできない植物を、別の動物はたくさん食べられたりする。変わりやすさは、個々の動物にとって常に有利にはたらくとは限らないかもしれないが、長期的には個体群の回復力を強くする。身体の知恵は適応プロセスの一つだ。それをはたらかせることが、家畜の健康を支える健全な方法なのだ。

この視点を念頭に置いて、ＴＭＲに混ぜる前の原料をばらばらに出して選ばせたら、反芻動物はどうすると予測されるだろう？　栄養的に適切な食べものを選ぶだろうか、それとも好きな材料だけがつがつ食べるのだろうか？　研究者はそのような実験を子牛で行なった。一方のグループは、個別の容器に入れたＴＭＲの原材料――アルファルファ、コーンサイレージ、押し麦、圧扁《あっぺん》トウモロコシ――を自由に食べられるようにした。もう一方は、同じ四種の原料を挽いて混ぜ、ＴＭＲにしたものを与えられた。

個別の容器から単体の原料を食べているグループには、いくつか顕著なことがあった。その日その日で、どの子牛も四種の原材料から、同じ組み合わせ、あるいは同じ量を選ぶことはなかった。今日、ある子牛は押し麦が好みで、あとの三種を少しずつ食べたとする。翌日、同じ子牛がアルファルファとトウモロコシを食べ、麦は休みということもある。また、子牛の選んだものが、ＴＭＲの原料配合の割合と同じになることも決してなかった。ある日はタンパク質を多く摂ったかと思うと、別の日には炭水化物を多く摂るという具合だったのだ。最終的にどちらのグループも同じ割合で体重を増やし、七カ月の実験期間中ずっと健康状態がよかった。しかし自由選択飼料は、農家にかかるコストが低かった。このグループの子牛は、たまたまもっとも高価な原材料を食べる量が少なかったのだ。

規格化された便利なＴＭＲは、規格化は効率的であり、したがって費用対効果が高いという想定で、屋内飼育施設の主力をなしている。しかし人間と同じように、平均的な動物というものはいない。ただ個々の動物がいて、それぞれに固有の生化学組成と代謝があるだけだ。だからある動物がビタミンを、あるいは特定のアミノ酸やミネラルをＴＭＲの規格量より多く必要としていたら、一つの栄養を十分に摂るために過剰に食べなければならない。ほとんど認識されていないが、この事実は生産者には飼料コストの増加となって表われる。

平均的な動物を基準にした飼料の規格化は、小食の個体を生む。このような個体は、ＴＭＲに含まれる特定の栄養素をそれほど多量に必要としない。そのため食べすぎて不快感や体調不良を招かないように、ＴＭＲを食べる量を減らす。食事量の不足の程度によっては、体重不足を招いたり他の健康問題を起こしやすくなったりする。

正常な満腹信号を歪める食味増強剤

食味増強剤《パラタント》は、TMRを食べすぎる、あるいはあまり食べようとしない動物の問題をさらに厄介なものにする可能性がある。この手の食欲刺激剤は、正常な満腹信号を歪める風味を使って、動物の身体の知恵を機能させなくする。特定の原材料を避けるためにTMRをあまり食べない動物が、体調が悪くなるものを余計に食べれば、さらに具合が悪くなるだろう。そして、ある一つの栄養を十分に摂ろうとしてすでにTMRを食べすぎている動物は、他の栄養の摂りすぎで病気になる危険を冒すことになる。結局、TMRにはさまざまな利点があるとされているものの、それは飼料代と医療費が増す原因でもあるのだ。

パラタントを食べているのは反芻動物だけだと思ったら大間違いだ。人間が食べる超加工食品について考えてみよう。大半の消費者は、成分表に「パラタント」と書いてあるのを見たくはないだろう。そこでもっと食欲の湧く言葉が使われている。たとえば「天然香料」とか、単に「香料」などだ。添加された糖、脂肪、食塩もよりわかりやすい、そして明白なパラタントであり、中には大きな問題になっているものもある。たとえば人工トランス脂肪酸は、当初安全だと考えられていたが、のちに食品への添加が禁止された〔日本では本書刊行時点で規制はない〕。呼び名はどうであれ、われわれに余計に食べさせようとして加工食品に加えられた香料は、人間による食品選択と行動を確実に支配している。その点はTMRで生きているウシと同様なのだ。

家畜の育て方の再考は、かなり単純なものの見方から始まる――今日の標準は正常ではない。反芻動物の身体の知恵を踏みにじるかわりに、肥育場に閉じ込めて、パラタントで味付けした穀物と濃厚飼料中心の餌で育てる以外の方法を取ったらどうなるだろう？　人類史のほぼ全体を通じて、家畜の番人は群れを牧草地や餌場まで引きつれていくものの、何をどの順番で食べるかはだいたい動物まかせにしていた。それでも、人間は植物の健康と土壌の質との関係に、気を配らねばならなかった。これこそが家畜の、したがって自分の家族と地域社会の健康の鍵だからだ。

これで思い起こすのは、身体の知恵の三本目の柱――場所――のこと、そしてそれによって動物は最初の二本の柱を発現させ、利用することができたということだ。適切な環境と十分な機会があれば、反芻動物は味のフィードバック・ループを利用して、健康を保つために必要な植物性食物について学習し、選択することができるのだ。

もちろん動物は、アルカロイドやタンニンや、何か特定のファイトケミカルのことを考えながら、牧草地や景観の中を歩いているわけではない。彼らは、場所とそこに生える植物について、生涯にわたる経験から少しずつ学習するのだ。身体の知恵のこうした一面は、さまざまなことを説明する。たとえば、一九世紀後半に中西部に勃興した肥育場産業へとテキサスの平原からウシを輸送するキャトル・ドライブが、わずかなウシしか目的地に着かないという結果になることが少なくなかった理由だ。ウシはルート上の植物群集にほとんど、あるいはまったくなじみがなく、十分に餌を得られないことが多かった。また水場、自然の危険、隠れ場所も知らなかった。その結果、多くが道中で命を落としたのだ。食物、水源、地形などへの知識の欠如は、種の再導入計画の大きな問題である。

場所の重要性は、牧場を買おうとすると、先住牛が付いてくることが多い理由の一つでもある。場所に不慣れな動物を導入しても、たいていうまくいかない。周辺の地理を知らないからだ。地域で生まれ育った動物は、季節による植物の生長と手に入る地域の植物群集に基づいて、献立を考え出すすべを知っている。このような場所に根ざした知識は生涯にわたるプロセスであり、世代から世代へと引き継がれるものなのだ。

身体の知恵を築くための食物の選択と学習の機会がないことは、肥育場へ送られる子牛にとってまさに問題の始まりだ。到着したとたん、牧草地や原野の環境で母親や他の群れのメンバーから学習した知識は、無意味になる。食物を選ぶ余地はない。それはただ一つ、ＴＭＲしかなく、それを得る場所もただ一つ、飼い葉桶しかないのだ。

ボワザンの時代から、農学者は反芻動物が食べるべきだと考える植物を選んできた。畜産が牧草地や原野から肥育場に場所を移すと、人間は反芻動物の身体の知恵を、人間の思考に置きかえようとした。われわれは、人間の栄養概念を畜産に当てはめ、タンパク質、脂肪、炭水化物を、厳選したビタミンやミネラルと一緒に混ぜてＴＭＲやその他の飼料を作り出した。

現実には、このやり方は反芻動物の食餌の重要な特色――ファイトケミカル、そして「用量次第で毒になる」ような動きを、身体の知恵の柱が、特に細胞レベルにおいていかに制御するか――を無視している。ＴＭＲを食餌にすると身体の知恵は骨抜きになる。理由の一つは、ＴＭＲには多様な生の飼料の水準に比べると、どちらかといえばわずかなファイトケミカルしか含まれていないからだ。ブタ、家禽、ウシの研究で得られた証拠では、植物ポリフェノールは局所と全身性いずれの炎症も、人体の場合と同じように軽減することが明らかになっている。結論として、ファイトケミカルが豊富な草を食べると、肥育場の飼料を摂取するのに比べ、一般にウシの健康は増進されるのだ。イネ科の牧草がいいのは言うまでもないが、その他の雑草や灌木の葉を加えればさらにいい。テルペン、ポリフェノール、タンニン、カロテノイドが加わり、反芻動物の体内の薬局が在庫でいっぱいになる。

永続する多様性――適応と回復力を生む群れの中の変わり者

ウシを、あるいはヒツジ、ヤギを一頭見ればあとは見なくても同じだと、われわれの目がいくら主張しようとも、このような考えは生物学のもっとも根本的な教義の一つに反する。ここでわれわれは話の出発点に連れ戻される――カクタス・フラットのフレッド・プロベンサのところに。九〇頭のヤギすべてに六カ所の囲いを一巡させ終えるころまでに、ウッドラットの家を食べて、そこに含まれる窒素を摂るという技を身につけたのは、ごくわずかにすぎなかった。こうしたヤギは外れ値、つまりグループの中で予想外の行動を取る個体だ。平均から遠く離れた変わり者なのだ。そしてこうした変わり者から適応と回復力が生まれる。

多様性は生命の歴史の底流を貫いている。それは進化の中心にゲノムの変化をもたらす。この生物学的現実を画一性の中に押し込めようとするのではなく、受け入れて共にはたらくほうが価値のあることなのだ。家畜でさえ、群れに属する個体に身体の知恵を発達させ、発現させ、改良させる力を持たせるのは、変化と多様性なのだ。これは、食生活や餌の研究、言うまでもなく薬の研究でも、対象が動物であろうが人間であろうがほとんどすべて外れ値が見られることの理由でもある。動物も人間も、たとえ一卵性双生児であっても、二つの個性がまったく同じということはない。身体はすべて生化学的に別個のものであり、それが栄養と生物医学の研究を、いらだたしいほど複雑で矛盾の多いものにしているのだ。

肥育場の問題については、当然のことながらより徹底した分析が行なわれているが、ここではそのような生活環境が、動物の基本的自由を妨げるものでもあることを指摘しておいてもいいだろう。ウシを棲み慣れた放牧環境から、肥育場の不慣れでストレスが多い環境に移すことは、恐怖や抑圧からの自由を侵害する。慢性疾患を引き起こすことがわかっている食餌は、痛み、傷害、病気からの自由を侵害する。そのような食餌を与えられる閉じ込められた動物は、ストレスと吐き気を経験するため、不快からの自由の侵害になる。

家畜を育てるにあたって基本的自由を保障し、それにより身体の知恵がしっかりと健康を支えるようにすることには、究極的には動物への愛情と敬意だけではない、もう一つの切実な理由がある。動物の健康は、健康によい食べもの——ファイトケミカルと有益な脂肪をより多く含む肉、卵、牛乳——に転換する。動物にとってよいものは、土地にとって、そして人間にとってもよいものなのだ。

人間

PEOPLE

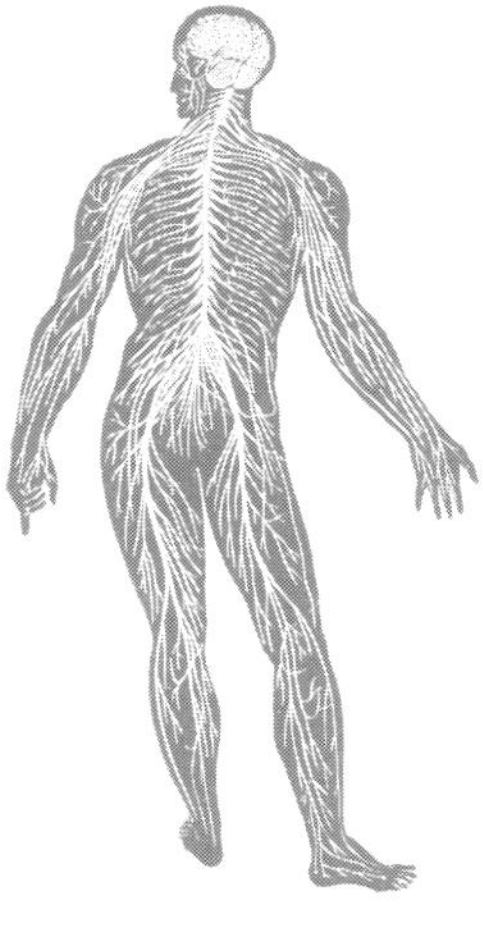

第14章　健康の味

甘いものと一緒に苦いものも食べなきゃいけない。
――キャロル・キング

脳のそばの隠された細胞

われわれはみんなおいしいものが大好きだ。しかし、単なる喜び以上のものがそこには起きているのだ。人間の身体には、かなり興味深い生物学的ツールが備わっていて、それが飲んだり食べたりするものの中に何が入っているかを感知できる。そして反芻動物の場合と同じように、味がわれわれの身体の知恵に情報を伝えるのだ。

食料品店も、パブも、レストランもなかった大昔のことを考えてみよう。食べるものは自分が、自分の家族が、または部族集団が狩猟や採集で手に入れられるものということになる。身体にエネルギーを与え、回復を早め、病気の予防に役立つ食べものを好むことは、明らかに有利だ。身体の知恵の助けを借りて、人間はそうした食べものを、それをどこで手に入れたかを、また、あるものと一緒に食べると、別々に食べるよりも大きな効果が得られることを記憶する。

風味や味は常に目的を達するための手段だった。表面上それは、栄養のある食料源を見分け、記憶し、毒を避けるというものだ。だがより深層では、風味と味はわれわれを、健康によい栄養や物質へと導いている。家畜と同じように、人間の身体の知恵も、さまざまな風味をくり返し経験することで、栄養のリストを作っている。こうした情報すべてを集めて解釈を助けるのは、口の中の味覚受容体と共に、鼻の奥深く、脳のすぐそばに隠された特殊な細胞だ。

舌は唾液に溶けた物質をすぐに検知し、人間はそれを五つの味覚——酸味、甘味、塩味、苦味、うま味——として認識する。酸味は、酢や未熟な果実は言うまでもなく、柑橘に含まれるある種のファイトケミカルのような酸性の表われだ。甘味は炭水化物を意味し、したがってエネルギー源だ。塩味は人体が電解質を調整するのに役立つ。

その起源の研究は始まってから一世紀以上になるが、うま味は味覚のリストでは新参者だ。日本の化学者の池田菊苗《きくなえ》は、昆布と鰹節で取った出汁の主な味が、当時の標準的な味覚の分類では捉えられないことを発見した。池田は二つの材料に含まれる成分の分析を始め、一九〇八年、アミノ酸の一種であるグルタミン酸から構成される塩類、グルタミン酸ナトリウムが中心的な役割を果たすことを突き止めた。約一世紀後の二〇〇〇年代初め、うま味受容体が発見され、物語は完結した。うま味が豊富な食品には、肉やチーズのようなタンパク源が含まれるが、ある種の野菜もうま味を持っている。特に顕著なのがキノコとトマトだ。多くの料理でそうしているように、これらの野菜のいずれかと肉や魚を組み合わせると、相乗効果によって豊かでえもいわれぬ風味が生まれる。

脂肪も公式に味覚として認定されてしかるべきだと考える科学者もいる。口の中には脂肪の受容細胞もあるからだ。この味覚かもしれないものには、すでに名前も提案されており、ラテン語で油の味という意味の「オレオガスタス」と呼ばれている。

苦味はファイトケミカルから来ており、遺伝子と関係する特性がある。きわめて敏感で、ごく微量の苦味でも検知できる人もいれば、はるかに感度が低く、かなり高いレベルの苦味物質でも問題なく口に合うという人もいる。*

味は単色タイル、風味は複雑なモザイク

人間は味を、舌の上や口の中にあるその他の受容体で知覚するが、風味は味と匂いの複雑な混ざり合いから発生する。この融合が起きるのは哺乳類の身体構造のおかげだ。人間の口と鼻は個室のように隔てられていない。食べものを噛み、液体をすすり、あるいはオーブンの扉を開けて食べものが煮えたり焼けたりする匂いを吸い込むとき、揮発性の物質が放出される。たちまち消えてしまうこの独特の物質を、鼻にある受容体は感知するのだ。

空気中をただようこうした分子は、口内の湿っぽい大釜から立ちのぼり、洞穴のような迷宮地帯をうねりながら抜けて、鼻のもっとも奥まで達したところで嗅覚受容体にたどり着く。この生体の終点に、嗅球という脳の一端が位置している。

嗅覚受容体と脳が直接つながっているのは偶然などではない。匂いは空気中を伝わって運ばれ、食べものや環境の細かな情報を、人体の認識の中枢に直接もたらし、そこで分析される。人間の嗅覚の幅広さは計り知れない。われわれは約四〇〇種類の嗅覚受容体を持ち、それらは一兆の異なる匂いを感知することができる。ヒトの味覚と嗅覚を比べてみると、味はいわば単色のタイル、風味は複雑なモザイクのようなものだ。

味と風味には他にも重要な側面がある。人間は食べものを楽しむのに物質的な性質、たとえば温度、外見、食感などに頼っているが、社交や景観のような条件も一役買っている。普段なら平凡な味だと思うようなものでも、結婚披露宴のようなめでたい席や、友人とよいワインを囲む気の置けない集まりでは、もっと美味に感じられるかもしれない。反対に普段なら大好物でも、獄中では食欲をそそらないだろう。

食べものの見た目も、味や風味への期待に影響をおよぼす。トマトを例に取ろう。見た目はすばらしいのに大味なトマトをかじってがっかりした経験は、誰にでもある。しかしぱっとしない食べものをたちまち見破る味覚や嗅覚は、さらに大切な目的にも貢献しているのだ。

味気ない野菜や果物は、風味豊かなものに比べて、予防効果のある物質の含有量が少ないらしい。少なくとも、『サイエンス』誌に掲載された二〇〇六年の研究で、トマトに含まれる数百種の揮発性物質を分析したところによればそうだ。奥深い風味と関係する揮発性物質は、ほとんどがヒトの健康に直接利益をもたらす物質、たとえばカロテノイド――正常な視力と目の健康に欠かせないファイトケミカル――のようなものから発生していることがわかっている。リノール酸やα-リノレン酸などの必須脂肪酸も、最高の味のトマトに寄与している。さらに、三種のアミノ酸（フェニルアラニン、ロイシン、イソロイシン）もおいしそうな風味の元だった。こうした特定のアミノ酸は、人間が体内で合成できないものだ。その天然供給源は食べものだけだ。これは、味と風味が身体の知恵に情報を与え、意識的に努力しなくても健康になる食べものへと導くことの、ほんの一例にすぎない。

他の果物、野菜、ハーブ、スパイスなどで人間が魅力を感じる風味の特徴も、同じ多岐にわたるカテゴリー――ファイトケミカル、必須脂肪酸、アミノ酸――から生じる。固くて大味なトマトや味のない野菜は、本当においしいものと比べると、実際それほど健康に役立たない。つまり、見てくれだけよくした野菜や果物は、目には楽しいだろうが、健康のためにはならないのだ。

＊苦味物質に最高の感受性を与える遺伝子変異を持つ人を「スーパーテイスター」といい、人口のおよそ四分の一を占める。その対極にいるのが感受性がもっとも低い「ノンテイスター」で、やはり人口のおよそ四分の一を占める。「テイスター」はその中間で人類のほぼ半分がこれに当たる。

幼いときに風味を学習すると、その後ずっとよりどころとなる経験が積み上げられる。風味は、あるものをくり返し飲んだり食べたりするか、あるいは二度とそうしなくなるかを左右する。それは人間のもっとも強い嗜好、たとえば、特製の感謝祭のスタッフィング〔詰め物をした七面鳥の丸焼き〕、好みのスパゲティソース、冬の濃いシチューのようなものの中心にあるのだ。だが風味は争いの元にもなる。大好きな家庭料理のことで材料に代用品を使ったとか味を変えたとか、うるさく文句を言ったり言われたりした経験は、誰にでもあるだろう。

ヒトにおける風味のフィードバックは、子宮の中から始まり、生涯を通じて築き上げられる。妊婦を対象にしたある研究では、妊婦がニンジンジュースを飲むと、生まれた子どももニンジンの風味を好むようになることが明らかにされている。妊娠期間の最後の三カ月と授乳期に、一方の集団の女性は週に四日、一杯のニンジンジュースを飲むように割り当てられ、もう一方の集団は水だけを飲んだ。離乳後、幼児全員にニンジン味のシリアルが提供された。子どもたちはもちろん、ニンジン味のシリアルをどう思っているか言葉にできないが、その表情が何より物語る。母親がニンジンジュースを飲んだ子どもは、顔をほころばせたり満面の笑みを浮かべたりと肯定的な表情を見せた。一方、母親が水だけを飲んでいた子どもたちの顔は、そうならなかった。幼児期の味覚体験が一生ついて回る哺乳類は、人間だけではない。このような味覚のフィードバックは反芻動物にも起きる。母親が食べるものが、子どもの食物の嗜好とそれに関係する行動に強く影響するのだ。

ヒトの食べもののあらゆる味の中で、苦味物質に由来するものには、人間の味覚受容体の多面的な能力がもっともよく表われている。苦味についての古典的な考え方は、有毒なファイトケミカルやその他害になる物質が食物に含まれていると警告することを目的としているというものだ。だがこの見方は、人間と植物性食品との長きにわたる関係の背景事情を捉えきれていない。

グルコシノレートを例に取ろう。このファイトケミカルは、ブロッコリーやケールなどアブラナ科植物に苦味を与えている。あまりに大量に摂ると甲状腺ホルモンの産生を妨げるが、吐き気をもよおすほどブロッコリーを食べなければ、そのような効果は表われない。よい面としては、野菜に含まれるグルコシノレートを常時摂取していると、がんや心臓病のような慢性疾患の発症を防ぐのに役立つ細胞の活動を促進することを、多くの証拠が示していることだ。

腸内の神経細胞にもある味覚受容体

では、われわれは苦味の二重性をどのように操作しているのだろうか？　苦味受容体と、人間の生理機能および代謝に対する無意識のコントロールのあいだには密接な相互作用がある。その相互作用と認知力との組み合わせが関与しているのだ。反芻動物にはたらいている身体の知恵の柱と同様に、人間の細胞と器官は、飢餓ホルモンと満腹ホルモンから、食物に関係するポジティブな経験の記憶として貯蔵された情報まで、さまざまな体内の刺激に反応する。このようなはたらきによって身体の知恵は、ファイトケミカルを含む食べものを、身体のためになる量だけ取り込むようにわれわれを導くのだ。

身体の知恵の二面的性格は、奇妙な、あまり知られていない事実を背景にすると、さらに明確になる。口の中にある苦味と甘味の受容体は、腸内の神経細胞、内分泌細胞、免疫細胞にも散在している。もちろんそれらは、味と風味を、人間が意識的に感じるのとは違う形で読みとっている。ビタミンCや特定のファイトケミカルの濃度のようなものを、感知するようにできているのだ。同時に、苦味受容体は有害な濃度の毒素の有無も見張っている。

また適切なタイミングで、何を食べたかに応じて、腸内の受容体は食べものに組み込まれた情報を細胞や組織に伝える。すると細胞や組織は、腸内の内分泌細胞を活性化させて、インスリンの放出と食物の取り込みを同調させるというような新たなプロセスを開始する。このようにして糖は、血流から細胞へとちょうどよいペースで輸送される。特定の腸管関連免疫細胞にある味覚受容体への刺激は、炎症抑制の準備を促進する。腸の味覚受容体は、腸の内容物を先へ進める筋肉を収縮させる役割も担っている。

これらは、腸が単なる消化の場所を超えた機能を果たしていることの、ごく一部の例にすぎない。脂肪、ファイトケミカル、アミノ酸の組み合わせから生まれる風味は、食べものから味覚受容体を経て体内のリストへと至る複雑な情報の流れとフィードバックを引き起こす。それは人体のあらゆるシステムに波及して、食物の選択の根拠となり、究極的には健康の基礎となる行動を引き起こす。

苦味と甘味の受容体と共に、嗅覚受容体も、口と腸以外の体内の臓器と組織に見られる。たとえば骨髄、心臓、精巣（持っている人は）、皮膚、膀胱、脳、そしてもちろん免疫系と呼吸器系にも。ある研究によれば、発酵バターの芳香に触れると、特定の免疫細胞は感染箇所で動員されるのと似た形で、ある位置から別の位置へ移動するという。そして奇妙に思われるかもしれないが、人間の皮膚もいわば嗅覚を持っているのだ。ヒト培養皮膚細胞の嗅覚受容体の研究では、人工的に合成したビャクダンの香りがその成長速度を増し、浅い傷が治癒するのと同じ速さになることが示された。こうした研究は、ヒポクラテスの有名な格言「汝の食事を薬とせよ」をさらに発展させ、われわれの皿に載るものが細胞の活動をつかさどり、人間が本来の快調な状態を維持できるようにしていることを示している。

苦味受容体は気道の組織に数多く存在する。この事実は、食物中の苦味物質がヒトの健康に影響することの、豊富なイメージを与えてくれる。培養細胞の実験では、フラボン（多くの野菜や果物に普通に見られるポリフェノール）は、ヒトの気道細胞が一般的な病原体を排除するために分泌する抗菌物質の効果を高めた。そしてランダム化臨床試験では、フラボノイドが豊富な市販のハーブ抽出物を補助療法として、抗生物質と消炎剤による上顎洞《じょうがくどう》と鼻腔の炎症（慢性副鼻腔炎）の治療に併用すると効果的であることが証明されている。処方されるすべての抗生物質の約二〇パーセントは、この疾患に対するものなので、苦味受容体の活性化には、抗生物質使用量を減らし薬剤耐性病原体の出現を遅らせるのに役立つ可能性がある。

喉にある苦味受容体の役割

面白いことに、気道組織にある苦味受容体は、呼吸と共に体内に入ってくる病原体にも反応して、排除するために咳、くしゃみ、嚥下《えんげ》反射も誘発する。だが、病原体が居すわってしまっても、苦味受容体は別の方法、つまり繊毛(気道内壁の細胞から突き出た細かい毛のような構造)の挙動を変えることで、それを追い出すことができる。来る日も来る日も、繊毛は余分な粘液と微粒子を気道から押し出している。だが病原体が出現して、繊毛細胞の苦味受容体が活性化すると、細胞は一酸化窒素を放出し、それは繊毛を強力な清掃人に変身させる。言うまでもないかもしれないが、一酸化窒素には腐食力もある。スーパー清掃人の繊毛は、扇風機が部屋中の空気を動かすようにして一酸化窒素を気道組織全体に広げ、病原体を毒の波で捕らえて殺したり無力化したりする。

新型コロナウイルスCOVID-19のパンデミックのさなか、一酸化窒素がウイルス複製の抑制に役立つことが、ある研究で明らかになった。苦味受容体を利用して繊毛のスーパー清掃人を活性化し、それによって病原体を殺す一酸化窒素を発生させれば、コロナウイルス感染全般の治療法開発に新手法をもたらすことを、この発見は示唆している。

この線に沿って、動物、ヒト、培養細胞の研究を対象にした二〇二〇年のとあるレビューでは、いくつかのファイトケミカルがCOVID-19や、その他のコロナウイルスに起因する重度の感染症に効果があるという証拠が示された。数種のありふれた食物ファイトケミカル、たとえばケンペロール、レスベラトロール、ケルセチンなどが特に効果的であるようだ。これらのファイトケミカルは、抗炎症プロセスを活性化し、気道組織に病原体を寄せつけないようにしている繊毛細胞を守ることで、コロナウイルスの撃退を助けるのだ。

苦味受容体が呼吸器の健康に重要な役割を果たしていることから、ある根本的な疑問が生じる。作物に含まれるポリフェノールなどファイトケミカルの量を減らすような農業慣行は、苦味受容体から活性化に必要な物質を奪うのだろうか？

ヒトには少なくとも二五種の、異なる苦味受容体があることを考えてみよう。他の四つの基本的な味覚ではそれほど多くなく、それぞれせいぜい数種類だ。なぜ種類の違う苦味受容体がこんなに多く必要なのだろう？

植物界に目を向ければ、数十万種の植物があり、それぞれが数百から数千種類のファイトケミカルを作る能力を持つ。人間が野生の植物を食べる量は、昔に比べるとはるかに減ったとはいえ、植物に含まれる膨大な種類のファイトケミカルを検知し解釈する生物学的な道具を、人体は維持しているのだ。対照的に甘味は、カロリーが豊富な食物の存在を知らせるだけの単純なものだ。

苦味受容体の役割にはきわめて個人的な側面もある。緑膿菌はよく知られている病原菌で、肺、腸、外耳、尿道に重篤な疾患を引き起こすことがある。苦味に高い感度を与える遺伝子バリアントを持つ人は幸運だ。その人のスーパー清掃人の繊毛はよりすばやく活性化し、緑膿菌の感染をすぐに治す。それとは正反対に、苦味への感度がきわめて鈍い人がいる。そういう人たちは慢性副鼻腔炎が重症化しやすく、ある種の呼吸器感染症にかかりやすい傾向がある。作物中のファイトケミカルの減少が、苦味受容体の感度がきわめて低い人に偏って影響するかもしれないと考えるのは、こじつけではない。

このような発見はヒトの健康に対して示唆に富むものだが、草食動物の食餌に、生きた植物の多様性が減っていることの影響についても考えてみたい。これは苦味物質と動物の免疫系とのつながりを損なっているので、理論上の話ではあるが、肥育場環境でウシの呼吸器疾患の発生率が高いことを説明する助け

302

になるかもしれない。

苦味物質への反応の差は、COVID－19パンデミックのあいだもはたらいていたようだ。四〇代の被験者およそ二〇〇〇人を対象にした研究では、スーパーテイスターは感染しにくく、また感染しても症状を示す日数が短く、入院する可能性も低かった。

苦味物質とヒトの健康との関係の意義を示す、おそらくもっとも説得力のある証拠は、全身に散在する苦味受容体と多数のさまざまな種類の嗅覚受容体を、製薬会社が薬剤の標的として利用していることだろう。こうした取り組みは、気道の疾患にかかりやすい遺伝子バリアントを持つ人たちにとって、期待できるものに思われる。だが、受容体と食物中の苦味物質、特に野菜、果物、ハーブ、スパイスなど植物に含まれるものとの長きにわたる相互作用を考えれば、適切な食事を摂ることの意味を軽視することはできない。何といっても料理と文化における風味のフィードバックは、伝統的食事の中に食べものとスパイスの独特な組み合わせが生み出された、一つの要因なのだから。

苦味を検知する受容体のように、食べものの中の脂肪を検知する受容体は、一連の驚くべき生理学的効果を生み出す。脂肪が味覚として正式に登録されようがされまいが、人間には短鎖・中鎖・長鎖脂肪酸を独特な、互いに異なるものとして検知する特定の受容体があることは、研究によって示されている。このような受容体は味蕾《みらい》にも、もちろんあらゆる主要な臓器系にも存在し、齧歯類とヒト細胞株の研究によって、活性化した脂肪受容体が免疫、ブドウ糖代謝、ホルモン生産の重要な要素を調節することが明らかになっている。

ある種の脂肪は、鼻以外の場所にあって健康に影響する嗅覚受容体も起動する。特にわかりやすい例は、短鎖脂肪酸が腎機能におよぼす効果を調べた研究が示すものだ。これらの脂肪は、腎臓でレニン（血圧の調節に重要な役割を果たすホルモン）の放出を調整する嗅覚受容体を活性化するのだ。

短鎖脂肪酸の由来を考えると、このちょっとした研究が食べものとの関係で特に興味深い。ヒトの腸内細菌が短鎖脂肪酸を、人間に消化できない植物性食品の繊維を発酵させることで作り出す。短鎖脂肪酸はそれから腸壁を通り抜けて血流に入る。人間は自分が食べたものだけでなく、腸内の微生物叢が食べたものの産物であることの証拠は積み重ねられているが、これは完全にその一つだ。人間の食べものに、十分な食物繊維とファイトケミカル豊富な植物性食品が含まれているとき、腸内微生物叢はまた別の代謝産物を作り出し、この物質が精神および神経変性疾患のリスクを低下させるのに役立つことが、研究によりわかっている。四足動物の群れが長きにわたり人間の文化の一部であったように、人体内の微生物群が食べるものも、われわれの健康に中心的な役割を果たしているのだ。

壊れた羅針盤――身体の知恵を狂わせる甘味、塩味、うま味

身体の知恵は、人類が誕生してから二五万年のほとんど全期間を通じて、非常に役立ってきた。そのおかげでわれわれの祖先は、地球上でもっとも暑い地域でももっとも寒い地域でも、もっとも乾燥した地域でももっとも雨の多い地域でも、その土地の動植物を食料源として生きていくことができたのだ。DNAが生命を組み立てる規則だとすれば、身体の知恵とそれを支える柱は、生命を保ち健康を維持する規則だと言える。身体の知恵と同様に時の試練に耐えた規則の美しさと力は、高いレベルの予測可能性と反応性にある。だが、こうした性質は有用であるかもしれないが、身体の知恵に脆弱性を与えてもいるのだ。規則にひびが入ってしまえば、ごまかすのは簡単だ。

人間の味覚および嗅覚受容体は、もっとも味のよいトマトに含まれる最高の物質の組み合わせに対して、唾液を分泌させる。だが、栽培方法や品種改良によって野菜や果物の風味が減った場合、身体の知恵が共にはたらいたり評価したりするものがほとんどなくなる。すると身体の知恵が拠って立つ栄養のリストが縮小し、風

味のフィードバック・ループがうまく回らなくなる。そして、最高の風味の最高の源は何かについては議論百出だが、全員が同意できるある程度の一致点は存在する。香料技術者、食品マーケティング専門家、製造業者、もちろん消費者もみんな風味のない食品を嫌う。では解決策は何だろうか？　風味を加えることだ。残念ながら、われわれの身体の知恵もそれにだまされるのだ。

人間が超加工食品の人工的な風味を好むのは偶然などではない。食品産業のえり抜きの香料技術者たちは、その製品を消費者に欲しがらせ、生涯にわたって求め続けるように仕向けている。それが仕事なのだ。そしてその出所がどこであろうと、人体内のフィードバックの主体——全身にちりばめられた味覚および嗅覚受容体——が味と風味を検知し報告し続ける。しかしそれは、よくできた偽物からなる風味と、ファイトケミカルと必須脂肪酸とアミノ酸に由来するものとを、いつも区別できるわけではない。

ある種の風味は加工食品の定番となっている。フレッド・プロベンサのヤギを使ったタンニンの実験で明らかになったことを思い出してみよう。ある日ヤギは、タンニンを含んだペレットが食べたくてたまらなくなった。翌日、ヤギはそれを避けるようになった。これは香料技術者が狙っている行動とは違う。苦味はいついかなるときでも魅力的とは限らないし、耽溺性もない。人々に新製品を試させ、もっと食べたいと思わせるのは、入り口となる味、すなわち甘味、塩味、うま味だ。

糖分は、祖先が暮らしていた環境では比較的まれだったので、われわれは甘い食べものがあればいつでも手を伸ばす。甘味は特に子どもたちの食欲を湧き上がらせる。食料品店のシリアル売り場に行ってみるといい。全粒穀物入りを謳っているようなものを大声でねだっている子どもの声が、聞こえてきたことがあるだろうか？　いやいや。子どもたちが欲しがるのは甘い味をつけたものだ。子どもは風味のフィードバック関係がはたらいていることなど気づいていないが、自分が朝食に甘いものを食べたいことはわかっている。

オレオガスタスも入り口としての資質がある。油をうまく使って揚げれば最高のフライドポテトができることを否定する人間は、地球上にほとんどいない。同じことが昔からの頼れる相棒、塩にも言える。友人や家族が集まってスーパーボウルを観ているとき、塩味の効いたポテトチップを一枚だけでやめられる人間はめったにいないだろう。

身体の知恵の風味への反応は、過去のヒトの食事が形作ったというだけのものではない。それは今なお形成され続けているのだ。人工の肉、チーズ、乳製品が近年大成功したことを考えてみればいい。こうした超加工食品には、パラタントやその他の食欲増進剤がたっぷり含まれている。よいものは本物同様に焼き目がつき、溶け、伸び、注ぐことができる。潜在意識に訴える包装のイメージは農場の光景を呼び起こし、在来作物の種子の袋か牧草地の景色を奇妙に連想させるものもある。環境に優しく健康を重視した製品という抗いがたい説明は、ターゲットとする客層への売り込みに役立った。人工動物性食品を本物と並べて食品売り場の棚に置き、同じ名前で——肉、チーズ、牛乳、バターと——呼ぶこともだ。

だが人工の肉と乳製品には、実のところ何が含まれているのだろう？　超加工食品と、穀物を挽いてパンを焼き、ベリーを煮てジャムを作り、トマトをソースにするというような普通の、何世紀も前からの加工法で作られた食品のあいだには、栄養プロファイルに重要な違いがある。超加工食品は、いくつかの点で根本的に別物なのだ。第一に、それはたいてい、未精製の食品から抽出した低コストの工業原料——たとえば人工肉に使われるエンドウやダイズから分離したタンパク質——から材料を得る必要がある。そのような材料を作り出すには、未精製の植物性食品を切り刻んだり熱したりして分解する必要がある。家庭の台所の能力を超えたこのレベルの処理は、健康に効果のある風味物質、特にファイトケミカルと脂肪の組成や量を変える。

超加工食品のもう一つの特徴は、ご想像の通り、タンパク質分離物がひどい味で、見た目もやはり悪いことだ。ここでパラタントのような物質が登場する。それらが超加工食品の原材料を、何とか食べられる程度のものから、もっとも好まれる味——甘味、塩味、うま味——を使って超魅力的なものに変える。工業規模の機械には、どろどろの山をもっと心地よい見慣れた形に変えることはたやすい。加工成形してパティ、ソーセージ、ミートローフ、どのような最終形態にもできる。最後に、食感も風味に一役買っている。ほとんどの人はサクサクした歯触りを好むが、これも多くの超加工食品が持つ特徴だ。人間はみな食べなければならないが、どうしても超加工食品を食べなければならない者は誰ひとりいない。

超加工食品の材料となった、加工前の食品の栄養プロファイルを完全に再現するのは、不可能ではないにしても困難だ。しかしこれは目的ではない。加工の過程で取り除かれたファイトケミカルや脂肪をもう一度加えれば、超加工食品の規定の食感、味、風味を損ねてしまうだろう。もっと簡単なのは、まず何も入っていないタンパク質か炭水化物を作り、最終的な食品生産物に再びビタミンやミネラルを、さまざまな香料、結合材、添加物、保存料と共に加えてやることだ。だが、できあがったものの配合がどうであれ、それは途中で失われたものすべての代わりになるわけではない。

よりおいしい食べものは、もはや健康にいい食べものの確かな目安にはならない。風味をつけた超加工食品の洪水は一時的に舌と脳を喜ばせるだろうが、身体の知恵は、壊れた羅針盤が北を探すように空回りし続ける。われわれは当てにならない人工的な風味の海で、一人さまよいながら栄養を求めるのだ。期せずしてわれわれは、小じゃれた飼い葉桶からＴＭＲ（完全混合飼料）を食べる二本足のウシに、みずからなってしまったような気がする。

食の相乗効果

次に手近にあるおいしいホールフードか何かを食べるとき、鼻をつまんで一口かじってみよう。どんな味がするだろうか？　たぶん、したとしてもあまり感じられないだろう。鼻をつまむと、揮発物を含んだ空気の流れに行き場がなくなり、口の中に溜まったまま、嗅覚受容体まで届かないからだ。そのつかの間、鼻は失われ、顔の真ん中に突き出した役に立たない肉の塊にすぎない。

それではもう一口食べてみよう。ただし今度は鼻をつままずに。空気が流れるので、口の中で揮発した物質は、また鼻の奥の受容体に届くことができる。この文を読むのにかかるよりはるかに短い時間で、嗅覚受容体は揮発物の情報をすぐ上にある脳へと伝達する。このような事柄の最終決定者である脳は、それを風味として登録し、将来の参照に備えて整理しておく。風味を伝える揮発物の元は、最高のモモかもしれないし、とびきり苦い芽キャベツかもしれないし、うま味の詰まった魅力的なトマトかもしれない。身体の知恵を補強する栄養のリストに書き込みたくなる情報だ。それは健康の基礎となる物質と栄養をコード化するからだ。

飲み物の場合も同じ要領だ。ファイトケミカルが豊富なもの、たとえばコーヒー、茶、ワインなどを選ぶようにすればいい。一口含み、二、三度静かに噛むようにして、揮発物が放出させ、口の中にしばしとどめてからゆっくりと呑み込む。噛む動作はふいごのようなはたらきをして、嗅覚受容体を揮発物で満たす。すると、すぐに呑み込んだときよりも複雑で豊かなものとして、脳は登録することができる。ソムリエがワインのテイスティングをするときに、音を立てたり顎を動かしたりするのはすべてそのためだ。

人類史の長きにわたって、農業と身体の知恵のからみ合いは、世界中の文化に地方料理や郷土料理の発達を促した。それぞれの料理の献立は独特で個性的であるが、その根は深いところでつながっている。理由は単純だ。すべての料理は、未精製の植物性および動物性食品に含まれた、昔からの様々な風味物質と栄養から選んだ材料の組み合わせに、深く関係している。歴史的に人間を健康に保っていたものは、定着したものだ。だから、次に本当の風味を持つ食べものからなる食事をゆっくり楽しむときには、味と風味は標識で、身体の知恵が穴に落ちたり衝突したりしないように舵取りするのを助けてくれるものだと考えるといいだろう。

食事の健康効果が、単独の成分によっては十分に理解できないことは、さまざまな食物とスパイスの組み合わせが、個々の食物やスパイスの効果よりも場合によっては重要であることを示す研究で実証されている。たとえば、アイオワ女性健康調査のデータは、全粒穀物食品に元のまま残された繊維が、精製穀物食品にあとから同量の繊維を戻したものよりも死亡リスクを低下させることを示している。利益をもたらすものは繊維だけではない。脂肪、繊維、ファイトケミカルのような主要成分が、天然の状態でまとめて入っているホールフードを食べると、そのあいだで相乗効果が起こるのだ。

食の相乗効果のもう一つの例は、よく知られている地中海食に関するもので、心臓病、糖尿病、乳がん、大腸がん、前立腺がんのリスクを下げると考えられている。地中海料理に広く使われるトマトは、リコピンを含む。これは脂溶性のカロテノイドで、調理することで生体利用率が高くなる。調理したトマトと油脂（オリーブ油）の組み合わせはリコピンの抗酸化作用を高め、炎症を抑えて腫瘍細胞の死を促す。当然、酸化ダメージを最初から予防することは、起きてしまったダメージを修復しようとすることに勝る。このようにして見ると、ファイトケミカルは予防薬として優れていると言える。

肉に含まれるカロテノイドとビタミンEは、タンパク質と長鎖高度不飽和脂肪酸のオメガ3脂肪酸を酸化から守っている。この効果は、ファイトケミカルが特定の風味を与えるのと共に、さまざまな生の葉が多く含まれた飼料を食べた家畜がもたらす二重の利益のうちの一つである。だからオメガ3含有量が高い牧草飼育の牛肉は、大方の予想に反して、実は保存可能期間が長い。テルペン、フェノール、カロテノイドなどの抗酸化物質も、多様な牧草飼料を食べた家畜の肉や乳に高濃度で含まれ、われわれの身体の知恵がはたらく指針となる風味を伝える。そしてニンニク、あるいはジュニパー、ローズマリー、クローブの油がヒツジやウシの食餌に加えられると、肉のファイトケミカル・プロファイルに影響をおよぼし、酸化を防いで風味を高める。

ポリフェノールが豊富な赤ワインを飲みながら肉を食べるのも、ファイトケミカルを食事に取り入れるもう一つの方法だ。この食べものと飲み物の取り合わせも、心臓疾患に関連する酸化ストレスと炎症の主要なマーカーの血中レベルを大幅に下げることがわかっている。このような効果は、ポリフェノールが食餌性脂肪とベータカロテンの酸化を抑制することから発生するようだ。現代では食を簡略化したことで、かつて相互作用によって利益を生み出していたものを、捨て去ってしまった。動物性脂肪は健康に悪いと断じたアンセル・キーズの遺産を克服したように、ファイトケミカルと食事との関連を考え直すことは、自分たちのためなのだ。

研究室と現場の両面の取り組みで、慣行農法が食べものに含まれるファイトケミカル、脂肪、その他の成分の比率や量に悪影響をおよぼすことは明らかになったが、われわれはまだそれらが健康に与える相乗効果について、完全には理解していない。それでも、それらが全体として有益な効果をもたらし、一丸となってより強く幅広い能力を発揮することはわかっている。特定のファイトケミカルの組み合わせは、研究室で培養した多剤耐性細菌や食品由来の病原体に対して、従来の抗生物質の効果を高めることさえできる。これもやはり、ホールフードを中心とする料理にもともと備わった栄養の知恵の一例だ。

栄養研究の難しさ

それでも、栄養の研究を行なうのは難しい。一つの要因は、食物摂取頻度調査を基礎にした研究のほとんどが、食物摂取量や被験者が実際に食べたものの栄養組成を、直接測定していないことだ。代わりに、公開されている組成表に基づいて栄養プロファイルが特定の食品に割り当てられているが、それはある人が食べたものを、ましてやその食べものが食べたものを、正確に反映していないかもしれない。

食物摂取頻度調査が結果を歪めることがある極端な例が、ある研究で示されている。全国国民健康栄養調査で自己申告されたカロリー摂取量が、参加者の三分の一以上で、人間の生存に不十分なものだったのだ。このような過少申告は、食に関する疫学的調査の多くに見られる重大な問題であり、さらには自己申告された情報を利用した研究の根拠は、当てずっぽうと大して変わらないとまで批判する者さえいる。

しかし、二〇一九年のある研究では、食品と食餌が実際に計測・定量化され、興味深い知見が得られている。国立衛生研究所の研究者は、超加工食品と未加工食品の効果を比較するランダム化比較臨床試験の結果を公表した。

当初体重が安定した成人二〇人（男女一〇人ずつ）が医療機関で一カ月間生活し、まず超加工食品か未加工食品のどちらかを二週間食べ続け、それから二週間、もう一方の食事に切り替えた。被験者は食べるものを、カロリーと栄養が同等の食事と間食が載ったメニューから選んだ。栄養組成という点では、超加工食品には繊維が大幅に少なく、総糖類、飽和脂肪酸、オメガ6が多かった。一方、未加工食品は糖類が少なく、オメガ6／オメガ3比が低く、繊維がはるかに多かった。実験参加者は各自の食事を、食べたいと思うだけ自由に食べた。被験者の食物をすべて提供すれば、彼らが何を食べたか研究者は確実に追跡でき、食べたものについて不正確な報告をする問題を回避できるわけだ。

超加工食品を食べたとき、被験者は、未加工食品を食べたときに比べて一日に約五〇〇キロカロリー多く摂取した。驚くまでもないが、余分なカロリー摂取は体重増加を引き起こし、一週間で約四五〇グラム増えた。対照的に、未加工食品を食べているときには、参加者は一週間で四五〇グラム減らした。言い換えれば、超加工食品を食べているとき、参加者は満腹になっても食べ続けたということだ。

それぞれの食事の期間の終わりに、被験者の血中バイオマーカーを比較すると、さらに興味深いことがわかった。未加工食品を食べているとき、コレステロール値は著しく低く、満腹と血糖調節に関わるホルモンの値が高かった。超加工食品が多い食事は、人間の代謝を変える効果的な仕掛けであるようだ――ただし悪い方向へだが。

数十年におよぶ栄養の研究から、重要な知見が得られている。中でも特筆すべきは、食習慣が幅広い慢性疾患と結びついていること、食事の構成に着目したほうが、個々の栄養にこだわるよりうまくいくこと、慢性疾患と肥満を治療するよりも、予防するほうが効果的であることだ。品種改良で食べものから味がなくなり、パラタントをたっぷり含んだ超加工食品で人間の身体の知恵を操作した結果は、健康な食べものがつまらなく、不健康なものがおいしく感じられるようになっただけではない。それは微量栄養素、ファイトケミカル、健康的な脂肪を豊富に含む食物を、アメリカの食卓から追放したのだ。

健康のための食事指針は、食べものが何を食べてきたのかを考えない

二〇世紀初めから半ばにかけて、ペラグラやくる病のような疾患の原因は個別の栄養素の欠乏であることが、栄養学によって特定された。個別の栄養素の不足が特定可能な疾患として現われうるというのは、強力なパラダイムだった。そのような栄養欠乏は是正が比較的簡単であり、栄養指導は単純で手軽だった。二〇世紀の終わりには、かつて普通だった個別の栄養不足を原因とする病気は、アメリカ人の生活からほとんど姿を消した。

こうして公衆衛生が目覚ましく改善されたことで、慢性疾患の蔓延を同じ視点から研究する土台ができあがった。それはまた、食品を個々のビタミンやミネラルで補うことに重点を置いた方向性で、食生活指針を打ち出す元となった。しかし食事摂取基準が、脂肪の消費を減らすといった個別の栄養による解決法に的を絞るにつれて、肥満とそれに関連する慢性疾患の増加は手がつけられなくなった。個別の原因に注目し、幅広い種類の栄養を善玉か悪玉かに分けて見ることは、多種多様な炭水化物や脂肪の根本的な違い、ファイトケミカルの重要性をわかりにくくした。ローカーボ（低炭水化物）、ハイカーボ（高炭水化物）のような用語は、ケー

キのアイシングに含まれる砂糖のような精製された単純糖質と、ファイトケミカル、ビタミン、ミネラルが自然に含まれた未加工の果物、野菜、穀類が持つもっと複雑なものとを区別していない。

低脂肪ダイエット熱の高まりは、栄養価の疑わしい精製炭水化物をたっぷり含んだ低脂肪製品の爆発的増加を促した。アメリカ人は、脂肪を避けよという食事指導に従って低繊維の炭水化物を食べるようになり、そうして風船のようにぶくぶく太っていった。今日、アメリカ人の四分の三は、低脂肪食品とのふれこみで売られている精製穀物製品を大量に消費している。

ひどく単純化されすぎた食事指導の一つが、肉は脂の多いものより赤身のものを選ぶようにというお決まりのアドバイスだ。低脂肪の肉は本質的に健康によいというものではない。低脂肪に調整された加工肉は、塩分や硝酸塩のような添加物など、なるべく摂らないにこしたことがないものを多く含みがちだ。またすでに見たように、人間は摂取した脂肪に多くを依存しているのだ。牧草飼育の動物は一般に、より多くオメガ3、共役リノール酸、ビタミンAおよびE、抗酸化作用と抗炎症作用のあるファイトケミカルを産出する。こうしたものが食事に増えれば、誰もが恩恵をこうむる。赤肉の大量消費と心臓病、がん、糖尿病のリスクの増加を結びつけた疫学研究もあるが、そうした研究は動物の食餌を、ましてそれが人間の健康にどう影響するかをまだ考慮に入れていない。食生活指針は一般にこの厄介な問題を避けている。

有益なファイトケミカルやその他の生物活性物質の不足した作物による健康問題が次々とわかってくるにつれ、野菜や果物の味の薄さは、慣行農業が風味と健康の結びつきを断ち切ってしまったために生まれたことが明らかになった。味覚と嗅覚の受容体から食物に含まれる知識が奪われると、栄養の海で舵取りをするための要となる重要な情報も奪われてしまうのだ。

国の食生活指針においてもう一つ重大な欠陥は、「虹を食べる」〔さまざまな色の食材を食べてバランスよく栄養を摂取する〕スタイルのアドバイス以外に、ファイトケミカルが豊富な食事の効果が正当に評価されていないことだ。植物性のホールフードをもっと食べるようにという指導がどうしたわけか変質して、超加工された植物も、栄養的には同等だと多くの人が考えるようになってしまった。これは厄介なことだ。人間の身体がもっとも利益を受けるのは、ファイトケミカルなどの生物活性物質が、未精製食品に入っているままの組成と割合で皿の上に載ったときだということを示す証拠があるからだ。

しかし、トウモロコシやヒマワリなどの種子から搾った、オメガ6が豊富な油を戸棚から一掃しようとする前に、炎症を引き起こすオメガ6脂肪酸の役割は正常なものであることを思い出してほしい。オメガ6を「悪玉」と決めつければ、こうした脂肪が人間の体内や、食物源となる動植物の体内で、たった一つの機能しか持たないとする思考パターンに陥ってしまう。食べものに含まれる脂肪と人間の身体は、もっとはるかに微妙で複雑な、背景に依存した形で相互作用するのだ。

リノール酸とα－リノレン酸は、総量とバランスの両面から考える必要がある。共に必須脂肪酸であり、ヒトの食べものに含まれる長鎖脂肪酸の前駆物質であることを忘れてはならない。そして、反芻動物とは違い、人間の身体は脂肪を土から直接作ることができない。よくも悪くも、人体内の脂肪の範囲と多様性は、われわれが食べたものに由来するのだ。

第15章 バランスの問題

何を食べているか話してみたまえ。あなたが何者か当ててみせよう。
——ジャン・アンテルム・ブリア＝サバラン

『美味礼讃』が伝えたかったこと

ヒポクラテス以来、食べものと健康の関係に気づいた者は多いが、中でももっとも名高いのは、食についての有名な（とはいえ、それほど面白くはない）書物を著わしたフランスの法律家だ。ジャン・アンテルム・ブリア＝サバランは一七五五年、フランス東部の街ベレーのブルジョワ家庭に生まれ、実に折悪しくフランス革命の前年に故郷の市長となった。一七九三年、ブリア＝サバランは徒歩でアルプスを越えて亡命し、その後アメリカに逃れた。数年後、帰国すると控訴裁判所裁判官として共和国政府に勤務するかたわら、政治と法律に関する著作を精力的に送り出した。だがブリア＝サバランの名が記憶されているのは、一八二五年の回想録の中で美食文学を普及させ、そこに簡潔に言い換えれば「あなたはあなたの食べたものである」という意味の、有名な格言を記したことによる。今日その名は、四分の三以上を脂肪が占めるフランス産の美味なトリプル・クリーム・チーズに遺されている。

二八章にわたる随想で、著者は食卓の愉しみと美学、入念に調理されたシンプルな食事の魅力、料理についての考えを中心に論じている。また、食べものが健康に果たす役割についても、洞察を示している。肥満の人々についてブリア＝サバランは、その多くが糖分やデンプンが多い食品——パン、パスタ、コメ、ジャガイモ、菓子類——をやたらに求めることに気づいた。彼は、肉食動物も草食動物も野生では太りすぎることはないと述べ、肥満は不自然な状態であるとした。しかし穀物やジャガイモを与えると、捕食者も獲物も同じようにひたすら太った。こうした傾向を見て、糖分やデンプン、精白小麦粉が多い食事が肥満へとつながるという考えを抱くようになったのだ。

　健康維持のためには、肉、葉物野菜、根菜、果物が多い——そしてパンやパスタのようなデンプン質の炭水化物が控えめの——食事がよいとブリア＝サバランは推奨した。つまりは、人類の祖先のような食事だ。この食生活指導に従う者は、人生という大いなる冒険の終わりまで、体力と健康に恵まれ、元気で精力的でいられると彼は主張した。

　その後の数世紀で、栄養学の進歩は伝統的な食の知識と摂取基準を形成し、あるいは塗り替えてきた。一九一三年にカシミール・フンクが、未加工の米糠にニワトリの脚気を予防する「生命《バイタル》のアミン」が含まれると提唱して以降、個別の栄養不足が注目を浴びるようになった。二〇世紀半ばには、病気の予防に役立つかもしれない新しいビタミンを特定・分離・合成しようという取り組みにより、当時よく見られた疾患に対する治療法がもたらされていた。ビタミンB_1は魔法のようなはたらきを見せ、脚気を全快させた。他のビタミンも同様だった——夜盲症にはビタミンA、ペラグラにはビタミンB_3、壊血病にはビタミンC、くる病にはビタミンD。公衆衛生への取り組みは、牛乳、シリアル、パンのような基本食品をビタミンとミネラルで強化することに主眼を置くようになっていった。

　人類史上、人間と食べものの関係において、飢餓の恐怖が最初の敵だった。量は常に農業経営の目標だった。二〇世紀を通じて、十分なカロリーを確保することが重視され、安く高カロリーで貯蔵と輸送に向く超加工食品の生産が奨励された。ニワトリやウシの餌に続いて、アメリカ人の食事も、新鮮な未精製の食品を微量栄養素、ファイトケミカル、有益な脂肪に乏しい精製した穀物からのカロリーに置きかえるという進歩の道を歩んだ。だが今日、世界の大部分で主に問題となっているのは、カロリーの不足と同時に、手に入る栄養の質に格差があることだ。

二〇世紀最後の一〇年までに、食事由来の慢性疾患が豊かな国々で急増し、肥満率も高まっていた。一九八〇年、疾病対策予防センターは、アメリカ人の半分弱が肥満もしくは過体重であると概算した。二〇一〇年には、この数字は四分の三近くにまで増加していた。それに伴う食事摂取基準は、依然としておおむね単独の栄養素と、低脂肪食が有効であるという推定にとらわれていた。コレステロールを避けろ。飽和脂肪を摂るな。権威をまとって与えられるそうしたアドバイスは、肉と乳製品の悪魔化を助長した。それはまた、低脂肪食品の需要拡大に応じて、精製炭水化物を多く含んだ超加工食品が増え続けるきっかけとなった。人体は大量の単糖類を処理するために、独自の方針を立てた。それを脂肪に変えて、胴回りに溜めたり肝臓のような臓器に蓄えたりするのだ。低脂肪食は、多くの人にとってはむしろ太る原因であり、不健康なものであるようだ。

さらに、個人のマイクロバイオームが消化や代謝など健康の各局面に重要であると、最新の科学は説いている。たとえば体重の調節は、単なる食事量と運動量の反映とは、もはや考えられていない。ヒトマイクロバイオームも、エネルギー（カロリー）が、またもちろんヒトの生命現象に別の方面から影響する多種多様な物質が、食事からどれだけ得られるかを左右する。

肥満や、それが引き起こすさまざまな疾患の増加という結果は、脂肪を控えた食事への転換を支持した栄養学の専門家たちが求めたものとは違っていた。コレステロールと健康の関係が明らかになるにつれて、それは複雑なものにもなっていった。二種類のコレステロール——低密度コレステロール（ＬＤＬコレステロール）と高密度コレステロール（ＨＤＬコレステロール）——は効果が違う。いわゆる「悪玉」コレステロール（ＬＤＬ）は動脈の内側にくっついて蓄積し、血管を狭めて正常な血流を減らしたり妨げたりして、心臓発作や脳卒中のリスクを高める。一方、「善玉」コレステロール（ＨＤＬ）も血流に乗って体内をめぐるが、あるべきでないところに引っかかることはなく、悪玉を回収して処理のために肝臓へ運ぶ。

低脂肪食品の効能は薄い――ボーイング社員で徹底研究

二種の主要なコレステロールが複雑なヒトの生命現象とどのように影響しあうかを考えると、総コレステロール値を循環器疾患の主な予測材料とするのは不適切であることがわかりやすい。一九九〇年代に研究と証拠が積み上げられると、脂肪は健康に悪いという過度に単純化された誤解が、少しずつ解かれてきた。

そうした研究が二つ、私たちが住むシアトルで行なわれた。ワシントン大学の研究者は、ボーイングの社員から男女数百名を募集した。被験者は全員ＬＤＬコレステロール値が高く、中にはトリグリセリド（循環器系疾患のリスクを測る別の脂肪バイオマーカー）の数値が高い者もいた。ＬＤＬコレステロールとトリグリセリドの数値を下げるのにもっとも効果的なものは何かを調べるため、男女共にさまざまな低脂肪食を与えられた。多彩な低脂肪食を一年間続けた結果は、かんばしいとは言いがたかった。被験者のＬＤＬコレステロール値は下がった。だが、善玉のＨＤＬコレステロール値も下がってしまった。そして、もう一つ好ましくない結果として、トリグリセリドの数値が高くなったのだ。

性差を検討したフォローアップ研究では、女性で善玉コレステロールのＨＤＬの低下が著しく、循環器系疾患のリスクを高めていることが明らかになった。いくつかの追加研究で、低脂肪食は善玉コレステロールを、特に女性において低下させてしまうという不都合な事実が確認された。

この性差は、女性は男性よりもダイエットをすることが多いことを考えれば、特に深刻だ。そして食生活指針の多くは、体重を減らすために脂肪を控えることを中心にして構成されているので、多くの女性がそうしている。だが適量のある種の脂肪、たとえばオメガ3は生命のために重要であることを、今のわれわれは知っている。

低脂肪（したがって高炭水化物）食を支持する基礎は、研究が進むにつれて崩れていった。健康転帰を追跡したり、被験者に管理された食餌を与えたりといったさまざまな実験により、脂肪の中には健康効果を生むものがあること、糖やデンプンを多く含む食物の摂りすぎは、常に健康を害することがわかった。ボーイング社員を対象にした研究が公表されてから一〇年ほどして、あるコホート研究分析で飽和脂肪酸と循環器疾患の関係が評価された。論文の著者は所見を簡潔にまとめ、食餌中の飽和脂肪酸が、心臓病や致命的な心臓発作のリスクを高めるという有意な証拠は見られなかったと報告した。

これはその約三〇年前にもたらされた、アメリカ科学アカデミーの食品栄養委員会の結論とほぼ同じだった。低脂肪食の効能について得られた証拠と科学的背景を検討して、委員会は、食事から脂肪を追放するようにアメリカ人に強いる根拠は希薄だという結論に達した。その報告書*Toward Healthful Diets*（健康的な食事を目指して）は議会でかなりの論争を引き起こした。それは、発表されたばかりの初めてのアメリカ食生活指針と、ほとんど正反対のものを推奨していたからだ。メディアは一貫性のない情報を嬉々として振りまいた。

よい脂肪、共役リノール酸

健康効果がはっきりしていると思われる一例が共役リノール酸（ＣＬＡ）、第一胃微生物が作り出して乳や肉の成分となる脂肪だ。ウシの飼料を穀物、濃厚飼料などに変更したことと、低脂肪乳製品の流行の高まりが相まって、ＣＬＡの消費量は欧米では激減した。これはどの程度まずいことなのか？　ヒトの食事に含まれる分子の中で、ＣＬＡのように幅広い効果があるものは他にほとんどない。動物、試験管、ヒト、いずれの試験でもＣＬＡは強力な抗炎症作用を示し、ある種のがん、２型糖尿病、アテローム性動脈硬化（動脈にプラークが沈着する疾患）の予防に役立っている。また、免疫系の機能の調節を助けて炎症性腸疾患と大腸がんに関係する炎症を鎮め、治療できる可能性さえあるようだ。さらに、直感的には信じがたいのだが、肥満の人の体重を減らすこともわかっている。

だが、人体が食物中の前駆物質をＣＬＡに変換する能力は限られている。健康なウシが牛乳の中に作り出す量にはとうていおよばないのだ。ＣＬＡのような有益な脂肪は、少しでも大切だ――そして乳製品と肉はその唯一の天然摂取源なのだ。

一九七〇年代になってようやく、科学者は本腰を入れてＣＬＡを研究し始めた。その中の一人、ウィスコンシン大学のマイケル・パリーザは、調理時間と温度が変異原物質の形成におよぼす影響を研究するためにハンバーグを料理していて、思いがけないものに出くわした。悪玉の物質を探していて、善玉――発がん物質の形成を抑えるもの――を発見したのだ。興味を持ったパリーザは、マウスを使った一連の実験を行なった。マウスの一部に謎の物質を局所投与し、すぐあとで皮膚腫瘍を誘発させたのだ。投与を受けたマウスに発生した腫瘍の数は、受けていない対照群の半分だった。一九八七年には、パリーザと共同研究者らは腫瘍抑制物質を特定した。それはＣＬＡだった。さらに一〇年近くが過ぎた一九九六年、全米研究評議会は、動物実験から得られた証拠が疑いの余地なくＣＬＡの抗がん作用を示すことを突き止めた。

この初期の研究以来、ＣＬＡについてさらに多くがわかっている。三〇近い異性体が見つかり、その中で二つの主要なＣＬＡ――ルーメン酸とトランス－10、シス－12――は大きな、そして異なる健康効果を持つことが明らかになった。[*]ルーメン酸はＣＬＡの中でもっとも量が多く、一般に肉よりも乳製品で数値が高い。

動物モデルとヒトでの研究は続けられ、ＣＬＡが抗炎症遺伝子経路と酵素活性に細胞レベルで幅広く影響していることが明らかになっている。ある事例では、ルーメン酸が豊富なバターを摂取すると、肥満の人の炎症調節を助ける抗炎症分子（インターロイキン10）の血中濃度が高まった。もう一つのよく見られるCLAであるトランス－10、シス－12異性体は、人体ががん、肥満、糖尿病に抵抗するのを助け、動脈壁にプラークが蓄積するのを防ぐと考えられている。

さまざまなCLAの異性体を使った乳がんと大腸がん治療の研究では、結果はまちまちだったが、中には炎症を抑える作用を示すものもあった。このはたらきは、がんの発生を根本的に予防するのに寄与しうる。さらにCLAは、腫瘍が近くの血管から自分専用に栄養を横取りするための手段である、血管新生を抑制する。またアポトーシス、つまり異常な細胞（がん細胞のような）を除去するために身体にプログラムされた細胞死を誘発することで、がんを防ぐ役割も果たす。

面白いのは、食肉に含まれるCLAが、筋繊維に沿って分布する細胞間の目視できない脂肪に集中していることだ。これは肥育場のウシに発達する霜降り状のものとは違う。歩き回って草を食べたウシに付くタイプの脂肪だ。

二〇〇一年に行なわれたある研究では、五〇〇〇人を超える男性の二五年間にわたる死亡率を調べたところ、牛乳を毎日飲む人が、心臓病はもちろん何らかの原因で死亡するリスクが高いという証拠は見つからなかった。それどころか、牛乳の消費量が多いほど、心臓病やがんで死亡するリスクは低かった。同様に、三〇〇〇人を超える若い成人を対象にしたアメリカの研究では、牛乳を飲むと体重過多が肥満に発展するのを防ぐだけでなく、インスリン抵抗性の増大や、循環器疾患の確率も低くなるらしいことがわかった。オランダ

＊CLAの命名法は二重結合の位置と方位に由来し、さまざまな異性体を互いに区別している。ルーメン酸はトランス－9、シス－11異性体だ。「トランス」や「シス」の後ろの数字は二重結合の位置を表わし、トランス、シスはそれぞれ二重結合の水素原子が炭素鎖と反対側にあるか同じ側にあるかを示している。トランス結合はまっすぐな部分を作り、シス結合は鎖を曲げる。

の二歳児数千人を対象にした研究では、全乳かバターを毎日摂取した子どもは、喘息の発生率が下がることが確認されている。二〇一九年に発表された、乳製品摂取の健康効果に関する四二件の先行レビューの概要では、さまざまなタイプのがんのリスクに対するばらばらな結論と、大腸がんのリスクを減らすという強い証拠が得られている。

しかし、こうしたどの研究からも見落とされているのが、すべての牛乳が等しく健康によいわけではないということだ。ウシの食餌は牛乳と牛肉に含まれる飽和脂肪酸、オメガ3、ＣＬＡの種類と濃度を決定する唯一最大の要因なのに、食生活調査では普通、ウシが食べたものの違いは明らかにされない。

太古の脂肪

近年、慢性疾患や代謝異常が増えているのは、われわれの遺伝子が変化したことの表われではなく、西洋式の食事、過剰なカロリー、不足する繊維、微量栄養素、ファイトケミカルへのわれわれの遺伝子の反応を反映している。そしてもちろん、脂肪の種類と量も、現代のヒトの食事に対する身体の反応に影響を与えている。

結論から言えば、人類の祖先が肉や魚を食べていたもっとも古い痕跡は二〇〇万年前にさかのぼり、脳が徐々に大きくなり始めたころと一致する。東アフリカ大地溝帯は、人類以前の祖先が生息し、進化した場所で、大きな淡水湖が点在し、水産食品と関係する精巧な道具が存在した初期の形跡が見られる。熱帯の淡水魚介類の多くでオメガ６／オメガ３比がだいたい一：一であり、人間の身体も脳内をそのくらいに保っていることから、科学者は、オメガ３摂取量の増加が脳の大きさの変化を助けたのではないかと考えている。だが、おそらく水産食品だけが要因ではないだろう。やはり人類の祖先が食べていた野生動物も、オメガ６とオメガ３のバランスがそれに近いからだ。

長い年月を経て、後氷期の世界で農業が始まると、人間の食物は再び変わった。多くの者にとって穀物が主要なカロリー源となり、ヨーロッパ、インド、アフリカでは動物の家畜化によりミルクが手に入るようになった。これらの地域では、ミルクや乳製品を消化する能力が、農耕時代の早い段階から酪農が始まった人間集団の中で一般的になった。

さらに最近になると、人類は脂肪に関係するもう一つの大きな食生活の変化を受け入れた。すでに見たように、二〇世紀を通じて欧米諸国の人間は、オメガ6を多く含んだ加工食品の摂取量を増やし、農業慣行の変化は主要な食料源——肉、ミルク、卵——からオメガ3含有量を減らした。欧米の食事に含まれるオメガ6脂肪酸の量は、現在オメガ3の一〇〜二〇倍高いと推定されている。

一九三五年から一九八五年までの半世紀で、アメリカ人の総脂肪摂取量は約三分の一増加し、増加分のほとんどは植物油だった。一九五〇年代以降、欧米の食事でのオメガ6脂肪酸消費はほぼ二倍となり、一方でオメガ3摂取量は落ち込んだ。オメガ6が豊富な油は、今や典型的なアメリカの食事に含まれるカロリーの約一〇分の一を占めている。一九八〇年から二〇〇五年までのあいだに、アメリカにおけるヒトの母乳中の平均オメガ6/オメガ3比はおよそ二倍（一六：一）になり、人体内のオメガ6/オメガ3比は二〇：一を超えた。

食餌性オメガ6/オメガ3比の急激な上昇は、免疫応答を慢性的炎症状態に向かわせ、炎症性疾患を悪化させたり、発症しやすくさせたりする。われわれは期せずして、昔からヒトの生命現象と健康、特に免疫系を支えてきた脂肪の化学組成を根本的に変えるという、抑制のない実験を自分の身体で行なってきたのだ。

炎症のバランスを取る脂肪

炎症を起こすのは、間違いなく身体にとって必要なことだ。炎症は免疫系に目覚ましい防御力を与え、病原体を殺したり、傷を回復させたり、異常な細胞の増殖を抑えたりする。だがそれは、周囲の健康な細胞を炎症性イベントの十字砲火にさらす、諸刃の剣でもあるのだ。

通常、炎症は短期的なプロセスであり、細胞や組織はその寿命のあいだに回復する。しかし炎症が慢性的になり、免疫細胞が放出する細胞破壊物質にくり返しさらされると、不調が発生することがある。永続的な脳の炎症はアルツハイマー病の大きな要因と考えられており、心臓病は動脈の炎症を原因とする。喘息は呼吸器系の炎症から起きる。クローン病や過敏性腸症候群のような消化器系の慢性疾患も炎症が関係している。人体には、免疫系が引き起こすものに対して完全な免疫を持つ部分は、一つもないようだ。

アンセル・キーズの時代から、脂肪が人間の免疫系におよぼす影響についての理解はかなり進んだ。ある種の脂肪は炎症を開始し、またあるもの――特にわれわれがうかつにも食物から取り除いてしまった重要なもの――は炎症を収束させることがわかっている。オメガ6脂肪酸のアラキドン酸は、炎症の始まり側にある。その構造を少し変えると、エイコサノイドになる。この炎症開始分子は他の免疫細胞、特に「サイトカインストーム」を引き起こすものも調節する。サイトカインストームの状態は、いわば免疫系が暴走状態のままになったようなもので、多くのCOVID-19患者がこれにより死亡したり重体に陥ったりしている。

細胞膜は人体においてオメガ6とオメガ3両方の備蓄の役割をしていることを思い出してみよう。だから、アラキドン酸（あるいはすぐアラキドン酸に変換される他のオメガ6脂肪酸）に富む食品を多く摂取すると、炎症を起こし維持するのに必要なものが、免疫系に常に存在することになる。これはときどきウイルスを撃退し、初期のがんと闘い、傷を治すのには好都合だ。こうした問題がなくなったら、炎症は収まらなければならない――それもすぐに。だが収まらないと、コンロを昼も夜も燃やしっぱなしにして、ついには家が焼け落ちてしまうようなことになる。

炎症は、オメガ6由来のエイコサノイドや似たような分子が、時間と共に消えることで自然に終わるのだと、ごく最近まで免疫学者は考えていた。この燃え尽き仮説はうまい、つじつまの合う考え方だ。だがそれは、もう一つの事実――アメリカ人のあいだで流行している病気が、慢性的な軽度の炎症と関係していること――と整合しない。高いオメガ6／オメガ3比が炎症を引き起こし、それが肥満、あるいは心臓病、過敏性腸症候群、関節リウマチのような慢性疾患、アルツハイマー病のような神経変性疾患の原因となることは、少なからぬ証拠が示している。

実際には、人間の免疫系は炎症を収束させるのに、開始したときと同じくらい複雑で周到なプロセスを経る。三つの長鎖オメガ3（EPA、DHA、DPA）は、炎症を終わらせるブレーキ役の分子の前駆体だが、それは細胞膜に十分な蓄積があればの話だ。生化学の命名法の冴えたところで、これら炎症収束物質は、何をするのか、その名前――レゾルビンとプロテクチン――が言い表わしている〔それぞれ「炎症を消散させ《リゾルブ》る物質」「保護する《プロテクト》物質」の意味〕。こうした物質は、初期の段階で炎症を鎮めたり元に戻したりする免疫細胞を活性化させる分子の一部だ。

しかし、炎症を終わらせることには意外な一面がある。オメガ6から作られるエイコサノイドは、炎症を起こす役割と共に、終わらせる役割も持っているのだ。どのようにしてそんなことができるのか？　適切な酵素を作用させると、エイコサノイドはすぐリポキシンに変化する。これはプロテクチンやレゾルビンの親戚にあたる分子だ。こうした脂肪由来の分子が揃うと、あら不思議、炎症の始まりは終わりに変わり、身体は理想の――落ち着いた、恒常性がうまく保たれた――状態へと戻る。

炎症におけるオメガ6とオメガ3の役割には、もっと重要なことが本質的に備わっている。臓器移植のような場合は免疫系の抑制が必要となるが、それ以外では免疫系を抗炎症物質が常に抑えていれば、慢性的炎症と同じくらいよくないことが起きる。正常な免疫反応を妨げると、ワクチンの効力が下がり、また言うまでもなく病原体を撃退したり、傷を治したり、がん細胞を殺したりする能力も低下する。人体が炎症を本来あるべきバランスの取れた状態――多すぎず少なすぎず――にするためには、バランスが取れた有用な脂肪の十分な蓄えが必要だ。

オメガ3とオメガ6のバランスのよい蓄え

人体はある種の脂肪を同じ系統の範囲内で（たとえば長鎖オメガ3の中で）転換することができるが、オメガ6をオメガ3に転換することはできない。生化学的には簡単なことだが、人間にはそのために必要な遺伝子が、つまり酵素が欠けているのだ。この単純な事実が意味するのは、これら二種類の脂肪の量とバランスを左右するのは、われわれが食べるものだということだ。血液中を循環する量は、食物が供給する量に応じて数日で変化する。身体に取り込まれると、脂肪は数カ月にわたって細胞膜にとどまり、他の用途に必要となるまで貯蔵される。したがって食物中の脂肪の種類を変えると、免疫系が利用するオメガ6とオメガ3の備蓄に影響する。

では長鎖オメガ3が豊富な食品にはどのようなものがあるだろうか？　サケのような天然の冷たい水に棲む魚がよい供給源であることはすでに見た。他にはサバ、カタクチイワシやイワシのような小魚がある。植物は、ある種の海藻を除いて最長鎖オメガ3が欠けている。しかしクルミ、ブロッコリー、葉菜類の葉緑体は、いずれも必須オメガ3（α－リノレン酸）を、亜麻仁油や菜種油など一部の種子油のように豊富に含んでいる。人体はこうしたα－リノレン酸源を利用して、より長鎖のものを作り出すことができる。ただしオメガ6が共有する生化学経路をふさいでいなければだが。他にも有益な種類の脂肪がある。オリーブ油とアボカドには、抗炎症性を持つ一価不飽和脂肪酸のオメガ9脂肪酸であるオレイン酸が多く含まれ、また抗酸化ファイトケミカルも豊富だ。*

すでに見たように、肉、乳製品、卵に含まれるオメガ6とオメガ3の量とバランスは、動物の食餌を構成する食物にそれらが含まれる量と直接関わっている。これが問題なのは、海産物と共に家畜は、アメリカ人の食事に含まれる長鎖オメガ3脂肪酸の大部分を占めているからだ。だから動物のオメガ3不足は、食事を通じて人体に波及し、われわれにとっての不足になるのだ。

単独のオメガ3、オメガ6それぞれと、二つの比率の健康効果は、さまざまな研究で調査されている。オメガ3脂肪酸の摂取量が多いほど、コレステロール値、心臓病による死亡率、各種の炎症性または自己免疫疾患の影響が小さいことがわかっている。特に、オメガ3を食事から（あるいはサプリメントで）多く摂取すると、クローン病、関節炎、喘息、糖尿病、肥満の影響やリスクが減ることも証明または推定されている。また動物実験では、オメガ3摂取量が増加すると体重と体脂肪が減少し、前立腺がんの増殖を遅らせ、大腸がんの元になる炎症を抑えることが示されている。

治療効率の臨床エビデンスは研究によってきわめてむらがあるが、オメガ3摂取量の増加と人間の炎症マーカー低下は関連づけられている。たとえば、一〇〇〇人を超える幅広い年齢層（二〇歳から九八歳まで）のイタリアの成人を対象にした研究では、オメガ3の数値が最高の群は炎症マーカーがもっとも低く、オメガ6の数値が最高の群は炎症マーカーがもっとも高いことが明らかになっている。オメガ6（リノール酸）摂取のランダム化比較試験を対象とした複数のレビューでも同様に、摂取量がもっとも多い場合に炎症マーカーが高くなっている。しかし同じ研究者たちは、ランダム化比較試験のレビューで、食事からのα-リノレン酸（必須オメガ3）の摂取が炎症マーカーに影響するという証拠はほとんど見られないと報告している。

こうした研究を見ると、オメガ6とオメガ3の摂取量の基準に幅があることと、参加者の健康状態や肥満

＊一価不飽和脂肪酸は、炭素鎖の中に二重結合を一つだけ含む。

度が一定しないことが、結論がばらばらになる原因の一つであるようだ。ランダム化比較試験を対象とした二〇〇八年のあるレビューでは、長鎖オメガ3の絶対量は、循環器疾患のリスクに食事が及ぼす効果と関係があるが、オメガ6とオメガ3の比率にはないと結論している。だが二年後、健康な男女数百人の血中オメガ3値を調べた研究では、濃度が高いほど炎症マーカーが低く、もっとも炎症マーカーと強い相関があるのはオメガ6／オメガ3比であることが明らかにされた。

こうした研究から得られる収穫は、脂肪だけを切り離して見ても、理解が進むとは限らないということだ。人間は食物中にオメガ6とオメガ3の両方を適量必要とするだけでなく、相対的にこれらの脂肪のバランスが取れている必要がある。この比率は、摂取量が少なく両方とも足りていないときにはあまり問題にならないが、摂取量が多くなると大きく影響するようだ。

オメガ6とオメガ3のバランスが偏った食事が、アメリカ人のCOVID－19死亡率にどれくらい影響を与えたかを見てみよう。二〇二〇年のある研究は、長鎖オメガ3（EPAとDHA）はサイトカインストームを抑制できるという根拠を引用している。食餌療法が最終的に有効であるかないかはともかく、オメガ3、微量栄養素（たとえば亜鉛）、抗酸化物質の不足がCOVID－19に感染した人の健康転帰に悪影響があるのではないかと、医学研究者は考えている。また、すでに述べたように、作物の栽培法や家畜に与える餌が、最終的に人間の体内に入る脂肪、ミネラル、ファイトケミカルの量と種類に大きく影響するのだ。

COVID－19ウイルスがヒト細胞に侵入するときに使うスパイクタンパク質の一部を、原子スケール画像にしたところ、リノール酸がその構造に含まれていることが判明した。医学研究者は、多量のリノール酸を感染者が摂取すると、ウイルスが細胞に侵入して増殖する可能性が高まるのかもしれないと仮説を立てている。理論上のものであるが、このシナリオはありうる。そもそも細胞膜の脂肪組成が、ウイルスが融合し、それによって複製する能力に影響することはよく知られていることだ。たとえばオメガ3由来のプロテクチンはインフルエンザ・ウイルスの複製を抑制し、それにより患者が重症のインフルエンザから回復する力を増進させる。さらに、長鎖オメガ3から作られるレゾルビンとプロテクチンは、気道の重い炎症の強力な制御因子である。もし同じような関係がCOVID－19にも影響するなら、過去数カ月に食べたものが、症候性あるいは重症の感染への感受性に作用するのかもしれない。

オメガ6とオメガ3のバランスの取れた食事が、ヒトの健康全般にもっともよいことを示す、証拠は他にもある。オメガ3は特定のがんとの関連で研究され、乳がんのリスクを減らすと共に、乳がん細胞の増殖を抑えることがわかっている。フランス人女性数百人の生検の研究で、もっともオメガ3の値が高い群では乳がんのリスクが半分以下であることが明らかになっている。臨床研究でも、オメガ3摂取量の多さと乳がんリスクが低いことには関係があるとされている。

長鎖オメガ3脂肪酸は、腫瘍の成長を刺激する化学信号の伝達を阻害して、培養された前立腺がん細胞の増殖を抑制することも明らかになっている。これは、アイスランド人男性の研究で、中年以降に魚油を摂取した人は、進行前立腺がんのリスクがほぼ半分だった理由の説明になるだろう。さらに、前立腺がん患者を対象にした複数の研究で、魚を食べる量がもっとも多かった群の死亡率は、もっとも少なかった群のおよそ半分であることがわかっている。別の研究では、定期的に魚や魚油サプリメントを摂取する高齢者は、大腸がんのリスクが同様に低下することが報告されている。

長鎖オメガ3の摂取量の多さと、心停止および突然死リスクの低下の関係も指摘されている。ランダム化比較試験のメタ分析により、魚とオメガ3の摂取で心筋組織の炎症性バイオマーカーが低下し、心機能が改善され血圧が下がることがわかっている。最新のものの一つ、数万人を平均一六年にわたり追跡した一七のコホート研究を対象とする二〇二一年の分析は、三種の長鎖オメガ3のうち、一つ以上の血中濃度が最高の群は早死にのリスクが有意に少ないことを明らかにした。研究では魚油の補充についてまちまちな報告がされているが、有害な効果はないようだ。誰にとっても安全ではあるが、利益があるのは一部だけということらしい。

オメガ3サプリの効果

オメガ3が豊富な食物を多く食べることで、男女共に特定のがんのリスクを減らすことができるようだが、サプリメントの効果はあまりないとする研究も広く知られている。たとえば、オメガ3サプリメントが循環器疾患におよぼす効果を調べたランダム化二重盲検プラセボ対照試験のレビューでは、予防効果がある証拠は認められなかった。同様に、ランダム化対照試験のあるレビューでは、オメガ3サプリメントが、がん発生率や死亡率に影響するという証拠はほとんど見られなかった。ホールフードに含まれるオメガ3の摂取量を増やすことと比べると、サプリメントの評価についてはまだ結論は出ていないようだ。

それでも、長鎖オメガ3摂取についての厳密な対照研究で、EPAおよびDHAの血中レベルと、食物であれサプリメントであれ摂取した量との相関が記録されている。このような脂肪を食事から摂る量を増やせば、その血中レベルが上がる。もっとも、定期的に補充した場合と血漿濃度が同等になるには、約一カ月かかる。さらに、EPAとDHAを食餌から摂取すると、長鎖オメガ6のアラキドン酸（ARA）の血漿濃度が低下する。また、DPAとEPAを食餌に補充する七日間の実験で、さまざまな抗炎症レゾルビンの血漿濃度の上昇が明らかになっている。

妊婦では、母乳に含まれるEPAとDHAの濃度は食べたものに直結する。もちろん、すべての子どもが母乳を飲むわけではなく、そして母乳を飲まない子どもはたいてい植物油から作られる調合乳を与えられる。だが、それは好ましくないかもしれない。あるランダム化二重盲検試験では、健康な新生児に乳脂肪か植物脂肪のいずれかを含む調合乳を与えた。四カ月後、乳脂肪を摂った群の赤血球には、植物油ベースの調合乳を摂った新生児と比べて、オメガ3が五〇パーセント、DHAが二五パーセント多く、DPAは二倍近く含まれていた。霊長類とヒトの小児の研究で、長鎖オメガ3は脳、眼、中枢神経系の正常な発達に不可欠だとわかっている。

脂肪のバランスは出生前でも重要だ。長鎖オメガ3のDHAと長鎖オメガ6のアラキドン酸は、共に脳と血管系の正常な発育に欠かせない。実際に、胎盤はそれらを成長途中の胎児へと送り込む強力なポンプとしてはたらき、いずれかが不足すると、中枢神経系に重大な問題が起きる。

胎児の成長に振り向けられる分を食事から補充しないと、母親の長鎖オメガ3、特にDHAの貯蔵が妊娠中にだんだん減少することは、はっきりと証明されている。そして、子どもの発育に振り向けるオメガ3が母体から枯渇すると、母子両方の健康が損なわれる。妊娠後期三カ月でオメガ3レベルが低いと、重度の産後うつの原因となると考えられている。残念ながら、アメリカの女性は現在、母乳中のDHAが世界でもっとも低い部類に属している。

母体の長鎖オメガ3摂取量が妊娠後期に少ないと、子どもの知能指数に影響があるようだ——おそらく生涯にわたって。ノルウェーで行なわれたランダム化二重盲検試験では、妊婦にオメガ3が豊富なタラの肝油か、またはオメガ6が豊富なコーン油を、一日に小さじ二杯、妊娠中期から産後三カ月まで与えた。タラの肝油はDHAとEPAが共に豊富で、一方、コーン油にはオメガ3の五〇倍のオメガ6が含まれる。タラの肝油を摂取した母親の母乳には、コーン油を摂取した母親の三倍のDHAが含まれ、アラキドン酸は一〇分の一だった。両グループの子どもが四歳のときに試験すると、母親が肝油を摂取していた子どもは、母親がコーン油を摂っていた子どもより認知処理得点が有意に高かった。

脂肪と心の健康

精神の健康と行動の問題は、食餌性オメガ3研究のもう一つの興味深い領域だ。食事からでもサプリメントからでも摂取量を増やすと、うつや双曲性障害、子どもの問題行動、いずれの病歴もない若い男性の攻撃的・衝動的行動の症状が軽減すると考えられている。成人の服役者の暴力行動と累犯も、オメガ3の摂取量が増えると減少している。もちろん、アンセル・キーズが期せずして教えてくれたように、相関関係は因果関係を証明しない。だが、アルゼンチン、オーストラリア、カナダ、英国、アメリカで、一九六一年から二〇〇〇年にかけて殺人事件発生率の上昇とオメガ6摂取量の増加が驚くほど一致していることから、国立衛生研究所の研究者は、現代の食生活の変化が集団的規模で行動に深刻な影響をおよぼしている可能性を示唆している。

オメガ3の気分障害治療効果に関する複数のメタ分析で、うつの治療に有望な可能性が発見されている。たとえば、高齢者を対象としたある研究では、オメガ6／オメガ3比が低い人にはうつ症状が少ないことが報告されている。うつ病の患者は、うつと診断されていない人と比べて、サイトカイン生産量が際だって高かった。炎症性サイトカインを抑制するのに役立つものは何か？　オメガ3だ。

人生の後半でかかる脳変性疾患も、オメガ3摂取量が低いことと関係があるとされている。一〇〇〇人以上の中年の協力者を得て行なわれたある研究では、海洋性オメガ3（脂の多い魚）の摂取量が少ないと、認知障害のリスクが有意に高まることがわかった。認知障害のない一〇〇人の高齢者を対象にした同様の研究では、オメガ3が抽象的思考と問題解決の能力を支えることが明らかになった。

対照臨床試験により、一年間のオメガ3補充で軽度認知障害の患者の記憶力が改善されることが示されている。別の研究では、約一〇〇〇人の高齢男女を一〇年弱追跡したところ、血中の長鎖オメガ3値がもっとも高い群では、認知症とアルツハイマー病のリスクがほぼ半分になることが確認された。また、一〇〇〇人を超える高齢の患者を対象にした研究では、血中の長鎖オメガ3値が低い人は、脳の老化が早まり、脳の体積が縮小し、視覚的記憶と抽象的思考の得点が低いことがわかっている。加えて、六五歳以上の患者数千人の脳組織のMRI画像から、血中の長鎖オメガ3値がもっとも高い群では、血液供給の閉塞が起きるリスクが四〇パーセント低いことも明らかになった。こうした知見を考え合わせると、食物中のオメガ6とオメガ3のバランスが変わったことが、認知症やアルツハイマー病が近年恐ろしい勢いで増加している一因として疑っても無理はないのではないだろうか。

この可能性を考えているのは私たちだけではない。効果的な治療法がないこともあって、神経変性疾患の進行を予防したり遅らせたりするために食事から取り組むことには、関心が高まっている。二〇一九年の臨床試験レビューは、疾患の初期段階ではオメガ3の食事からの摂取が、安全で患者に負担のない有効な治療法として有望であると結論している。言い換えれば、オメガ3の摂取量を増やすことは、万能の特効薬ではないかもしれないが、加齢に伴って認知機能を維持するのを助けるリスクの低い方法であることは確からしいのだ。

ある興味深い実験によって、この作用が余すところなく説明されている。オメガ6をオメガ3に変える回虫の遺伝子を、培養したヒトの乳がん細胞に導入すると、オメガ6／オメガ3比は一二：一から一：一未満に下がる――現代の欧米式食事で農耕以前の人類のものから増加した分を元に戻すのとほぼ同じ低下率だ。この変動によって炎症マーカーが大幅に減少し、培養組織中のがん細胞が抑制されるだけでなく、最終的にはがん細胞の死滅につながった。オメガ3変換遺伝子を注入された培養がん細胞が死ぬのに対して、この新種の遺伝子を注入されなかった同様の細胞は何にも妨げられず増殖を続けることも、研究者は明らかにした。

遺伝子改変マウスを使った独創的な実験で、オメガ3は腫瘍予防と因果関係があることの直接的な証拠がもたらされた。遺伝子を操作されたオメガ3生産マウスは、進行性乳がんを発症するように操作された別の系統のマウスと交配された。実験ではそれから、交配で生まれた子ども（オメガ3生産遺伝子とがん発生遺伝子を持つ）と、オメガ３生産遺伝子を持たず、がんを発症するマウスの群に、オメガ６が豊富な餌かオメガ３が豊富な餌のどちらかを与えた。どちらの群でもオメガ３値の高いマウス――オメガ３を摂ったものと自分で作り出せるように遺伝子を操作されたもの――は、一生のあいだに発生する腫瘍が少なく、発生しても小さかった。実験の結果、オメガ３と腫瘍予防には因果関係があるという明白な証拠が得られたと、研究者は結論した。もちろん、マウスは人間ではないが、それでもこのような発見は間違いなく興味深い。

全体として見れば、オメガ３が豊富な食事は健康のためによく、オメガ６まみれの食事は長鎖オメガ３の形成を妨げることに、ほとんど疑問の余地はない。人間の健康に対する影響が、そしてもちろん遺伝的・生化学的個性が多岐にわたることの一つの表われとして、過去の臨床試験にはかなりばらつきが見られるものの、ヒト集団においてオメガ３摂取量が多いほど健康効果があるという明らかな証拠が、多数の疫学研究で報告されている。

ギリシャで行なわれた特に興味深い研究では、コレステロール値は高いが心臓病の徴候がない数十人の中年男性に、一日に小さじ三杯、オメガ３が豊富な亜麻仁油またはオメガ６が豊富な紅花油を与えた。油の組成に基づけば、そのオメガ６／オメガ３比は、亜麻仁油を与えられた被験者は一：一を少し超えた程度、紅花油を与えられた者は一〇：一を超えることになる。これは欧米の近代的な食事への移行を、おおまかに模倣するものだ。数カ月後、紅花油を与えられた群には変化がなかった。しかしオメガ３が豊富な亜麻仁油を与えられた群の血圧は大きく下がり、その幅は、コレステロールを下げ、それにより血圧を下げるために広く処方されている薬剤スタチンの二〇におよぶランダム化比較試験で報告されている平均値を数倍上回っていた。言い換えれば、食餌性脂肪を変えると現代の定番の薬と同じような作用があることが、この研究でわかったのだ。

日本食の評価

世界的な病気のパターンの研究で、食事で摂るオメガ6／オメガ3比を低くすることが健康上有益である新たな証拠が得られ、日本食がオメガ6とオメガ3のバランスにおいて、だいたいの必要を満たしていると評価された。この研究は、オメガ3不足が男性の全死亡率のほぼ五分の一、うつ病患者の三分の二以上の間接的原因である可能性があると結論している。これらの結論があまりに誇張しすぎだとしても、この研究が適切なレベルの食餌性オメガ3の必要性を補強していることに変わりはない。

過剰な炎症の緩和は、現代医療の主要な手段であり目的だ。非ステロイド性抗炎症薬は、オメガ6が引き起こした炎症を本来活性化する酵素を阻害するもので、全世界で年間一〇〇億ドル以上に達する売上を稼ぎ出す。だが、炎症をやわらげる方法は他にもある――人間の食べものとなる作物や動物の育て方を変えることだ。ただ、製薬会社にこの考えを受け入れることを期待してはならないが。

オメガ3の摂取や補充を増やすことの目的は、健康状態を改善するためというよりも、身体が健康を維持するのを助けるためと考えたほうがいいだろう。では、食事にオメガ3を増やすにはどうすればいいだろう？オメガ3を食べればいいのだ。もっと葉物野菜、ブロッコリーのような野菜、クルミのようなナッツ類、可能な範囲内で天然の冷水魚を食べることだ。もちろん、食事のオメガ6／オメガ3比を下げる方法は他にもあって、簡単なのはオメガ6が豊富な種子油を多く含む加工食品を減らすことだ。肉、乳製品、卵を慣行飼育のものから牧草飼育に切り替えるのも、脂肪のバランスをよくするもう一つの方法だ。

グラスフェッドの乳製品や肉を食べると、一般的な食事において実際どの程度の違いが生まれるのだろうか？この問題に対する分析の元になったのは、乳製品用のグラスミルクと通常の牛乳の数値を使って、一連の食事シナリオのオメガ6とオメガ3の量をモデル化した研究だ。モデル化された食品の選択は、食事内容を大きく変えず、ただ慣行乳製品をグラスミルクのものと取り替えただけだった。このモデルで、アメリカ人の典型的な食事のベースラインシナリオは、オメガ6／オメガ3比が一一・三を少し超えると想定していた。乳製品の摂取が中程度から多量で、乳成分を含まない製品には高オメガ6源（加工食品）が多い食事を、グラスミルクの乳製品に切り替えると、全体の比率は六：一から九：一に縮まった。グラスミルク製品に切り替え、乳製品以外のオメガ6源を減らしたシナリオでは、比率は三：一から四：一のあいだにまで低下した。一〇：一から二〇：一と推定される欧米で一般的な比率より、はるかにいい数字だ。慣行飼育の肉と卵を一〇〇パーセント牧草飼育のものに置きかえると、オメガ6とオメガ3のバランスは、一：一にまで近づくだろう。

心臓病のような、赤肉や乳製品と関係するとされている人間の健康問題のうち、どれほどがウシへの餌の与え方に由来するのだろうか？　これまでに行なわれた研究から、断定するのは難しい。しかし基礎的なメカニズムは研究者によって記録されており、さまざまな疾患にわたる疫学研究で、オメガ6とオメガ3のバランスが取れた食事がリスクを減らすことが証明されている。

だが、何か特定の食事法が、誰にとっても健康によいと考えるのは単純すぎる。脂肪が健康にいいか悪いかは、その具体的な種類と量、相対的なバランス、個々人に特有の生化学的性質とゲノムによって決まるのだ。それでも、ここから食餌性脂肪についての簡単で根拠のある勧告が導き出されている。誰も食事の中に飽和脂肪酸はあまりたくさん入っていてほしくはないだろうが、一方でやはり共役リノール酸は十分に摂りたいし、オメガ6とオメガ3のバランスも必要だ。だから動物性食品を食べるなら、一〇〇パーセントグラスフェッドの肉、乳製品、卵を適量摂るように頑張ってみてもいいのではないだろうか——そして、手に入れば、また懐具合が許せば、あるいは嫌いでなければ、天然のサケやその他の冷水魚もできるだけ多く。そして、オメガ6が多く含まれた加工食品の代わりに、オメガ3が豊富な未精製の植物性食品を食卓に増やすことだ。難しい話ではない。バランスの問題なのだ。

第16章 作物に栄養を取り戻す

治療法は医者ではなく、自然がもたらす。
——パラケルスス

本場フランスのバゲットがおいしくなかった理由

製粉がパンの味と品質におよぼす影響は、本書執筆中に訪れたフランスで、私たちの目の前にくっきりと浮かび上がった。パリへと夜行で飛んだ私たちは、南西のルマンに向かう特急に乗り、昼頃に到着した。くたくたで空腹の私たちは、エアビーアンドビー〔民泊サービス〕に荷物を置くと、チーズとバゲットを求めて出かけた。

数分で私たちは「ブーランジェ」の文字を一軒の店の表に見つけ、通りを渡って、ありとあらゆる焼き菓子の類と一緒に並んでいる細長いもの、丸いもの、楕円のもの、大小さまざまなパンを見回した。食料品店に立ち寄ってチーズを買うと、私たちはすぐエアビーアンドビーに引き返し、薄きつね色のバゲットにかぶりついた。それはなるほど、少なくともパリパリしていて、皮のかけらが飛び散った。だが残念なことに、まったく風味が欠けていた。翌日、バゲットの残りをちぎろうとすると、ガラスのように粉々になった。

そのフランスのバゲットがなおさらがっかりだったのは、少し前に自宅の近所に開店したパン屋で買ったものと比べて、完全に見劣りがしたからだ。わが町のパン職人《ブーランジェ》のロブは、古代のコムギの品種であるヒトツブコムギから全粒粉バゲットを作った。香ばしくどっしりとして、干からびることなどなさそうなロブのバゲットは、変わっているが本当においしく、これまで食べたことのないものだ。フランスで見つけたものなどはその足元にも及ばなかった。

数カ月後、わが町の小さなパン屋は、この美味なバゲットを作るのをやめた。ロブは肩をすくめて言った。「全然売れなかったんだ」。みんな外はすべすべでカリカリ、中は真っ白な、フランス風のバゲットを求めていたのだ。製品を捨てるわけにいかないので、普通の精白小麦粉で作るバゲットに戻した。ここからロブと、パンづくりとコムギについて長談義となり、それがきっかけで私たちは、ある並はずれて幅広い視野を持つコムギ遺伝学者に注目するようになった。

パン研究所で学ぶコムギ製粉の歴史

私たちと同様にスティーブン・ジョーンズは、アメリカの北西の端に住んでいる。そこで数週間後、七月下旬のよく晴れた日、私たちは北へ一時間半車を走らせ、州内でも第一級の農業地帯スカジット・バレーにあるワシントン州立大学パン研究所《ブレッドラボ》へ向かった。大きなビジネスパークじみた建物はそぐわない感じがしたが、正面玄関脇にひょろっとした鉢植えのコムギがあるのを見て、ここで間違いないことがわかった。もっと一目瞭然なものが、入ってすぐのところにあった。重たい石臼を支えた、年季の入った重厚な木製の仕掛けが通路を占領していた。この一八七〇年代の製粉機が、コムギに取りつかれた反逆者たちのコレクションの目玉だとは、私たちには知るよしもなかった。

この奇妙な製粉機の物語でジョーンズは出迎え、私たちを建物の中へと案内してくれた。灰色の作業ズボンと青いチェックのシャツが白髪まじりの黒髪と痩身を際だたせたその出で立ちは、隅から隅までまさしく農民と教授が合体したようだ。穏やかな笑みと謙虚な物腰は学者らしからぬすがすがしさだが、彼はワシントン州立大学の一世紀におよぶコムギ育種プログラムの、五代目の指導者だ。その手法はコムギの遺伝的特徴を昔ながらのやり方で調整する――つまり違う品種同士を受粉させ、できた種をまいて、地面から生えたものを調べ、それを何度もくり返して望ましい形質のものを選ぶのだ。

廊下を通って製粉機博物館を兼ねた部屋まで私たちを案内しながら、ジョーンズはそのあいだじゅう製粉の歴史を説いていた。彼はギリシャかローマで使われていたような臼を披露した。石の板が回転して、静止した板の上でこすれ合うというものだ。この古代の設計は、玄関にあった開拓者のものときわめて似ているように思われた。石臼のいいところの一つは、穀物の中身すべてが粉になって還ってくることだ。一〇〇ポンドのコムギを入れれば、一〇〇ポンドの小麦粉が出てくるのだ。

現代のスチールローラーミルではそうは行かない。すり潰してからコムギの粒の主要部分を分離するように設計されているからだ。それを示すため、ジョーンズは部屋いっぱいにいくつも置かれたミルの一つに、上からコムギを流し入れた。クランクをしばらく回してからミルの底の引き出しを開けると、白い小麦粉と色の濃いふすまの二つの山が、別々のトレーに分かれて現われた。見た目のコントラストがすべてを物語っていた。現代の製粉はコムギを雪のように白くふかふかにするのだ。茶色のトレーを取りあげて、ジョーンズは指摘した。「人間に必要なもの、食物繊維、鉄、亜鉛などが、みんなこの中に入っている」。

今日、ふすまと胚芽ははぎ取られ、家畜の餌にされている。*つまり、人間の主食中のもっとも栄養がある部分を取り除いて、それを、草を食べるように進化した動物に与えているのだ。ふすま、胚芽、その他種皮の廃棄される部分は、繊維、ミネラル、ファイトケミカルに富む。二〇一六年のあるレビューでは、コムギを製粉して精白粉にすると、ビタミンやミネラルがほぼ四分の三失われると結論されている。対照的に、全粒小麦粉には本来の栄養とファイトケミカルが、ほとんど全部残っている。

ジョーンズはコムギの育種家としては異色だ。収量と同じくらい栄養と風味にこだわっており、作物育種家と栄養学者がばらばらに動いていることを不満に思っている。「食品科学は」とジョーンズは嘆息する。「要するに加工のことだ」。しかしコムギの品種間のさまざまな違いの中には、吸収するビタミンとミネラルや、作り出す種子に貯蔵するファイトケミカルと脂肪の違いもあるのだ。

コムギの育種——貯蔵寿命と収量の最大化

コムギは人間が目をつけ、食べるようになるはるか以前から存在した。トウモロコシやコメと共に、五〇〇〇万年以上前の共通祖先に由来するものだ。今日われわれが知る現代のコムギは、三つの古代種（スペルトコムギ、エンマーコムギ、ヤギムギ）が掛け合わされてできたもので、七本の染色体を三セット持つ穀粒を作り出す。このため多くの遺伝的変異が生まれる。全部合わせると、コムギのゲノムは約一六〇億のＤＮＡ塩基対を持つ。ヒトゲノムには三〇億しかないことを考えれば、コムギ育種家にはできることがいくらでもある。コムギのゲノムの多様性は、コムギが野生では幅広い環境で生育していたことを反映している。だが数千年かけて農家は、主にただ一つの目的——より多くの穀粒——のためにコムギを選択してきた。育種家は今もそれを行なっている。だがジョーンズは違う。収量にとどまらず、他の性質の多様性も利用しようとしているのだ。

ジョーンズは、低収量の古代種を崇拝する者に対しても、旧来の育種家が信奉している「行け行けどんどん」式の手法にも、同じように異議を唱えている。コムギゲノムの中に、収量と栄養を両立させた品種を作る変異を、彼は数多く見出している。ほとんど誰も両立させようとしていないだけなのだ。ジョーンズはその中道を探り、収量を犠牲にすることなく多様性を高め、味と栄養の両方を向上しようとしている。ジョーンズが関心を抱いているもう一つの基本的事項がある――製パン性能だ。何といってもそれこそがコムギのすべてなのだ。しかし、パンに何を求めるかの意見や要望を、われわれ消費者から得ようとするコムギ育種家はほとんどいない。

今日の一般的なコムギと比べて、古代の品種は亜鉛が三分の一から半分多く、鉄が三分の一多く、銅が最大で四分の一多く含まれることが、ある研究で示されている。コムギの原種の一つであるヒトツブコムギ**は、抗酸化物質含有量がかなり高く、カロテノイドが最大で現代のパンコムギの一〇倍含まれている。古代の品種は食物繊維もはるかに多い。あのおいしいシアトルのバゲットは、味のしないフランスのものと比べて、実は栄養価もずっと高かったのだ。

精製していない穀物を食べると健康にいいという証拠は、枚挙にいとまがない。疫学研究では、繊維質が豊富な全粒穀物を食べると、コレステロール値と血圧が下がり、心臓病の予防に役立つ可能性があると報告されている。二〇〇〇年のある先行研究レビューでは、全粒穀物の摂取量がもっとも多い食事が、心臓病のリスクを有意に低下させると結論している。その六年後に行なわれた、男女数十名に制限食を投与する研究では、摂取カロリーの五分の一を全粒穀物に変えると、血圧が相当程度低下した。

---

*コムギ穀粒の色の濃い外側の層がふすまである。これは穀粒の重さの一五パーセントに満たないが、食物繊維、ビタミン、ミネラルなど微量栄養素の大部分を含む。生長すると芽になる胚芽と呼ばれる部分は、総重量の三パーセント未満だ。これは微量栄養素、ビタミンB群、抗酸化物質、脂肪に富む。白いデンプン質の中身は胚乳という。これは総重量の八〇パーセント以上を占め、主に炭水化物とタンパク質を含み、発芽したコムギが自力で光合成できるようになるまで支えるエネルギーを供給する。

**ヒトツブコムギ、エンマーコムギ、スペルトコムギは、中東の肥沃な三日月地帯でもっとも早く栽培された三品種である。まとめて古代穀物として知られている。

全粒穀物食には2型糖尿病の予防効果があることもわかっている。数万人のアメリカ人男女を対象にした一〇年にわたる研究では、全粒穀物を摂取する割合がもっとも多い群は、もっとも少ない群に比べて約四〇パーセント、糖尿病のリスクが低いことが明らかになっている。四〇〇〇人を超えるフィンランド人男女を対象にした同様の研究では、全粒穀物をもっとも多く摂取した群が、もっとも少ない群に比べて糖尿病リスクが三五パーセント低かった。

全粒穀物を食べると、ある種のがんのリスクも低下する。二万三〇〇〇人の女性を対象にアイオワ州で行なわれた研究では、全粒穀物の摂取がもっとも多い人の子宮がんのリスクが、もっとも少ない人と比べて三分の一低いことがわかっている。それ以前に行なわれた、イタリア北部でがん患者数千人を対象にした研究では、全粒穀物の摂取が大腸がん、乳がん、前立腺がん、膀胱がんのリスクを一貫して大幅に減らすことが示されている。全粒穀物の予防効果は、ミネラル、ファイトケミカル、抗酸化物質、繊維の含有量が精製穀物に比べて多いことに由来すると、研究者は考えている。

だが二〇世紀を通じて、保守的な育種家はほぼ完全に、収量と貯蔵寿命を最大化することだけに集中していた。ジョーンズは、地域的な育種で多様性を増やせば、ミネラル含有量を高めて「鉄分が三倍のコムギを作る」ことができると考えているが、加工によってそれがまた除かれてしまうのでは、あまり意味がない。もっと栄養のあるパン、パスタ、クラッカーが欲しければ、農業のやり方だけでなく、体力の源である穀物の品種改良、精白、加工のしかたを再考する必要がある。

世界から集めた一〇〇〇種類のコムギ

コムギはダイナミックな、生きた遺伝子ライブラリーだ。コムギの種子は一〇年置いても多くが発芽し、三

〜四年ならほとんどすべて発芽する。だから農家や育種家は、種子を生きた状態でしばらく保存できるが、もちろん限度がある。生長した植物からさらに多くの種子を作るには、発芽するあいだに種をまかなければならない。だから、今日植えたものが、将来交配する品種の選択肢を左右するのだ。何世代にもわたって農家と育種家が主導し、望みの形質を――数世紀の収穫から何度もくり返し――選ぶ、現在進行中で終わりのない実験だ。

建物の裏手にある大きな部屋へと私たちを案内したジョーンズは、奥の院とも言うべき場所への扉を開いた――彼のコムギの種子の貯蔵室だ。そこは壮観だった。少なくとも一〇〇〇品種のコムギが瓶に入れられて壁にずらりと並んでいた。「発見」された地域と年を記したラベルが貼られている――フランス一八三八、中国一八五一、ウズベキスタン一九〇〇。身近なところではオクラホマ州から出たマンモス・レッド一九〇四というのがある。私たちは三六〇度ぐるりと回って棚を眺め、白、淡褐色、レンガ色、焦茶色、さらには青みがかったものまで、コムギの粒を収めた瓶がずらりと並ぶ自然の万華鏡に見入った。だが、ここで多種多様な品種に囲まれていながら、アメリカ中の広大なコムギ畑では、色の濃い品種はまったくと言っていいほど栽培されていない。

色以外にもコムギの品種のあいだには、大きさや穀粒の形から、生長するまでわからないその他の形質までさまざまな違いがある。ある品種は背が高くなる。ある品種は背が低い。またあるものは平均より種子の生長が早く、あるものは遅い。霜の時期の違いに適応した反応だ。早いほうがよい年もあれば、遅いほうがよいこともある。こうした違いは作物性能、収量、栄養価に影響する。変動性は育種家の仕事を増やす。

ジョーンズはワシントン州立大学でコムギの育種を一九九一年に始め、商業栽培用に九つの品種を開発した。プログラムが始まった一八九四年以来、一〇〇を超える新品種が生み出されてきた。ジョーンズの先任者の一人は、「緑の革命」のコムギ原種子を提供している。草丈を短くする品種改良は、黄金の波が地面に当たるのを防いだ。また、収穫可能なバイオマス――人間が食べられる部分――の割合も増やした。

作物の品種改良は、一見単純に思われる。さまざまな交配を試し、好ましい形質を探して保存し、それ以外は捨てる。それのくり返しだ。「品種改良は維持ではない」とジョーンズは説明する。「前進なのだ」。生命は静止しない。ほとんどの育種家はもっともよいもの同士を掛け合わせる癖があり、結局同じような品種を生み出してしまうが、ジョーンズは、変異性を取り入れて、遺伝的多様性を増そうとする。今は、高収量コムギの栄養価と製パン性能を飛躍的に高めることに取り組んでいる。

昼食の時間になったので、私たちは研究所の厨房の一つに向かった。ジョーンズは、自前のライムギで作ったパンにナイフを入れた。この芳醇で美味な全粒粉パンは、キャラウェイの実で風味をつけた普通の大量生産のものとほとんど似ても似つかなかった。ブレッドラボのライ麦パンはしっとりとして、ほの甘く風味が強かった。私たちは木製のテーブルを囲む背の高いスツールに腰掛けて、パンを味わいながらジョーンズと彼が指導する大学院生らと語り合った。

ニューヨークの有名シェフ、ダン・バーバーが、ワシントン州の東部と西部で育ったコムギの違いに気づいた経緯を、ジョーンズは話してくれた。バーバーはジョーンズと組んで、自分の店で使う特に味のいい小麦粉を探していた。あるときジョーンズは、雨の多いワシントン州西部で栽培したコムギを切らしてしまった。そこでバーバーに、半乾燥地帯である州東部で収穫された同じ品種のものを送った。バーバーはジョーンズに電話をかけ、コムギに何があったのかと尋ねた。味が違う！　ワインのようにコムギにもテロワール、つまり土地に特有の味があるなどと、誰が思っただろう。品種改良のこのような側面――土地と環境が風味と栄養に影響すること――は、ジョーンズのもう一つの関心事だ。

フルドラムセットをオフィスに置いている、旧来の栄養学から転向した栄養士のメリが、コムギの栄養は見過ごされがちであることをつけ加えた。彼女は、繊維、ミネラル、ビタミンを増やすために、種子のふすま層を厚くする品種改良を目指している。メリは、自分が栄養士としての訓練を受けたとき、食べものの栽培法が栄養に与える影響が取りあげられることはなかったと言う。「ジャガイモはただジャガイモだと教わった。でも、どのように育ったかが問題だというのは、考えるまでもないような気がする」。

メリの経験では、病院や治療センターではたいてい安価な食べものを食べさせようとする。クライアントが自前で食べものを育て、自前で調理したほうがいいとメリは思ったが、医療業界はそのようになっていないことをすぐに知った。それどころか彼女の役目とされていたのは、「食べものにいいものも悪いものもない」と教え、何でも適度に食べる必要性を強調することだった。しっかりとした栄養の基礎として、新鮮な未精製の食べものを最重視しないのは的外れだと、メリは考えた。新しい上司は、食事指導の内容を炭水化物、脂肪、タンパク質の摂取に限るように警告した。「教えなければならないのは栄養の基礎であって、君の感情ではない」。メリは仕事を辞め、ブレッドラボに入った。

イタリアの小さな町から来たシェフ、ロビンは、青いコムギに、世界の商品市場で取引されている赤や白の品種とは違う抗酸化作用があるかどうか研究を始めた。大きな違いは見つからなかった。そこで彼は、新種の多年生穀物、サリッシュ・ブルーの研究に移った。パンコムギと野生の多年生イネ科植物ウィートグラスを掛け合わせた、ジョーンズが数十年かけて穀物兼牧草として開発したものだ。一年で枯れないコムギのような穀物を作れば、農家が耕起と播種を毎年しなくてもよくなるという発想だ。そうすると侵食が軽減され、燃料や除草剤の使用量が減り、土壌有機物が蓄積される。さらに営業上のおまけとして、この粒が青い交配種は自然交配であり、したがって遺伝子組み換えでないと認定される。この新種の作物で土壌の健康が回復する可能性がある。しかし、それを食べた人間の健康にもよいのだろうか？

必要な多様性がすべて揃った畑

ジョーンズは私たちに、コムギを栽培している場所を見せたいと言った。私たちは彼の青いシボレー・ピックアップ・トラックのあとについて、マウント・バーノン農業普及センター農場まで車を走らせた。車を停めてフェンスに囲まれた土地へと歩いて向かい、門をくぐると、一面の小麦畑が広がっていた。リボンのような葉が風にそよいでざわめいている。ある区画では草丈が目の高さほどあり、また別の区画では手を下に伸ばしたあたりに穂があった。茎の細い植物は、一本だけ生えているときにはひょろひょろと頼りなく見えるが、畑で何千本とまとまると、互いに支え合ってまっすぐに立っている。

私たちが見ているのは八ヘクタールの土地を一・二×三・六メートルのいくつもの小区画に分けたもので、それぞれに固有のコムギの品種が栽培されていると、ジョーンズは説明した。最初の二、三の畝にはジョーンズが新しい交配種を試験的に植えていた。一部の区画には、オレンジ色や青の三角旗がついた旗竿が立っていた。オレンジ色は欠陥のある交配種を意味し、二度と作られることはない。青はことのほか望ましい形質、たとえば丈夫である、茎が折れにくい、穂が大きいといったものを持つ区画の印で、手作業で収穫し育種のために保存すべきものであることを示している。毎年ジョーンズは一つずつ調べては、最高と思われるもの、好ましい性質を持つもの、有益な品種になる可能性のあるものを選び出す。ジョーンズの目標は、自分の圃場にできた最高の品種を収穫することだ。

私たちは、先端育種圃場とジョーンズが呼ぶものの中を、従来の冬コムギが植えられた金茶色の圃場の奥へと進んだ。*このコムギの群落は高さ一二〇センチほどだ。そのほとんどすべてがかなり良好なようで、穂が十分に発達して、茎は折れたり曲がったりしていない。これらのコムギは前年の試験に合格し、ジョーンズが私たちに見せたかった変異性を示していた。群落の中には、ずんぐりとして実がぎっしり詰まった長さ五セ

スティーブン・ジョーンズのコムギ畑

ンチの穂がまっすぐに立ち上がっているものがあった。またあるものは、それほどぎっしり詰まっておらず、長さ一二〜一三センチの柔軟で逆J字型に垂れる穂をつけていた。ネコのひげのような目立つ芒《のぎ》〔イネ科植物の実から伸びる剛毛状の突起〕が穂から突き出しているものもあれば、芒のない裸のものもある。色の薄い穂もあれば、濃い赤褐色から茶色のものもある。

中を歩き回っているうちに区画の境がわかりにくくなってきた。しかしジョーンズは見える微妙な違いのようなものを教わると、私たちにもそれがわかり始めた――芒の長さのわずかな差、特定の角度についた穂、かすかな色の変動、強風で折れそうな弱々しい茎など。注目点はたくさんあり、世界にはコムギ

＊冬コムギは秋に種がまかれて発芽し、冬のあいだは休眠し、春に生長を再開して夏に収穫される。春コムギは春に種をまき、夏に生長して秋に収穫される。

の品種が数万種あるので、そのすべてをどうすれば習得できるのかと、私たちはいぶかった。ちらりと笑顔を見せて、ジョーンズが言った。「一九七七年から毎日コムギを見ていれば、そうなる」。彼はコムギを選別して、交配すると将来どうなるかを予想することができる。忍耐と、細部を見きわめる目が、ジョーンズが優秀なコムギ育種家であるゆえんなのだ。

現代の商業用コムギの群落は背が低く、一定している。対照的に、多様性を求めて品種改良されたものは、同じコムギ品種の畑でも変動がある。この遺伝的多様性は、干魃や肥料の不足のような制約条件下での回復力に特に影響がある。それはまた栄養価でも、ジョーンズの取り組みの中心となりつつある有機低投入システムに向く形質を見つけるためにも重要だ。

話しながら、ジョーンズは私たちを春コムギの群落に案内した。黄金色のものもあれば、まだ緑のものもあり、中には茶色くなって実をつけているものもあった。しかしこれらはすべて同じ日に種まきが行なわれたものだ。「今日畑で見た形質は、すべて一つの遺伝子から出たものだ」とジョーンズは言う。冬コムギと春コムギの違いさえ、一つの遺伝子にあるのだ。ジョーンズは、自分の圃場で栽培しているコムギには数千もの固有の遺伝的変異があると推定している。この先、気候変動やその他の未来の変化を乗り越えるために、農家はこの変異を活用する必要があるだろうと、ジョーンズは考えている。ジョーンズは一帯の区画を手で指し示した。「ここに、必要な多様性のすべてがある」。

研究所は新しいコムギの品種を農家に発表するとき、それに名前をつける。最近発表されたもの――シェフ・ロビンが先ほど話していたサリッシュ・ブルー――は、新品種であるばかりか新種だった。サリッシュはその地域の先住民の名称で、ブルーは穀粒の色を反映したものだ。秋まき多年生のそれは、一年以上生きているはずであり、したがって地下部バイオマスを根系に蓄積するために力を注ぐ。その結果、土壌有機物が増えるので、ジョーンズはサリッシュ・ブルーを輪作に組み込んで、環境再生型《リジェネラティブ》農家が土壌の健康を改善するのに役立てたいと考えている。

ジョーンズは有機農家向けのコムギの品種改良も行なっている。コムギ育種家以外にはほとんど認識されていないが、現代の大部分の品種は、高いレベルの有機物と有益な土壌生物の健全な個体群を含む土壌——リジェネラティブ農場のような——での栽培に向くように品種改良されていない。ジョーンズの有機群落はかなり質がよさそうに見えるが、土壌はすぐそばの慣行コムギ区画と同様に、劣悪で有機物が少ないもののようだ。ややきまり悪そうにジョーンズは、最近まで研究圃場の大半で、「レクリエーションとしての耕起」を行なっていたことを認めた。有機圃場の土壌は、八年前に適切な輪作を始めてから改善されているとジョーンズは言うが、農場では今もひんぱんに耕起するような管理が行なわれ、そのため土壌有機物は二パーセント未満にとどまっている。ニューメキシコ州でデイビッド・ジョンソンが経験したのと同じように、この実験農場は長いあいだ作物収量に重点を置いていて、土壌の健康の増進や調査に関心を示す様子がなかった。たぶん研究者は、よくある貧弱な土壌で栽培しようとしている慣行農家との関係を保っておきたかったのだろう。現在、それが変わり始めている。

化学肥料を与えない畑に合うコムギの育種

ほとんどの慣行農家は、タンパク質含有量を飛躍的に増やすため、肥料を過剰に与える。すると植物は余剰の窒素を種子に送り、高タンパクの穀粒を作るからだ。だから育種家は、窒素が多い環境でさかんに生長する個体を選択するのが一般的だ。ジョーンズは言う。「植物は自分から窒素を取り込もうとしなくなり、与えられる窒素に依存してしまう。それは周知の事実で、疑う余地はない」。

しかしタンパク質のレベルを高めるような品種改良には問題もある。コムギでは、高タンパクは高グルテンを意味する。だから窒素肥料を増やせば、グルテン含有量の多いコムギが収穫される。グルテンは人間のためにあるのではない。種子のための貯蔵タンパク質だ。高グルテンの小麦粉は、パン製造においても扱いやすい。パンを大量生産する工場で歓迎される特性だ。コムギに含まれるグルテンの組成と強度が、過去半世紀で劇的に高くなっているのは偶然ではないと、ジョーンズは言う。

慣行農法向けに品種改良されたコムギを有機環境で栽培すると、たいていうまくいかない。これは他の作物でも同じだ。植物は、不慣れな土地や放牧に向かない土地に連れてこられたウシの群れのように、混乱してしまうことがあるのだ。

ジョーンズはこう主張する。「品種改良は設計だ。古典的育種、遺伝子組み換え、CRISPR《クリスパー》ゲノム編集、何であれ」。どのような品種を繁殖のために選択するかを決めるには、どの農法に合わせて設計するかがわからなければならない。慣行作物品種は大量の窒素を与えられるように開発された。だからそのような条件下でうまく生長する。だが育種家は違うものを選択することもできる。たとえば、有機物のレベルに違いがあっても——劣化した土壌にも健康な土壌にも——ある程度適合するような品種だ。健康な土壌で育ち窒素肥料をあまり必要としない高収量作物を育種することが困難だとは、ジョーンズは考えていない。

それこそがジョーンズが現在取り組んでいることの一つだ。農家が栽培している旧来の品種は、有機農法でよい成績を上げるようには育種されていない。だから成績が上がらないのだ。高窒素環境に合わせて育種された植物は低投入農法ではよく育たないし、逆も同様だ。

栄養を目標に選択する育種プログラムの制限要因は需要だと、ジョーンズは考える。こうした中でジョーンズがもっとも歯がゆく感じるのは、全粒粉で作ったパンは質が低いと消費者が認識していることだ。私たちの近所のパン屋が突き当たった問題だ。「白いパンのために過去半世紀注いだのと同じ分のエネルギーを、全粒用コムギに注ぎ込んだらどうなるだろう。全粒小麦粉で作れないペストリーなどないのだ」。健康な土壌で育った食べものへの需要を創出し、この状況を転換することで、リジェネラティブ農法に適応した高収量かつ高栄養の品種の栽培と開発に、育種家を取りかからせることができると、ジョーンズは自信を持っている。

これは実際には収量と栄養が対立する問題ではないと、ジョーンズは主張する。彼の春コムギの最高収量は、アルファルファのあと種をまいた有機圃場で得られたものだ。だが有機農法で高収量を得るには、そのための品種改良をしなければならない。

味と香りが全粒粉への回帰を促すかもしれないとジョーンズは考える。優秀なシェフは、産地の違う原料で作られた全粒粉クロワッサンを区別できる。精白小麦粉で作られたパンではこれができない。製粉のときに取り除かれる部分――ふすまと胚芽――が、風味豊かな栄養、脂肪、ファイトケミカルの詰まった部位だからだ。それを捨ててしまえば、風味は大きく損なわれる。土壌の条件が全粒小麦粉の風味に影響することを、ジョーンズは一片も疑っていない。商用コムギの育種に関わってきた二〇年の間、ジョーンズはパン職人から品種改良について問い合わせを受けた記憶がないが、今ではそうした質問を日々扱っている。

だが全般に、コムギの品種改良に携わる人たちは、ミネラル、ファイトケミカル、風味のことをあまり考えていないとジョーンズは言う。しかしそれは、その能力がないということではない。鉄や亜鉛を増やす品種改良には簡単な方法があるのだから。含有量の高い品種を探して、それをコムギ育種プログラムで使えばいいのだ。現代の穀物は、亜鉛を取り込んで植物に運ぶ菌根菌と相互作用する能力を受け継いでいるが、今のところ育種家は、そのようなことをする品種を選択しようとしていない。

ここで私たちはようやく、そもそもジョーンズにするつもりだった質問にこぎつけた。古代の穀物やリジェネラティブ農業で栽培されたものは、慣行農法によるものに比べて栄養面で優れているのかどうかを知っているか？　風味についてと同じように、ジョーンズがコムギ育種に携わってからこちら、栄養価を高めるための品種改良について質問した者はいなかった。

そして土壌の健康についてはどうか？　微量栄養素量に対して、土壌の健康はどのような意味を持つのか？ジョーンズは、わからないが、大学の実験圃場と、地域にある他の複数の農場で栽培したコムギのサンプルを提供すると言った。数週間後、コムギのサンプルが届いた。サリッシュ・ブルーと、一一〇九という従来のコムギを慣行農法と有機農法で栽培したものだった。

試験所から戻ってきた結果を見ると、ビタミンとミネラルの違いは歴然としていた。有機栽培の一一〇九と比べると、ジョーンズの有機サリッシュ・ブルーには五〇パーセント多くのビタミンKとB_1、六倍のビタミンB_6、一〇倍を超えるビタミンB_5、四分の三多くのカルシウムとマンガン、四三パーセント多くの亜鉛、六〇パーセント多くの鉄、九〇パーセント多くの銅が含まれていた。慣行栽培された二種類のコムギを同様に比較すると、サリッシュ・ブルーはビタミンKを二九パーセント多く、ビタミンB_1を約二倍、ビタミンB_3を三分の一、ビタミンB_5を二一倍、ビタミンB_6を三倍、亜鉛を一八パーセント、マンガンを三分の一、カルシウムを五〇パーセント近く、銅を三分の二多く含んでいた。

栽培法を無視して四種すべてを平均すると、サリッシュ・ブルーはビタミンKを二九パーセント多く、ビタミンB_1とB_3を二〇パーセント以上、ビタミンB_2、B_5、B_6を二倍以上、亜鉛を一九パーセント、マンガンを三分の一、カルシウムを五〇パーセント、銅を三分の二多く含む。しかし一一〇九にはそもそも栄養面で遜色はない。アメリカ農務省の栄養データベースでは、全粒粉には三二ｐｐｍの亜鉛が含まれると記載されている。一方、一一〇九のサンプルの平均は三四ｐｐｍだった。サリッシュ・ブルーの平均は二八パーセント高い四一ｐｐｍだった。言い換えれば、どのように見てもサリッシュ・ブルーは従来のコムギより栄養濃度が高く、人間にはもちろん土地にとってもよいことが証明されたのだ。

穀物に足りないもの——栄養より収量でいいのか

ジョーンズのコムギ育種への取り組み方は、世界の人口が急激に増え始めた第二次世界大戦直後の育種家の考え方と、根本的に違っている。大飢饉と地域的な食糧不足への恐怖から、緑の革命の中心となる高収量穀物の開発は、栄養の質については二の次で進められた。高収量こそが目標だった。穀物はもっともカロリーを生み出す。だからそれは、野菜や低収量の作物と比べてはるかに多く研究支援を受けた。

コムギ、コメ、トウモロコシの収量は倍増し、その価格は他の食物と比較して低下した。そのためいっそう多くの人がより多く穀物を食べるようになった。世界中で低収入の人々の多くが、現在、主食穀物だけの食事に大部分を依存している。たとえばインドの農村部では、経済階層の最下位にいる人々のカロリー摂取の四分の三を穀物が占めている。

穀物への依存が高まる方向への食生活の変化は、もっぱら栄養よりも収量に重点を置いた品種改良の努力と時を同じくしている。その結果、鉄と亜鉛の濃度は新品種で低下している。またコメの場合、カロテノイドが失われた。カロテノイドはコメに黄色っぽい色をつけるが、それは育種家が求める白さとは一致しなかった。このように色の薄いものが好まれることで、ビタミンAの前駆体をコメからなくすような品種改良が行なわれた。何十年かがたち、別の科学分野が、ベータカロテン（ビタミンA前駆体）を生産する能力を遺伝子操作によって近代品種に組み込み、「ゴールデン・ライス」を作り出すと名乗りを上げた。

ヒトの食事が、新しい高収量の穀物の消費を増やす方向に変化し、穀類作物中の可食バイオマスが増加する（主に一つひとつの粒が大きくなったため）につれ、鉄や亜鉛のような微量栄養素は拡散して薄まり、種子一個あたりのミネラル濃度は低下した。人類が健康を代償に収穫量を増やすようになると、微量栄養素不足の蔓延が続いて起きた。

これは問題だった。二〇一二年のあるレビューでは、ヒトの微量栄養素不足の原因は、急増する人口に食べさせるため、栄養価の高い豆類など非穀類作物を、微量栄養素が乏しい穀物に置きかえたことにあるとしている。こうした食生活の変化に加えて、穀物の精製と加工はさらに微量栄養素不足を悪化させた。亜鉛不足は特に深刻で、広く影響した緑の革命の副作用となった。鉄と亜鉛は共に重要な微量栄養素であり、その穀物中の濃度に品種改良と農法がおよぼす影響はことに重大だ。

世界的に、栄養素不足、中でもビタミンA、鉄、亜鉛の摂取量の不足は現在、小児死亡全体の三分の二を引き起こしている。特にビタミンA不足は全世界で約二億五〇〇〇万人の子どもたちに影響し、毎年二五万人が不運にも視力を奪われている。

微量栄養素不足の様態は地理的、社会経済学的にさまざまだが、世界人口の三分の二が摂っている食事には、少なくとも一つのミネラルが不足している。たとえば西アフリカでは、生殖年齢の女性の半数が鉄不足だ。また農村部に住む幼児を対象にした一九九二年の研究では、エジプトとメキシコでその三分の一から半分が十分な鉄を摂取していないことが明らかになった。ケニアでは半数を超える子どもで食事中の亜鉛が不足していた。さらに最近、中国の国民栄養調査に基づいた二〇〇七年の研究では、同国の子どものおよそ四分の一が鉄欠乏症にかかり、亜鉛不足は半数を超えることがわかっている。カンボジアの子どもの七〇パーセント超で鉄と亜鉛が不足しており、アメリカ人の一〇パーセント以上は亜鉛の摂取が十分ではない。

亜鉛が世界でもっとも共通して不足する微量栄養素であることは、偶然ではない。問題の一端は、亜鉛が水に溶けにくく粘土や有機物と結合しやすい、まれな元素であることにある。だから土壌に含まれるわずかなものはあまり移動せず、したがって亜鉛が植物可給態になるためには微生物の活動がきわめて重要だ。このことから、リン肥料が作物の亜鉛吸収を減らしがちであることの理由が説明できる。リン肥料は共生菌類を減らすのだ。亜鉛のような微量栄養素を、食事から十分供給することの重要性を認識することで、農業慣行がヒトの健康に果たす役割がはっきりと浮かび上がる。

一九六〇年代前半に初めて人間で診断された亜鉛欠乏症は、二一世紀初頭に世界人口の三分の一が影響を受けていることがわかるまで、ほとんど無視されていた。亜鉛は、それ自体も必要だが、人体が食事中の鉄を吸収するのを助ける役目もする。そして世界人口の約四分の一と未就学児の半数近くは、鉄欠乏症なのだ。

人体は、さまざまなタンパク質や酵素を作るために、また言うまでもなく血液中で酸素を運ぶヘモグロビンを作るためにも鉄を必要とする。動物性食品、特に赤肉は、ヒトの健康を保つのに十分なレベルの鉄を含んでいるが、植物性食品は一般に含有レベルが低い。加えて、赤肉に含まれる鉄は吸収されやすい形で存在している。対照的に、植物性食品からの鉄分の取り込みは、食物中の他の栄養素、特に全粒穀物と乳製品に含まれるビタミンA、B、Cの量に左右される。鉄の欠乏は、緑の革命の作物が生んだもう一つの予期せぬ副作用であり、そうした作物にもっとも依存する集団に、貧血の発生率が上昇した原因なのだ。

それでも、新しい高収量穀物は、他の作物の犠牲の上に急速に拡大した。一九六一年から二〇一三年までに、全世界で高収量のコメ、コムギ、トウモロコシが栽培される耕地面積は、ほぼゼロからすべての穀物の八〇パーセントまで増加した。微量栄養素含有量が高いもの――オオムギ、オートムギ、ライムギ、アワ、ソルガムなど――は、栽培される全穀物の五分の一未満に落ち込んだ。インドでは、二〇〇四年から二〇一二年にかけて、緑の革命のコメとコムギの消費は倍増し、より栄養価の高い穀物の消費は半減した。しかしアワにはコメの四倍近い鉄が含まれているのだ。またオートムギはコムギの四倍近い亜鉛を含んでいる。一方でコムギとコメの鉄と亜鉛の含有量は、一九六一年から二〇一一年までの半世紀で四分の一ほど減少している。つまり鉄を一日あたり推奨量摂取するために、カロリーを約四分の一余計に摂らなければならないということだ。

要するに、栄養価が低下した穀物を大量に栽培することで、多くの国は現在二つの栄養問題に直面しているのだ。人口の一部は、カロリー摂取量不足と微量栄養素欠乏症に苦しんでいる。もう一方の層は、肥満と食事に関係する慢性疾患に悩まされている。裕福な国と貧しい国では影響に違いがあるが、経済状況の両極端で深刻な問題が起きている。

近代の品種と古代の品種

近代の品種に比べて古代のコムギ品種は、慣行栽培下では収量が低いが、耕作限界地や低投入の有機農法という条件下ではこちらのほうが収量が多い傾向にある。近代と古代両方の高収量品種をふるい分けたところ、高収量でも抗酸化物質（カロテノイドとビタミンE）の含有量が必ずしも低いわけではないことが明らかになった。この二つはトレードオフの関係ではないのだ。われわれはただ、ビタミンとファイトケミカルのレベルが高くなるような品種改良をしてこなかっただけだ。だがもしそうしていれば、コムギの栄養価と栄養濃度を高めるような品種改良で、主要食用作物の微量栄養素利用性を倍増させられるという考えにつながったかもしれない。

当然、異なった基岩から発達した土壌は、それぞれ含まれる可給態無機元素の量も違っている。亜鉛は特に、地質学的にどちらかと言えば希薄だ。ほとんどの岩にはごくわずかしか含まれていない。そして亜鉛が土壌になければ、作物に取り込まれることもない。亜鉛が少ない土壌は、作物、家畜、人間に欠乏症を引き起こす。全世界で現在コムギ栽培に利用されている農地土壌の約半分は、生物に利用できる亜鉛が少ないと考えられている。一方、世界で鉄が不足している土壌は五パーセントに満たない。しかし豊富であっても、植物が取り込むかどうかは保証されない。ということは、動物や人間はやはり鉄欠乏症になりうるのだ。実際、岩や土壌には鉄が豊富なのに、数十億人に鉄分が不足している。これは植物にとっての窒素のようなものだ。まわりじゅう囲まれているのに、身体に取り入れるのに苦労するのだ。

植物のゲノムには、微量栄養素の取り込みに関係しながら収量には影響しない遺伝的変異性がかなりある。

つまり、伝統的育種法を用いて作物の栄養素密度を高められる可能性が、大いにあるということだ。たとえば、微生物との協力体制を作る能力によって、亜鉛などのミネラルの取り込みを増やすように選択的に育種すれば、作物の微量栄養素密度を改善することができる。化学肥料への依存を減らし、生物が駆動する循環に頼ることで、われわれの食卓にのぼり、体内へ入る食品の微量栄養素含有量は増えるだろう。重大な微量栄養素不足を、慢性的な状態にはせずに、一時的なできごとにとどめることができればいいのだ。

菌類や細菌と相利共生的関係を結ぶ能力は、遺伝性の形質であり、品種改良プログラムで選択することができるものだ。だが人間は、潜在的なパートナーである菌根菌と根圏細菌に対して、おおむね反対のことをやっている。共生関係を築く能力に乏しいか、滲出液をもらうばかりでほとんど見返りをくれない、ただ飯喰らいの微生物に罰を与えることができない栽培変種を、新しく作り出しているのだ。

高投入の慣行農業向けに育種された作物品種には、有機低投入農法の下で植物の健康と機能を支えるのに必要な形質が欠けている。これは、慣行作物品種が有機で栽培されるとうまくいかず、有機品種は一般に慣行栽培では収穫が少ない理由の説明になる。そしてまた、リジェネラティブ農法の下での能力に重点を置いた育種プログラムが、栄養特性と収量を改善するかもしれないことも示している。

食べものに栄養を取り戻す

農業慣行は微量栄養素失調の原因にもなる。すでに見たように、化学肥料と除草剤は穀物のミネラル取り込みに影響し、耕起も菌根菌に影響をおよぼす。作物のミネラル濃度が低い場合、微量栄養素を直接施肥することによっても、あるいはミネラルの取り込みを向上させ、土壌肥沃度と有機物を高めるような栽培法を採用す

357　第16章　作物に栄養を取り戻す

ることによっても改善することができる。前者の場合、無機微量栄養素の施肥とは、一般に亜鉛と銅を土壌に加えることだ。この手法は、何らかの微量栄養素レベルがもともと低い土壌には必須のものだろうが、それが実際植物に届くかどうかは共生する微生物次第だ。鉄などの微量栄養素は、植物の葉に噴霧する形で与えることがある。

作物を過保護にして多量の窒素やリンを与えると、菌類との共生関係を損ねることになる。だから現代の作物が共生する菌根菌を失ったとき、目に見えない代償が支払われた。穀物および野菜の近代品種と古い伝統品種との対照比較では、コムギ、トウモロコシ、コメ、ブロッコリー、キャベツ、レタスで栄養素密度の低下が報告されている。このような減少は、高収量を実現するために、微量栄養素とファイトケミカルの組成を考慮せずに選抜育種を行なった結果だと考えられる。

ほとんどの植物はリンなどのミネラルを二つの方法で取り込む。一つは、土壌から根が吸い上げた水に溶けているものを取り込むだけの、直接的な経路。これは従来の土壌試験で計測されているもの——植物可給態の可溶性リンの量だ。第二の経路は共生菌によるものだ。このそれぞれの経路は別個の植物遺伝子群と結びついている。特定の遺伝子は、リンが足りないときには滲出液の生産を増加させ、リンが豊富なときには減少させる。つまり作物育種にあたっては、収量と栄養素密度の両方を高めるように、菌根菌と共生する能力を選択することもできるのだ。

植物が違えば共生関係を結ぶ菌類も違うので、作物にとって適切な共生菌類を探すことはきわめて重要だ。ほとんどの植物では、共生菌類がいないのは獲得の努力を怠ったからではない。うまくいかないのは、たいがい土壌の劣化、殺菌、薫蒸などの結果、パートナーとなるべきものがいなくなってしまったからだ。リン肥料のひんぱんな使用、土壌有機物の減少、習慣的な耕起は、菌類のコロニー形成を抑制することを思い出してほしい。慣行農法はこの三つすべてがアウトなのだ。

これは実は目新しい話ではない。リン肥料がトウモロコシの亜鉛取り込みを鈍らせることは、一九六〇年代から知られている。一九七〇年代にペンシルベニア州立大学で行なわれた実験では、リン肥料が菌根の活動を抑制する一方、菌根菌を接種するとリン、銅、亜鉛の取り込みが増加した。菌根共生するダイズは、同じ土壌から二倍のリンを吸収した。トウモロコシも吸収量が増えた。反対に、菌根菌を接種したトウモロコシやダイズにリン肥料を与えると、亜鉛と銅の取り込みが減少した。全体として、菌根菌のパートナーがある作物は、一般に少なくとも二倍の銅と亜鉛を取り込んだ。リン肥料はこうしたミネラルを、植物体がより大きく生長することによる希釈効果と菌根からの取り込みの抑制によって作物から減らすと、研究者は結論した。

これまでのところ、菌糸に無機栄養素を取り込んで植物に運ぶ能力があることは、リン、銅、鉄、亜鉛について確証されている。菌類は、植物が取り込むリンの最大八〇パーセント、銅の半分以上、亜鉛の四分の一以上を運ぶことができる。また、有機物中の窒素の取り込みも助けている。菌根菌と根圏細菌は、宿主植物のファイトケミカル、特にフェノールとフラボノイドの生産量を増やすことが、いくつもの研究で示されている。菌根コロニーが形成されると、ビタミンC、テルペン、抗酸化カロテノイド（ビタミンA前駆体など）、アルカロイド（キニーネやカフェインなど）、抗がん作用のある硫黄含有化合物（スルフォラファンなど）の濃度も高くなる。

菌根菌が作物の亜鉛取り込みにおよぼす効果は、特にはっきりと証明されている。二六三件の圃場試験について報告する一〇四件の研究を対象にした二〇一四年のメタ分析では、幅広い作物で菌根が亜鉛濃度を最大約三分の一増加させていることが明らかにされた。だが亜鉛を生物学的循環に乗せることは、最初の一歩でしかない。循環し続けるようにすることも重要だ。菌根菌は両方とも手助けするのだ。

反対に、リン肥料の大量施肥は亜鉛取り込みを減らす。一つには、そうすると菌根菌が根にコロニーを形成するのを阻害するからだ。西オーストラリア大学で二〇〇八年に行なわれたある研究では、リン肥料はコムギ種子の亜鉛濃度を三分の一以上低下させることがわかっている。同様に、中国農業大学での二〇一二年の研究では、リン肥料を与えると穀物収量は増えるが、亜鉛含有量を半分も減らすことが判明した。しかし土壌の微量栄養素濃度は、実験のあいだ変化しなかった。だからこの差は、土壌中に亜鉛が欠乏したことではなく、リン肥料の大量施肥の下で亜鉛が作物に取り込まれなかったことが原因だ。生長と収量のために作物と土壌の健康を犠牲にするという、見慣れたパターンである。

主要作物の復活——SRIによるコメ栽培

二種類以上の作物を一緒に栽培することは、アジア、アフリカ、ラテンアメリカの一部では一般的であり、それによりミネラル濃度を高めることができる。たとえば二〇〇八年のあるレビューでは、ピーナッツとトウモロコシの間作は、ピーナッツの鉄含有量を約五〇パーセント増加させることがわかった。またコムギとヒヨコマメの間作では、両方の鉄含有量が五分の一以上増え、ヒヨコマメの亜鉛含有量がほぼ三倍に増加した事例もあった。この方向に沿って行なわれた、間作のミネラル取り込みに関する二〇一六年のレビューでは、穀物と豆類が根滲出物の生産増大によって互いに利益を与え合っているという結論が得られた。根滲出物は、土壌中のリン、鉄、亜鉛の可溶性を、そしてそれにより植物が取り込むための可給性を高めているのだ。こうした効果は、無機微量栄養素欠乏への対処に役立つ可能性がある。

コムギの栄養価を高めるもう一つの方法は、土壌有機物を増やすことだ。土壌有機物は一般に微量栄養素の植物可給性を高めるからだ。エチオピアの農場で行なわれた二〇一八年のある研究では、コムギ種子のタンパク質と亜鉛の含有量は収量と共に、無機肥料の施肥量よりも土壌有機物の量に応じて増減した。土壌有機物はコムギの亜鉛含有量の、もっとも有力な予測材料であり、土壌有機物が増えると作物の栄養含有量もヒトの健康状況を改善するまでに増加するという結論に、研究者は達した。インド中部で栽培されたコムギの亜鉛レベルを調べた同様の研究は、有機コムギが収量で慣行栽培のコムギと比べ遜色なく、約二〇パーセント多く亜鉛を含んでいることを示した。高収量は必ずしも栄養素密度を犠牲にするわけではないのだ。

健康で肥沃な土壌を作る農業慣行を採用すると、他の穀物でも栄養素密度は回復するのだろうか？　過小に評価されているが、農業慣行を変えるとコメの栄養素密度を高められるという証拠があり、他の主食の質も、有益な土壌生物を増やせば向上することを示している。

世界人口の半数はコメを食べている。ほとんどは小規模な農場の水を張った土地（水田）に、苗束を密に植えつけて栽培される。一世紀前には、窒素固定シアノバクテリアが稲作に主要窒素源を供給していた。しかし大量の無機窒素肥料の施肥が、シアノバクテリアに有害であることが判明した。化学肥料に依存した緑の革命の品種が導入されると、窒素を農地に与えれば与えるほど、生産力を保つだけのためにもっと肥料を与えなければならなくなることに、農家は気づいた。

一九八〇年代初め、フランス人のイエズス会神父アンリ・デ・ロラニエは、マダガスカルで二〇年間、小規模自作農と共にコメの収穫を増やす取り組みに従事した末に、集約的稲作法（ＳＲＩ）を編み出した。彼らが開発したこの農法は、まだ小さな苗を少なめに植え、田に連続湛水せず、化学肥料ではなく堆肥化した有機物を用いるという手法を採っていた。この新しい農法で栽培したイネは根系が大きく、健康で耐病性を持つものとなり、収穫できるコメの生産量が二倍にも増えた。

その秘密は何だろうか？　ＳＲＩは土壌生物をはぐくみ、土壌の健康を促進する。健康で生産力の高い土壌は、健康で生産力の高い植物を生み出す。大きく深く張った根系を持つＳＲＩで育てたイネは、滲出液を慣行栽培のイネの二倍分泌し、根圏に有用な微生物を育てた。この農法では、作物は共生微生物から利益を得て、風水害や干魃に対してより大きな耐性を示す。

二〇〇〇年代初めにこの農法は、インド、アジア、アフリカ、ラテンアメリカに広まり始めた。なぜこれが流行したのか？　SRIを使うために購入する必要があるものは、安価な機械式手押し除草機だけだ。それには二つの使い道がある。作物のまわりの表土に通気すると同時に、雑草を土壌にすき込んで緑肥にするのだ。SRIは収量を二〇〜一〇〇パーセント、あるいはそれ以上に高める一方、種子、化学肥料、農薬への出費を半分以上減らし、この組み合わせで農家の純利益が倍増する可能性もある。最初、新しい方法を覚えるまでは余分に労力がかかるが、大部分の稲作農家では、その後は省力化につながる。しかし、それが土壌と植物の関係についての考え方を変える――育てるべき味方として微生物を見る――ことを要求するのは、いっそう挑戦的だ。

二〇〇四年には、SRIによるコメの目覚ましい収量増の報告が、農務省と国際稲研究所――緑の革命のイネの推進機関――の主流派研究者から注目されるようになった。中にはきわめて懐疑的な者もおり、業界誌や学術誌にあからさまな批判を載せ、慣行農法によるものをはるかに超えた収量増の報告の妥当性に疑義を唱えた。彼らはSRIの研究者を、疑似科学を実践し、貴重な科学的資源を無駄な研究に費やしているとまで非難した。

だが、それから一〇年足らずの、二〇一一年に、あるインドの農家がSRIを使ってコメの収穫量の新記録を樹立した。その頃には同じ地域のほとんどの農家も、新方式を採用していた。インド、中国、アフリカからの報告で、SRIが本当に平均収量を増やしたことが明らかになりだした。通例は少なくとも四分の一増だが、中にははるかに大幅な増加を報告する農家もあった。

二〇一七年、『ネイチャー・プランツ』誌の論説は、SRIによるコメの増収は世界の飢餓を根絶するための重要な成果だと述べた。現在、六〇カ国以上で二〇〇〇万を超える農家がSRIのやり方を一部、あるいは全部使ってコメを栽培している。古い考えにとらわれた学究が当初話がうますぎて胡散臭いと言っていた、土壌の健康を高めることを基礎にした方法は、どうやらたちまちのうちに農家に受け入れられているようだ。それはなぜか？　うまくいくからだ。

インドでトップクラスの農事試験場が二〇二〇年に行なった圃場試験では、ＳＲＩの方式がコメとわら両方の収量と無機微量栄養素の含有量を一貫して相当増やし、コメの鉄、亜鉛、銅、マンガンのレベルがほぼ二倍になっていることが明らかになった。先行する二〇一七年のインドの研究でも、ＳＲＩで栽培したイネから取れたコメには、マンガンと亜鉛が約三分の一、鉄が四分の一以上、銅が約三分の二、それぞれ多く含まれていた。コメにカロリー摂取を依存している集団にとって、この増加は大きな意味を持つ。

ＳＲＩのコメを後押しする農法に、細菌や菌類の接種を組み合わせると、さらに収量と微量栄養素濃度が高まる。インド農業研究所の微生物学者による二〇一六年の研究で、ＳＲＩのコメにはいかなる施肥体系でも鉄、亜鉛、銅、マンガンがかなり多く含まれていることがわかった。追肥をしない試験では、ＳＲＩのコメの微量栄養素含有量は、慣行農法のものの約二倍だった。シアノバクテリアかトリコデルマ属の菌類の接種でさらに微量栄養素濃度が高くなり、鉄と亜鉛で四〇パーセントを超える増加が見られることも、研究者は確認した。同様に、ネパールにおける二〇一九年の研究では、ＳＲＩのイネにトリコデルマを接種すると、収量が約三分の一向上し、いわゆる改良品種よりも在来種でいっそう上げ幅が大きかった。藻類や菌類の接種剤の主な利点は、農家がわずかな出費で入手・管理・使用でき、収量増ですぐに金銭的利益を生み出すことだ。

ＳＲＩは、他の作物の不耕起農法と組み合わせて、さまざまな作物の輪作を稲作に導入することもできる。実際に、インドとメキシコでは、人類の三大主食であるトウモロコシ、コムギ、コメの保全農業慣行の採用が急速に拡大している。一九六〇年代に新品種が導入されたとき、南アジア一帯の農家は、コムギと稲作の複合農法の開発を始めた。不耕起コムギを水を干したイネの刈り株に直接植えることは一九八〇年代に始まり、燃料代と温室効果ガスの放出を大幅に減らすと同時に、雑草を抑制し、益虫の活動を高めている。農家にとってもっとも重要なのは、新しい農法が高収量を低コストで実現することだろう。それが農家の収益を向上させる——そして広く採用される——秘訣なのだ。

健康で肥沃な土壌は、放っておけば痩せた土壌、健康不良、貧困という悪循環に陥りかねない微量栄養素欠乏の健康への悪影響を埋め合わせてくれるだろう。すべてにおいて、健康な土壌に育つ多様な食事が有益であることを示している。やはり、土地のためによいものは人間にとってもよいものなのだ。

第17章　畑の薬

食べもので患者を癒やせるのなら、薬は化学者の鍋に放っておけ。
——ヒポクラテス

超加工食品を食べない人々の歯はなぜ健康か

二〇〇八年一〇月、土壌の健康とヒトの健康の関係を探求するため、二〇〇人の医学と農学の研究者がボルティモアに集まった。会合が始まって間もなく、土壌に対する見方の違いが浮上した。公衆衛生分野からの出席者は、土壌を主に毒素、病原体、病気の源として見ていた。誰も彼も、都市環境において農薬、鉛、重金属の溜まる場所という役割に注目し、土壌をヒトの健康への潜在的脅威とみなしていたのだ。食べものが健康のために重要だという考えは、会議の参加者にとって驚くようなものではなかっただろうが、健康な土壌が食べものの栄養の質に作用してヒトの健康を保つ可能性を提示するのは、たった一人の医師と、会議において土壌の側についた私たちにゆだねられていた。出席者の多くには、これは斬新な発想だったようだ。

だが、そうした関係はさかのぼること一九三〇年代に明らかにされている。ハワードやバルフォアと同じように、オハイオ州の歯科医師ウェストン・プライスは土壌、食物、ヒトの健康の関連を調査している。プライスは、砂糖の多い食事がアメリカ人の歯におよぼした影響を見てきた。現代の食事の変化が、欧米化された世界に歯科疾患が蔓延する根本的原因ではないかと、プライスは考えた。大恐慌時代にクリーブランドで開業医として繁盛したのに助けられ、彼は世界を回って、欧米式の食事を経験していない集団と新しい食生活を受け入れたものとで健康状態を比較した。すると新たな場所を訪れ、人に会うたびに、食事によって変わるのは口腔の健康だけではないらしいことに気づくようになった。集団が伝統食から現代の欧米の食事に切り替えると、公衆衛生が全般的に悪化するのだ。「文明国」の住人の歯がたいていひどいのに比べ、「原始的」な環境で生活する「未開人」の歯は驚くほど良好だということは、歯科医のあいだでは常識だとプライスは考えた。そして、歯科医療を受けられない先住民族の歯が、そんなにも立派である理由を調べることなく、自分たちが歯科衛生の貧弱さに取り組んでいるのは不思議なことだと思った。

一〇年にわたり、プライスは五大陸一四カ国の辺境地を、汽船、普及し始めたばかりの飛行機、丸木船を使い、もちろん徒歩でも旅した。そしてこのような地域の住民が、丈夫な歯と良好な口腔衛生を保っているだけでないことを明らかにした。彼らはおしなべて健康状態がよかったのだ。

プライスは、アルプス山中に孤立したスイスの谷、アラスカからフロリダまでのネイティブ・アメリカンの村、アフリカの部族、オーストラリア先住民、ペルーとアマゾンのインディオ、ニュージーランドのマオリ人の村、南太平洋、マレーシア、スコットランドの離島を訪れている。関心を持っていたのは主に歯と口の異常だったが、全般的な健康、特に結核についても調査していた。

それぞれの土地で地元の食事構成を分析し、住民が何を食べているか、食べ方は生か、調理しているか、加工食品かを調べた。また化学的分析を行ない、各地域で食べられている在来の食事と欧米化した食事のミネラルおよびビタミンの含有量を計測した。

行く先々で地元住民は、精白小麦粉と砂糖、練乳や脱脂粉乳、高度に精製した（飽和）植物油や種子油を多く含む食事への移行が進んでいた。超加工食品を受け入れた結果、以前は見られなかった虫歯が爆発的に増えただけでなく、歯列不正、先天異常、感染症や慢性疾患罹患率の増加などが起きたことがわかった。どの地域でも、依然「原始的」な伝統食を食べていた人々は、全般に健康で、歯並びがよく虫歯がなかった。

伝統食と栄養

だが、伝統食といってもさまざまな食品が含まれていることにプライスは気づいた。世界中の人々に共通する先祖伝来の食物などというものは、一つとしてなかった。ある人々は海産物で生きていた。またある人々は野生動物を、あるいは畜肉と乳製品を食べていた。さらには野菜と果物で元気に暮らしている人たちもいた。食べものを生で食べることが多い文化もあれば、ほとんどすべて加熱調理する文化もあった。プライスが発見した伝統食に共通する要素は、一つはそれらに欠けているもの――高度に精製された加工食品――もう一つはすべてに含まれているもの――量はごくささやかにしても、何らかの肉か乳製品――があることだった。

世界中で、伝統的食事と近代的食事の栄養の違いは明白だった。「原始的」な食事は水溶性ビタミンと主要ミネラルを四倍――そして脂溶性ビタミンを一〇倍超――含んでいた。先住民が伝統的な栄養素密度の高い食事から、糖分が多く繊維、ビタミン、ミネラルに乏しい西洋式の食事に切り替えると、健康状態ががくんと下がるパターンがくり返されることに、プライスは気づいた。

プライスは、この世界的に不変のパターンが、新鮮な未精製食品からなる栄養素密度が高い食事には健康増進効果があることの――そして、化学肥料の投入でなく、生物学的プロセスによる生産力に頼った農業慣行を通じて、土壌の健康を回復することの――有力な証拠だと理解した。彼は土壌の質はヒトの健康の基礎だと考えた。土壌はそこに生長する植物と、それを食べる動物のミネラルおよびビタミンの含有量に影響するからだ。

プライスは、健康な飼料が健康な家畜を作ると考えていた獣医師の力を借りた。この共同研究者たちは、本業では異端者などではなかった。土壌劣化が動物の健康におよぼす影響について、その経験と見識が相当なものであることをプライスは見抜いた。

自身の研究から、プライスも家畜の飼料によってミネラル含有量に大きな違いがあることに気づいていた。カルシウムとリンの含有量には、それぞれ一〇〜六〇倍もの変動があった。政府の研究で報告されているのをプライスが見つけた、変動幅の下位にある典型的な飼料では、ウシが食べても十分にミネラルを取り込めなかった。そして、何であれウシに起きた不足は、肉、牛乳、チーズに持ち越される。対照的に、上位の数値は欠乏症の予防になる。穀物ベースの濃厚飼料（当時普及し始めたものだ）の代わりに、伸び盛りの若い牧草を食べているウシは、健康で身体状況がよかった。その子孫も元気がよく、子牛は早く成長し「はるかに高い耐病性」を示した。

飼料間のミネラル量の違いは、肉や乳製品を食べた人間にも伝わるのではないかと、プライスは考えた。この発想を検討するため、プライスはアメリカとカナダの十数地域で、バターとクリームのビタミン含有量の月別記録と、心臓病と肺炎による月別死亡記録を比較した。当時の人々は、主に地元や周辺地域のものを食べており、この広い地理的範囲にわたって、乳製品中のビタミン含有量が一般にピークを迎える春と秋には、死亡数が一貫して少ないことをプライスは突き止めた。またプライスは、トロントでのある研究に着目した。それは地元の乳製品のビタミン含有量に見られる季節変動と連動した、さまざまな小児疾患の発生を報告していた。この種の相関関係が疑似相関である——たとえば殺人事件発生率とアイスクリーム消費量が、夏に最大となるような——可能性を踏まえても、それはプライスが旅から導き出した関係に信憑性があることを感じさせる。

現在の基準からすると、プライスはかなり許容しがたい考えを持っており、それは先住民族を表現する侮蔑的な言葉や、優生学に近い意見に表われている。そのような欠陥はあるものの、プライスの栄養と健康に関する研究は、今日なお有意義だ。未加工、未精製の新鮮な食品を含む食事が、健康の強固な基礎を築くことをプライスは理解し、ミネラルとビタミンを食物に取り入れるために菌根菌が果たす役割を認めていた。食物の質は土地の質を反映するとプライスは考えていた。先住民族の食事の研究から得られた教訓は、二〇世紀後半に慢性疾患が劇的に増加し、勢いの衰える気配がない今日、新たな意味を持つようになった。工業的に安く製造された食品が、高価な薬の需要を引き起こすのをプライスは見て、アメリカでは病気に「食べものの半分近い費用がかかる」ようになっていると、危機感を持って述べた。それどころか現在、アメリカ人は食べものよりも医療に多く出費している。

プライスの先駆的な研究は、過度な食品加工と慣行農法が栄養におよぼす影響への、無視できない懸念をもたらした。プライスは『食生活と身体の退化』を著わし、それまでに研究した各地の住民のさまざまな健康状態を記録した。だが、ライオネル・ピクトンが著書で述べたものと同様、プライスの考えは慣行農業サークルの中であっさり否定された。*Journal of Pediatrics*（小児科ジャーナル）誌に掲載された書評は、伝統的な非西洋圏の食事の違いが、歯と身体の健康におよぼす影響の観察を述べたところまでは、この本は重要であり示唆に富むと述べた。だが評者は、プライスが性格と徳性の違いを食事の違いによるものとしたのは行き過ぎだと指摘した。慢性疾患の完治やそもそもの予防よりも、対症療法が利益を生むようになってきたことがプライスの主張の逆風になった。彼の処方は、普通の営利事業として医療を行なうことを医師に要求する現代の風潮とは、相いれなかった。

健康のための農業

プライスの時代以降、農業慣行とヒトの健康の関係に着目した研究は、どちらかといえば少なかった。二件のヨーロッパの研究が、違うタイプの学校に入学した子どもたちに、アレルギーの起こしやすさの違いがあるかを調べている。その一つはスウェーデンの子ども六七五人を対象にしたもので、シュタイナー学校*に通う子どもたちは、公立の学校に通う子どもと比べてアレルギーになりにくいという結果を示した。シュタイナー学校と公立校を比較した同様の研究では、オーストリア、ドイツ、スウェーデン、スイス、オランダの約一万五〇〇〇人を調査したところ、やはり食品アレルギーや喘息の発生率が低いことがわかっている。シュタイナー学校の児童やその家族のオーガニックで野菜の豊富な食事が、主な要因として挙げられている。

食べものの栽培法は成人にも影響する。一九九六年に医学雑誌『ランセット』に発表された研究では、食餌の少なくとも四分の一を有機野菜で摂取しているデンマーク人男性は、一般的な男性と比較して精子の数が四三パーセント多いことが明らかになった。続くデンマークの農家を対象にした研究では、野菜および果物の消費量の半分以上が有機作物である男性は、正常な精子の割合がもっとも高いことがわかった。慣行作物だけを食べている農家はもっとも低かった。おそらく精巣の苦味受容体は、それなりの理由があってそこにあるのだろう。

デンマークで行なわれたある食餌介入研究は、厳密な二重盲検ランダム化クロスオーバー試験の手法を用いて、慣行食品と有機食品のいずれかの規定食を食べたボランティアを対象に、五種のフラボノイドの摂取と排泄を比較した。各被験者は、無作為に割り当てられた同じ量の慣行食品または有機食品を、二二日間にわたって食べた。それから食餌を交換して、同じプロセスをくり返した。有機食品には慣行食品の二倍近くのケルセチンとケンペロールが含まれており、有機食品を摂取した者は、これらのフラボノイドのレベルが共に著しく高かった。有機食品を食べた被験者は、抗酸化活性も高まっていた。しかしこの研究は、作物品種の違いを対照できていなかった。だから、有機食品のフラボノイド量が多いのは、有機品種と慣行品種の違いを反映したものかもしれないし、栽培条件の影響かもしれない。それでもこの研究は、フラボノイドの食餌からの摂取量が多ければ、健康効果をもたらす抗酸化物質も増えることを示している。

土壌の健康、農業慣行、ヒトの健康のつながりを示すさらなる証拠は、『ニューイングランド・ジャーナル・オブ・メディシン』誌に掲載された二〇一六年の興味深い比較実験で得られた。研究者は、アーミッシュとフッター派〔共にドイツ語圏を源流とするキリスト教の宗派〕の小学生の喘息発生率と免疫細胞特性を調査した。両者は血筋は似ているが、ライフスタイルは根本的に異なっている。アーミッシュの子どもたちは、伝統的な畜力による農法を使う共同体で生活している。一方フッター派の子どもたちは、産業化され化学製品を多用する農法を使う共同体で暮らす。この二つのグループでは、免疫細胞の種類と量に大きな違いがあり、アーミッシュの子どもたちは概して、炎症誘導作用のあるタイプのものが少ないことに気づいた。この違いは、家庭のアレルゲン量が七倍ありながら、アーミッシュの子どもたちのあいだで喘息とアレルギーの感作が四分の一から六分の一であることの説明になる。

このようなはっきりした違いが表われるのはなぜだろうか？　研究者は、アーミッシュに喘息とアレルギーの発生率が低い理由は、幼少期にさまざまな土壌生物群と接触していることにあると考えている。そこから別の効果も生まれている。幼児期から児童期にかけて有益な、あるいは害のない細菌、菌類、その他の微生物への曝露が多いほど、のちの人生で免疫反応が寛容になるのだ。

＊シュタイナー学校はルドルフ・シュタイナーの思想と教義に基づく学校である。シュタイナーはバイオダイナミック農法で栽培した食物を食べることを提唱しており、その中には有益な土壌生物群を保護するようなやり方が多く含まれている。

シュタイナー学校と公立学校に通う子どもたちのアレルギー発生率を比較した、前述の多国間調査では、研究者が分析したグループに農家の子どもも含まれていた。農家の子は、シュタイナー学校の生徒よりもアレルギー発生率がさらに低く、三グループの中で最低だった。

最後に、約七万人のフランスの成人を対象にした二〇一八年のある研究では、参加者を有機食品の消費量を基準にランク分けし、その医療記録を平均約五年間追跡した。有機食品の消費が多いほど、野菜と果物の摂取量が多く、加工した獣肉、鶏肉、乳製品の摂取量が少なかった。ランクが高いとがん全般のリスクも低くなり、消費量がもっとも多い参加者は、もっとも少ない人たちと比べてリスクがざっと四分の一から三分の一低下した。しかし、有機食品を多く食べる人は収入、教育程度、身体活動量も高いので、この研究で記録された健康転帰の差は、他の生活要因を反映している可能性もありうる。

今のところ、土壌が健康におよぼす否定的な面――病原体や汚染物質――はよく知られているが、それに比べて土壌の健康を改善することでヒトの健康が改善されたり、慢性疾患が減少したりすることは知られていない。これが意味するのは、土壌に対するより幅広い視野と、土壌の健康とヒトの健康のあいだにあるかもしれない関係の総合的な評価が必要だということだ。同時に、ゲノムから性差までその他の要素も、ヒトの健康に影響を与えていることに留意しなければならない。それでもなお、農地の土壌の健康を立て直すことに、農業および医学の考え方とやり方を変える力となりうる潜在能力があることは、依然として明らかだ。

栄養素欠乏が引き起こすもの

十分な量の微量栄養素、有益な脂肪、ファイトケミカルがヒトの食事に含まれていることが重要なのは、それらがそもそもわれわれの健康にとって必要であるからだ。微量栄養素は人体にどう作用するのだろう、そして適切なものが十分にないと、人間の健康はどうなるのだろうか？

微量栄養素は、ヒトの健康と生命活動に関わる多くの面で中心的な役割を果たしている。胎児期と乳幼児期に十分な鉄を摂取することは、正常な認知機能の発達に欠かせない。銅は免疫系が適切にはたらくために重要であり、その不足がアルツハイマー病に関与している可能性がある。ビタミンB_6とB_{12}は、脳の正常な機能に欠かせない神経伝達物質を作るのに関わっており、後者は認知症の進行を遅らせることができる——ただし、症状が出る前に投与すればだが。抗酸化および抗炎症ファイトケミカルは、さらに深刻な健康問題につながりかねない細胞のダメージの蓄積を、防止したり遅らせたりするのに役立つ。食物中のビタミン、ミネラル、抗酸化物質の不足は、加齢に伴う多くの疾患の要因であると考えられている。

鉱物組成、pH、有機物量などの土壌特性は、ヒトの栄養素欠乏と関係のある要素だ。多くのミネラルでは、地質がもっとも大きな影響力を持つ。それが土壌中での全体的な可給度を左右するからだ。

ヨウ素は、ヒトの健康に不可欠なものとして最初に認識された微量栄養素だ。一八五〇年にフランスの化学者ガスパール・シャタンが、海の近くに住む人は、アルプスの住民に比べて甲状腺腫にかかりにくいと気づいた。この差をシャタンは、内陸の土壌にヨウ素が少なく、したがってそのような地域の作物や動物にもヨウ素が少ないためだと考えた。何十年にもわたり他の化学者たちは彼の正気を疑っていたが、あるときその中の一人が、ヨウ素は甲状腺が正常に機能するために必須であることを証明した。現在、ヨウ素は大量に必要ではないが、その少しがきわめて重要であることを、われわれは知っている。妊娠中のヨウ素欠乏は、胎児に重度の発達障害を引き起こすことさえある。これはかつてクレチン症と呼ばれていたが、現在では先天性甲状腺機能低下症と診断されている。栄養の相乗効果はヨウ素とも作用する。ビタミンAと鉄が十分に摂れない食事は、ヨウ素欠乏の影響を増幅することもあるのだ。

かつては発がん物質らしいとしか思われていなかったセレンは、甲状腺と免疫系の健康を左右する抗酸化作用を持つ、必須の微量栄養素であることが今ではわかっている。セレン不足は心臓病や変性疾患にも影響を与えている。驚くまでもないが、セレン不足は、セレン濃度が低い土壌で栽培した作物を食べる人に起きる。これもまた多様な食物が重要であることの実例だが、ブラジルナッツはセレンが豊富だ。一日に数粒で必要量をまかなえる。

多くの生理学的に重要な反応における主要な補因子、つまり触媒として、マンガンもヒトの健康に大きな役割を果たしている。足りないとどうなるのだろう? やはりまずいことになる。マンガンは、細胞内でミトコンドリアが活発に酸素を燃やすときの有害な効果を、できるだけ抑えるはたらきの中心にある。マンガンが十分にないと、ミトコンドリアは自分の細胞の排出物で焼けてしまうこともある。中でもグリホサートはこの元素を封じ込めてしまうようなので、このようなマンガン欠乏の影響が特に懸念される。

亜鉛も重要な微量栄養素であり、食事に不足すると健康に大きな悪影響がある——そしてすでに述べたように、食事からの摂取量が足りないことは珍しくない。亜鉛は多様な代謝機能を支え、タンパク質の合成を促進し、遺伝子発現に影響をおよぼす。マンガンと同様、亜鉛は強力な抗酸化物質だ。細胞の成長に関与し、細胞膜を安定化する。長期的に不足すると酸化ダメージが増加し、健康の維持に必要な酵素の活性が低下する。免疫系と消化器系、またもちろん前立腺や唾液腺も、亜鉛を信号伝達に使う。そしてこれほどの役目を果たしてもまだ足りないかのように、DNAとRNAの合成や、味覚・嗅覚にも関わっている。亜鉛は他の食餌性ミネラルの利用性も左右し、たとえば鉄の吸収を高める。発育不良、胎児異常、思春期遅発症、認知能力の低下、学習および行動の問題を防ぐために必須のものだ。ひっくるめて、亜鉛の十分な摂取は健康のためにもっとも重要だ。

作物に含まれる微量栄養素の量が低下していることは、深刻な問題だ。三〇億を超える人々が欠乏に直面しているからだ。肥料集約的農業と、それに合わせて品種改良された高収量の緑の革命の作物が導入される以前、亜鉛欠乏症はほとんど知られていなかったことを思い起こしてみたい。マグネシウム欠乏症も現在アメリカで広まっており、十分な量を摂取しているアメリカ人は半数に満たない。

ビタミン欠乏症も蔓延している。アメリカ人の一〇人中九人は、食物から十分なビタミンEを摂取しておらず、ほぼ三分の一はビタミンC摂取量が足りていない。サプリメントである程度欠乏症に対処できるが、品種改良と土壌の健康回復で作物のビタミンおよびミネラル含有量を増やしても同じことだ。だが、もちろん、こうした栄養素を増やすような品種改良は、穀物の場合のように、結局は加工して栄養を失ってしまうのであればあまり意味がない。

十分なミネラルが――さらに言えばそれ以外で食物に含まれる、健康や寿命のために有益な物質が――供給されないとき、人体はどうするのか？　栄養のトリアージ理論は、ある人が特定の栄養素について、欠乏の基準を満たさなかったとしても、やはり不足によって健康が損なわれるとしている。ある種のビタミン、ミネラル、脂肪（オメガ3）、その他食物中に自然に存在する物質が、トリアージの対象となる。つまり、不足に直面した人体は短期的な生存を、さまざまな形の長期的な健康よりも優先するということだ。*自然選択が当面の生存や、特に生殖の成功に関わる生理的プロセスを優先するのは当然だ。人間はみな、トリアージ栄養素がときたま不足しても乗り切ることができるが、このような状況が生涯にわたって続くと、明らかにそれとわかる古典的な欠乏症ではなく慢性疾患を発現する。言い換えれば、微量栄養素やその他の健康効果を持つ物質が少しだけ不足しても、日常生活にはあまり影響しないが、欠かすことのできない細胞の掃除と維持が生涯うまくいかなくなるのだ。

＊今のところ、トリアージの対象となるとされている栄養素には、ミネラル（マグネシウム、カルシウム、セレン、亜鉛、鉄、銅）とビタミン（B_2、B_5、B_6、B_7、B_{12}、D）、オメガ3がある。

ヒトの寿命には遺伝が関係しているが、老化は生まれたときからプログラムされているのではない。トリアージの対象となる栄養素を長期的に十分摂取することは、加齢と関係する変性疾患の多くに共通するDNA、ミトコンドリア、細胞膜への酸化障害を、抑制したり回復させたりするために欠かせない。細胞と組織の維持および修理が損傷に追いついているかぎり、歳を取っても健康でいられる見込みは大いにあるのだ。

栽培慣行が作物に含まれる特定の栄養成分の構成に影響することは、多くの研究で取りあげられてきたが、公衆衛生への最終的な影響に取り組もうとしたものはごく少ない。なにしろ交絡因子が多いのだ。作物の品種は関係しているし、それらが育つ土壌のミネラル構成や健康も関係する。さらに、有機食品だけ、あるいは慣行食品だけを食べている人はほとんどいない。

それでも、もっともよく健康を支える食事は、多様なホールフードを豊富に含むものであることはわかっている。言うまでもなく植物はファイトケミカル源だが、反芻動物の肉と乳は、植物性食品にはない共役リノール酸のような脂肪を含んでいる。また、植物由来であれ動物由来であれ、食物はそれぞれ、特定の微量栄養素に強みを持っている。たとえば柑橘類のビタミンC、肉のビタミンB_{12}のように。最強の組み合わせは、もうわかっていることと思うが、健康な土壌で栽培した植物性食品と、生の植物を飼料として育った動物だ。

ハーバード公衆衛生大学院による二〇二〇年の研究では、二〇万人を超える男女の食餌を三〇年以上追跡して、炎症性の食餌は循環器疾患のリスクを約四〇パーセント高めることを突き止めた。では、このリスクにどのように対処したらいいのだろうか？　抗炎症性食餌とはどのようなものなのか？　ファイトケミカル、繊維、オメガ3が豊富な未精製の食品——特に健康で肥沃な土壌で育ったもの——である。

健康的な食事の効果は医学研究によって裏付けが進んでいる。フィラデルフィアで行なわれた先駆的な研究では、一日三食の健康的な食事を六カ月間宅配すると、慢性疾患を持つメディケイド〔低所得者向けの公的医療給付制度〕利用者群の医療費が、約三分の一削減されることがわかった。同様に、カリフォルニア大学サンフランシスコ校の研究者によれば、健康な食品がほとんど手に入れられない状況にあるＨＩＶ感染者や糖尿病患者に、一日三食の健康的な食事を六カ月間提供したところ、抑鬱状態が軽減され、抗レトロウイルス療法や糖尿病自己管理へのアドヒアランス〔患者の積極的な治療への参加〕が向上したことが報告されたという。患者に食事を提供するのは、一人あたり入院一日分の半分しか費用がかからず、研究中に入院を必要とする患者はだんだんと減っていった。全体としてこの研究は、慢性疾患を持つ人の生活の質を改善し、医療費の大幅な削減を可能にするというプラスの効果が食事にはあるかもしれないことを示している。

さらに一歩進んで、ペンシルベニアのとある地域病院は、ロデール研究所と提携して、患者に食事を提供するための二ヘクタールの有機農場を病院の敷地内で始めた。健康な土壌、健康な作物、健康な人間の関係に対する認識の高まりは、土壌科学者と医師を協力させようというイブ・バルフォァの理想が実現したものだ——彼女が望んでからわずか数十年で。

菌類からの化合物の活躍

菌類が特に農業分野で果たす役割についてのわれわれの理解は、バルフォァの時代から相当進んでいる。バルフォァやハワードらは、この一風変わった形態の生物——植物でも動物でもない——が、一般に作物にとって害より益が多いことを把握していた。今日われわれは、生きた植物と関係を築いている共生菌に、新しい抗生物質、抗酸化物質、抗がん剤、天然殺虫剤の原料となる可能性があることを知っている。たとえば、イチイと共生する菌類は、宿主と同じようにタキソールを生産することができる。この物質はがんの治療に用いられ、腫瘍の成長を遅らせ、場合によっては止める効力を持つ。一九六〇年代半ば以降に発表された観察研究を対象とする二〇二一年のレビューでは、もっとも多くキノコを食べる群では、もっとも少ない群と比べて全がんリスクが三分の一低下することまでわかっている。

キノコに含まれるものの中でも、特に有益な物質が発見されたのは、ひとえにその菌類が厄介物だったからだ。麦角を作るクラウィケプス・プルプレア*Claviceps purpurea*は、ライフサイクルの一部を土壌で過ごし、それからコムギやライムギなどのイネ科植物に感染する。この菌類は収量を下げ、穀物の品質を落とすだけではない。幻覚剤ＬＳＤの前駆体であるリセルグ酸の関連化合物のはたらきで、感染した穀物を食べた人間に幻覚症状を引き起こすのだ。歴史上さまざまなできごとが、麦角に汚染された穀物が原因で起きたとされている。もっとも有名なのが聖アントニウスの火だ。中世にはありふれた病気で、患者は幻覚と四肢が焼けるような感覚にさいなまれる。麦角菌で汚染された穀物は、第二次世界大戦直後に南フランスで起きた、激しい幻覚症状の多発とも関連づけられている。

だが、同じ麦角菌がらみで農業慣行とヒトの健康に関わるつながりがもう一つある。一九〇九年、フランスの薬学者シャルル・タンレーは、エルゴチオネイン（略してエルゴ）という奇妙なアミノ酸をキノコから単離したと報告した。半世紀後、研究者はこのアミノ酸を、ほとんどすべての動植物の細胞の中に見つけた。作物はそれを土壌から取り込んでいたが、その源はわからなかった。

タンレーの最初の発見以降、他の土壌菌類やある種の細菌がエルゴを生産することが明らかになった。たとえば、一部の薬草に含まれるエルゴの量は、共生菌類に左右されることがわかっている。また、近年の研究で、土壌中の微生物の種類と数が、食物中のエルゴの量を決定する主要因であることが指摘されている。人体はエルゴを作れないので、われわれは食事にその供給を頼っている。動物性食品は優れた供給源だが、ニンニクとキノコはもっとも効率のよいエルゴ源だ。ただし含有量はキノコの種類によってとんでもない差がある。

エルゴは、旧来の研究分野の枠組み――この場合は栄養学――が科学の新たな進歩と、それが実践に結びつくのを妨げることがあるという好例だ。エルゴは成長や生存に必須ではないので、通常の定義では栄養のうちに数えられておらず、また、ビタミンやミネラルのような推奨摂取量もない。だが、エルゴにかなりの健康上の利益があるという有力な証拠がある。ヒトの細胞には、この化合物を探知して血流から細胞へと移動させる高選択的な膜輸送体があり、長期的な進化的利点があることをうかがわせるのだ。

では、いったいエルゴは人体の細胞内で何をしているのだろうか？　それは、健康的に歳を取るために重要なごく数少ない物質、「長寿ビタミン」（ただし、そのすべてがビタミンというわけではない）として提唱されているものの一つだ。細胞が長寿ビタミンを失うと、細胞の損傷を予防・修復するタンパク質や酵素の活性が低下して、ダメージの蓄積が放置されるというのだ。エルゴは、ミトコンドリア内のＤＮＡのものを含めた目下のストレスと細胞ダメージを防ぐため、長寿ビタミンの候補に挙げられている。言い換えれば、エルゴなどの長寿ビタミンは、細胞内の防御機構と修復機構を制御・調節して、細胞が円滑にはたらき続けるのを助けるのだ。

エルゴの重要性を支持する主要な証拠は、ヒト細胞株での実験で得られた。エルゴを細胞に取り込む膜輸送体を取り除くと、エルゴ量が下がり、タンパク質、脂質、ＤＮＡへの酸化ダメージが起きたのだ。その結果はどうなったか？　細胞のほとんどが大きなダメージを受けて死んだ。こうした酸化ダメージは、慢性の加齢性変性疾患に特徴的なものだ。

エルゴ量の低下を、病気の発生や進行と結びつけるさらなる証拠が、日本での研究で示されている。血中のエルゴが、健康被験者ではクローン病やパーキンソン病の患者に比べてはるかに多いことを報告するものだ。別の研究では、循環器疾患および神経変性疾患に対して、エルゴが防御効果を示すと報告された。スウェーデンのある研究では、中年の被験者数千人を二〇年間追跡し、測定した一〇〇を超える代謝産物の中で、エルゴ量の高さと冠動脈疾患のリスクおよび死亡率の低さに、もっとも強い相関が見られることを明らかにした。地球の反対側でも、シンガポールでの高齢者を対象とする研究により、年齢が上がるほど血中エルゴ濃度が低下し、六〇歳を超える認知機能の低下した被験者でもっとも低くなることがわかった。アメリカとヨーロッパの数カ国（フィンランド、フランス、アイルランド、イタリア）でも、推定年間摂取量が高いほど長寿で、アルツハイマー病とパーキンソン病の罹患率が低いという相関がある。

新しい栄養学のススメ

こうした相関関係は因果関係を証明するものではないが、前記の例が、土壌の健康とヒトの健康が直接つながっていることを示すのは確かだ。土壌の菌類と細菌の数と多様性を減らすような農業慣行が、食べものに含まれるエルゴの量にも影響するのは当然だ。この関係はそれほど無理のあるものではない。二〇二一年、ペンシルベニア州立大学の研究者が、耕起方法の違いが作物（トウモロコシ、ダイズ、オートムギ）のエルゴ量におよぼす影響の研究を公表した。それぞれの作物の試験区は、集中耕起（撥《はつ》土《ど》板《ばん》プラウ）、ミニマム耕起（チゼルディスク）、不耕起の三種のやり方で耕作された。いずれの作物も、不耕起区画で栽培されたものでエルゴ量がもっとも高かった。

エルゴと共に、長寿ビタミンとされているものの仲間に入るのが、ピロロキノリンキノン（幸いなことにＰＱＱという略称がある）とキューイインだ。根圏に生息する細菌がこの二つの化合物を作り、作物が土壌から取り込む。植物はＰＱＱを成長ホルモンとして使い、キューイインは、窒素固定細菌が植物の根の細胞に入り込むために取る複雑な挙動の一環だ。どちらの化合物も植物生理の他の側面にも影響をおよぼすので、耕起と施肥の慣行がその作物内での量に、したがって人間と動物がそれぞれ食物から摂取する量に影響すると考えるのが合理的だ。

ＰＱＱとキューイインも、栄養の定義や、ヒトの健康と食事の関係の見方に、カロリーが関係しない食事の要素をもっと組み入れる必要があることを物語っている。エルゴと同様、これらはエネルギー源として機能したり成長を支えたりする栄養素ではないが、人間が加齢するに伴って、こうした物質が健康に好ましい影響を与えることが確固たる証拠によって示されている。人体内でPQQは、特にミトコンドリアが正常に機能するために重要であり、また強力な抗酸化物質としてはたらいて神経変性疾患、循環器疾患、2型糖尿病を防ぐ役目を担っているらしい。キューインは、抗がん作用からある種の抗酸化物質の効果を高めることまで、細胞機能のさまざまな側面にはたらきかける。多発性硬化症のマウスモデルを使った研究では、キューインが完全寛解に至る細胞活動を助けていることまでわかっている。

一部のカロテノイドも長寿ビタミンの候補だ。* どれも植物を強烈な日光から守る抗酸化物質として機能する。人体では、このようなカロテノイドの不足が、黄斑変性による視力低下から免疫異常までさまざまな疾患に関係している。

菌根菌に、栄養の取り込みを増やし、植物を害虫や病原体から守る高い能力があることは、もはや言うまでもないだろう。ヒトの健康に有益なファイトケミカルの量を増やすことも、トマト、トウガラシ、イチゴ、レタス、バジル、アーティチョーク、タマネギ、サツマイモの研究が示している。しかし効果は、それぞれの作物にとっての適切な菌類のパートナーを見つけられるかどうか次第だ。ミネラルの可動化と運搬を容易にし、ファイトケミカル濃度を高め、化学肥料、農薬、エネルギーの使用を減らすことのできる作物―細菌―菌類の組み合わせを特定して育成するには、研究すべき課題が山積みだが、そのような可能性は現在、われわれの自然界に対する知識や理解と、ますます一致してきている。

---

*これらのカロテノイドには、陸上植物に含まれるもの（ルテイン、ゼアキサンチン、リコペン、アルファカロテンおよびベータカロテン）と、海洋性カロテノイド（アスタキサンチン）がある。

土を耕起する撥土板プラウ

菌類の協力者を耕地に復活させると、有機農業の収量ギャップを埋めるのに役立つ。だがそうするためには、菌根菌と共生するような作物の品種改良に着手する――そして耕起によって菌根菌の邪魔をしないようにする――必要がある。何といっても太古の昔、菌類は植物が陸地を征服するのを助けたのだ。今それは、農業の未来を――そしてわれわれの健康を――ゆるぎないものにする力を持っている。

農業慣行は、土壌菌類群集が人間にとって有害となるか有益となるかにも関係する。耕起を減らせば浮遊微粒子も少なくなり、するとカリフォルニア州セントラル・バレーなど西部の農業地域でコクシジオイデス症を引き起こしている、土壌菌類を含んだ土埃への曝露の機会も減る。土壌を耕起しないだけで、この重大な公衆衛生上の危険を抑制できるのだ。ここでもやはり、土壌の健康を高める慣行がヒトの健康も向上させている。

学校で子どもに園芸を体験させることも、食事の改善に役立つ。中学生を対象とするある研究では、学校で園芸に触れた生徒が野菜全般を前より好むようになり、食べる種類が増え、初めてのものにも挑戦してみようとする傾向が高まることが明らかになった。同様に、アメリカ北東部のいくつもの都市で、大きく三つの民族集団（黒人、白人、ヒスパニック）を対象に行なわれた研究では、全体的に子どもの頃に取れたての野菜や果物を食べたり、大人になって園芸をしたりすると野菜の消費が増えることがわかっている。ここにもまた土壌の健康がヒトの健康に影響する一つの形がある。身体的・個人的な土とのつながりと、食べものを育てる経験が食物の選択を改善しうるのだ。それは子どもたちに、食べものが土からできることを理解させる基礎でもある。

食の多様性

食事指導と関連する研究はあふれているが、微量栄養素不足を防ぐ驚くほど簡単な方法がある。人らしく食べることだ。植物性と動物性のホールフードという雑食性の食事には、力がある。人間はそれを食べるように進化してきたのだ。しかし人間は、雑食性がもたらす多様性を、少しずつ削り続けている。二〇万種近い被子植物が、可食部を作る。ところがわれわれヒトが食べるのは、その中の三〇〇種に満たない。わずか二〇種足らずが、われわれが食べるものの約九〇パーセントを占めている。家畜の品種も減っている。二〇世紀を通じて行なわれた近代的な工業型農業の下、全世界で食べものが単純化された。三種類の穀物――コムギ、トウモロコシ、コメ――が、現在人間の食べているものに占める割合は、その次に消費が多い二十数種類を合わせたものより大きい。一部の開発途上地域では現在、一種類の穀物（コメまたはコムギ）が一日の摂取カロリーの八〇パーセント以上を供給している。

持続可能な食料供給に関する二〇一九年のＥＡＴランセット委員会報告書は、現行の世界的食料システムがヒトと環境双方の健康に有害であるとみなした。一六カ国三七人の専門家で構成されるこの委員会は、高収量よりも健康的な食料の生産に食料システムの舵を切ることを提言した。不健康な食べものは、健康と福祉にとって麻薬、アルコール、タバコを合わせたものより大きなリスクをもたらすと結論づけた彼らは、旧来の食料生産が気候変動、生物多様性の喪失、環境汚染の主要な推進力であることも指摘した。委員会は、果物、野菜、豆類の消費を倍増させることを含め、世界的に食事を多様な植物性食品を多く含むものとするように勧告した。また、魚や鶏肉をほどほどに食べ、赤肉や乳製品は大幅に減らすことも主張している。これは未精製かつ新鮮で、加工が最小限の食品を使った雑食性の食事——人類の進化を通じてその健康を支えたもの——のことを言っているように私たちには思われる。

とはいえ鶏肉、赤肉、乳製品の消費に関する勧告では、穀物飼料を与えて屋内で飼育された家畜と、ファイトケミカル特性と脂質特性に劇的な違いを——それもよいほうに——もたらし、環境改善の大きな可能性を秘めた条件と飼料によって飼育されたものとを区別していない。さらに、作物の栽培法も検討していないのだ。その一方で委員会は、収量ギャップを埋め、窒素肥料使用量を大幅に削減し、土壌有機物を増やして農業を炭素排出源から吸収源に変えるために、農業慣行の革命が必要だと結論している。どうすればそういったことが可能になるのか？　健康で肥沃な土壌を再建する農業慣行を採用することによってだ。*

食事を薬とせよというヒポクラテスの名言は、予防医学の観点から今も理にかなっている。だが最大の効果を得るためには、その食べものをどう育てるのかという本質的な側面に——つまりどのように農業を営むかに——いっそう関心を持つ必要がある。

*一般的には、慣行農法にも有機農法にも土壌の健康を改善・維持する可能性はある。

第18章　健康を収穫する

土壌を破壊するなら、人類は恐竜のように
確実に地球上から消え失せるだろう。
——イブ・バルフォア

土地をどう扱うかで人間の健康が決まる

土壌の健康と作物の健康、家畜の健康、ヒトの健康をつなぐ証拠を並べると、部品はぴったりとはまって、根源的な事実が明らかになる。健康で生命に満ちた土壌は、健康で栄養豊富な作物、牧草、家畜を作り、それらはひいてはヒトの健康を支える。この観点で見ると、人間の健康は、あるいはその欠如は、われわれが土地をどう扱うかの反映なのだ。

現代の農業と食べものの変化は、慢性疾患が蔓延する原因なのだろうか？　すべてがそうではない。化学物質への曝露、身体活動、生活様式の大きな変動が、同じ期間にヒト集団に影響している。だが、食べものの栽培法の変化は、期せずしてわれわれの健康を損ねてしまったのだ。

今日の農業の特徴——収量増のための品種改良、大量の化学肥料の使用、強力な殺生物剤、家畜の生理的機能に合わない飼料や環境の創造——は、予想しない事態を引き起こした。すべてに優先して収量を追求した結果、有益な土壌生物を根絶やしにし、栄養の循環を妨げて、食物中のファイトケミカル、微量栄養素、有益な脂肪の量を減らしたり組成を変えたりするような農業慣行が常態化した。いずれも人間にとってためにならないものだ。ウシなどの家畜を屋内環境で飼育し、飼料を生の牧草からTMR（完全混合飼料）に変えると、ほとんどの人間が知らないうちに肉、卵、乳製品に含まれる有益な脂肪が減少していた。

こうしたことはどれほどの問題なのだろう？　目下の現実として、アメリカ人の一〇人中七人が、数世代前までは少なかった慢性疾患を抱えている。何かがうまくいっていないのだ。

食事によって得る十分なカロリーが、誕生から青年期までの正常な成長と発達に重要なことは確かだ。だが健康の意味は、身体的成熟を完成させることだけではない。その後数十年のあいだに身体の一部が弱り、やがてそれが原因で健康を損なうことになれば、身体全体に影響がおよぶ。食物中の抗酸化物質と抗炎症物質は、この点できわめて重要だ。それは身体にとってのスイス・アーミーナイフのようなもので、小さな問題が重大な、あるいは慢性的な疾患になる前に解決する、基本的な道具が揃っている。そして、充実した食事は、人間が歳を取っても身体が快調に動くようにしてくれる。この意味で、ある種の脂肪は意外にも必須のものだ。それは、免疫系が炎症を調節する際に、必要に応じて呼び出したり戻したり、小回りが利くようにしているのだ。

人間活動の主要な分野において、理論と実践が昔からの因習に足を引っ張られて、新しい洞察と知識が受け入れられないことは珍しくない。病原体説が微生物学の指導的パラダイムとして出現すると、医学と農業は、微生物との共生関係が持つ基本的な役割に目を向けられなくなり、われわれは自分の身体と農地を殺菌し始めたのだ。

単純化されすぎた単一因子のパラダイムも、栄養学が学問として確立される際に持ち込まれた。単一の栄養素が壊血病やくる病を治療できることがわかると、さらに食べものと病気との一対一対応の因果関係を明らかにしようと探求が始まった。だがこのモデルは大半の慢性疾患にはうまく当てはまらない。食べものの相乗効果の重要性――グラスフェッドの肉や乳製品の中にファイトケミカルと共に含まれるオメガ3や、未精製の植物性食品中の数千ものファイトケミカルなど――を無視しているからだ。そしてもっともよく機能するために、人体生理はさまざまな局面で、「非栄養素」として片づけられたり「生理活性」というようなあいまいな呼び名を負わされたりしている、カロリーのない物質を必要とするのだ。ＰＱＱとキューインはこの件でのいわば氷山の一角だ。農業と栄養学はいずれも、歴史的ルーツから受け継いだ時代遅れの思想を振り払うことを必要としている。

われわれは健康を失ったとき、もっとも強く健康を意識する――人間のものにせよ、土壌のものにせよ。ここで農業慣行が登場する。土壌の健康を増進すれば、土地から活力――有機物と微生物が動かす栄養循環――を奪うのではなく、土地を回復させることができる。環境再生型《リジェネラティブ》農業は収穫の量も質も高める秘策を示す。それはまた栄養の考え方と定義を広げるかもしれないのだ。

人間の身体の知恵を機能させる多種多様なホールフードは、身体の必要を満たす手段として、長い年月をかけて証明済みのものだ。こうした食べものによって人間の細胞は、健康な土壌に育つ植物の根のように、幼児期に成長を促すものを、またもちろん生涯にわたり健康のために必須のファイトケミカル、微量栄養素、近頃知られるようになった長寿ビタミンも取り込む。平たく言えば、細胞はエネルギーを取り入れ、いらないものを捨てて病気や不健康を防ぐための維持・管理を行なわなければならない。これが、農業慣行がヒトの健康に影響する理由だ。それは食べものに、いわば身体の知恵の元となる知識を注ぎ込むのだ。つまり農業慣行は、生涯にわたって病気の予防をよりしっかりと支える食物を生み出すという、大きな役割を担うことができるし、またそうすべきなのだ。

二〇一八年にアメリカでは三兆六〇〇〇億ドル、一人あたり一万一〇〇〇ドルの医療費がかかっている。これは他の先進国と比べて、一人あたりで約二倍だ。ロックフェラー財団の二〇二一年の報告では、アメリカにおける食物と関係する保健医療コストは、ざっと食品のコストに等しく、今日の史上まれに見る安価な食品は、それほどお買い得ではないことを明らかにしている。栄養素密度を高めるような農法で作物と家畜を育てる農家を応援すれば、この先、慢性疾患の予防と保健医療コストの削減という形で実を結ぶだろう。

新たな方向性――土壌に必要な生物も育てる農業

健康に関しては、最高の状態を目指して頑張るというようなことは実は必要ない。植物も動物も、人間を含めて、健康が通常の状態であり、病気は逸脱なのだ。健康にはレジリエンスが、病気や不健康に直面したとき、くじけることなく元に戻る力があるのだ。

当たり前の話かもしれないが、正常にはたらく細胞、組織、臓器は人間を健康に導く。しかし何が正常かは一人ひとり違う。生化学的性質と遺伝子は――われわれ自身のものも、体内に棲む微生物のものも――固有のものだからだ。こうした違いは、基準食を定義することを難しくする。アメリカのような、現代の人口集団が歴史的な植民地化、奴隷制、移民の波を反映している国では特にそうだ。アフリカに先祖を持つ高血圧の人は、乳がんの家族歴のあるアイルランド系の人と同じものを食べるべきなのだろうか？　食物や医学の調査から長く無視されてきた先住民族集団のことも検討する必要がある。ヒトの食事が作用する背景がさまざまであることは、万人にとっての唯一の「ベスト」な食事などというものがない理由の一つだ。同じでないことが、常に全員にあてはまるただ一つの真実だ。

ここ数十年に複数の変化が同時進行で起きているため、昨今の慢性疾患の蔓延について因果関係を確立するのが困難になっているが、それでも多くの不調は、われわれが食べるものとその栽培法に根源をたどることができる。広い視点で見れば、単独の食物や化学物質に原因を求めることはできないのだ。問題はもっと大きい――慣行農業が、土壌の劣化と、毒が混ざった低栄養素密度の食物という収穫をもたらすことだ。幸い、われわれわれには選択肢がある。

うまく実施すれば、リジェネラティブ農業は土壌に生命を呼び戻し、食べものに入っていてほしくないものの量を減らし、入っていてほしいものを増やすことができる。食生活指針は食物の栽培法を考慮に入れていないが、それでも一連の因果メカニズムと証拠が、土壌の健康とヒトの健康を結びつけている。栄養を取り込む有益な菌類と、窒素を分配して病原体の侵入を防ぎ、植物にファイトケミカルを作らせる細菌は、いずれも健康な土壌の証明だ。それらの活動は作物や家畜に、人体内で炎症を制御して酸化を防止する役割を持つ物質を取り込ませる。土壌の健康を再建するとは、いかに栄養素密度の高い食べものの量と多様性を増やせるかということだ。必要な生物を殺すのではなく、育てることを重視するように農業を再設定することが、早急に求められている。

食べものの育て方を再考することに関心を持つのは、都市住民だけではない。土壌劣化と農場の収益の低下をきっかけに、農家主導による土壌の健康回復運動がアメリカ中、そして世界中で根づいている。また、土壌と農場を復活させるために使われるリジェネラティブ農法は、地域社会と社会全体の利益にも貢献する。食べものが健康的で、水や大気の汚染が減り、土壌生物を養う炭素をより多く土地に戻すようになれば、収穫物に付加価値が生まれる。

残念ながら、平均的な消費者は、土壌の健康を高める農業慣行を支援するために必要な情報を、店頭で得られないのが普通だ。おなじみのオーガニック・ラベルはこの目的には不十分かもしれない。だがそれも変わろうとしている。伝統のあるパーマカルチャーやバイオダイナミック農法のように、土壌づくりを主眼とする新たな認証プログラムは、アメリカ農務省のオーガニック・ラベルより先へ進んでいるのだ。*

---

*こうしたものの中には最近導入された「リジェネラティブ・オーガニック」や「リアル・オーガニック」ラベルがある。

選択肢は慣行農法か有機か、ではない

われわれは、土壌の健康を増進し、それによってヒトの健康を高める農業慣行を実行するために、慣行農家であるか有機農家であるかを問わず、あらゆるタイプの農家を必要としている。慣行農業に変化をもたらすことを目標とするにあたって、このように考えるとわかりやすい。リジェネラティブ農業は、化学製品の使用を必ずしも完全にやめてはいないが最小限に減らした「有機っぽい」農家を含め、土壌の健康を増進する農業を覆う傘のようなものだ。リジェネラティブ農業の定義をめぐっては多少の議論があるが、その決定的な性質は、農業の当然の結果として肥沃さを高め、維持する慣行を含んでいることだと私たちは考えている。

実際、土壌の健康を中心に置いた農法が、有機陣営でも慣行陣営でも受け入れられるにつれて、農業の革命的再編の機運が高まってきている。最小限の攪乱（不耕起または低耕起）、継続的なバイオマスの栽培（被覆作物、随伴作物）、収穫物の多様化、輪作を組み合わせた農法は、柔軟で融通が利き、燃料や化学肥料、農薬の使用量を削減する。そして、こうしたものの使用量を減らせば、農家の所得は増える。たいてい誰からも喜ばれる話だ。

リジェネラティブ放牧は、肉、卵、乳製品のファイトケミカル含有量と健康的な脂肪を増やすだろう。消費者はこれを歓迎するはずだ。あいにく、食肉と乳製品がヒトと環境の健康に与える影響を評価した研究は、たいてい動物の食餌の違いを説明するどころか、検討さえしていない。肥育場で育てた動物の肉の消費量を全体的に減らし、ファイトケミカルに富む多様な牧草を食べた家畜の割合を増やせば、家畜、人間、土地の健康は向上するだろう。言うまでもなく、よい方向へと変わる余地はたくさんある。

われわれが直面する食肉をめぐる基本的な選択は、全か無かではなく、むしろどれだけ食べるか、どのように飼育するかが問題だ。この点で、ジョナサン・ラングレンやゲイブ・ブラウンのような人たちの農場は、動

物の基本的な自由を達成しながら土地の健康を回復させるモデルとなる。牧草飼育と肥育場で生産された牛肉の正味の気候変動リスクに関する研究で徐々に明らかになっているように、勘定に入れるべき要素には、放牧のやり方、牧草の種類と多様性、牧草地での化学肥料の使用（または不使用）、肥育場を維持するために必要なサプライチェーン全体のエネルギー投入量などがある。アメリカの牛肉生産の方向を転換し、肉の消費量を減らしながら栄養価を高めれば、農業の環境負荷は小さくなるだろう。それはまた、われわれの健康のためでもあるはずだ。

畜産業の気候変動リスクの評価も、牧草地があるのが伐採地か回復した草原かで違ってくる。たとえば、ジョージア州にある再生された牧草地でのニワトリ、ウシ、ヒツジ、ブタの輪換放牧を二〇二〇年に評価したところ、土壌炭素隔離を全ライフサイクルアセスメントの計算に入れると、温室効果ガス放出が八〇パーセント削減され、総カーボンフットプリントが、慣行農法に比べて約三分の一減少することが明らかになった。このような多品種生産は、いくらか余分に土地が必要となるものの、劣化した土地を回復させ、以前飼料用トウモロコシ栽培に使われていた農地を、炭素の隔離と生物多様性の保護に優れた多様な牧草地へと転換させた。

さらに、重要でありながら見過ごされがちな畜産の一面が、タンニンやサポニンが豊富なありふれた飼料用植物を食べると、反芻動物からのメタン放出が大幅に減少する場合があることだ。なぜか？　そうしたファイトケミカルは、メタンを生成する第一胃の微生物叢の数を減らすのだ。言い換えれば、さまざまな草や木の葉を食べる放牧の牛は、食肉や乳製品生産のカーボンフットプリントを小さくすることができるわけだ。

だが今のところ、炭素を土壌に貯留する可能性は、土壌の健康を改善するような慣行が、家畜の飼育や作物の栽培の方法として受け入れられてきていることの背景にある第一の理由ではない。農家は、高コストの投入資材に依存する現代農業によって、経営危機にさらされている。新しい農法は経済的に引き合うようになってきたのだ。耕起をやめてしまえば労力も燃料の使用量も減り、時間と費用の節約になる。化学肥料と農薬の出費も、場合によっては半分以上削減できる。しかし収量はたいてい遜色がないか、土壌の健康が改善されると増加さえする。だから土壌が回復し銀行口座の残高が増えるにつれて、だんだんと多くの農家が、多少の信念とわずかな忍耐のほかは、つまるところ単純な損得勘定の問題だと考えるようになってきた。

土壌に生命が戻ったとき、本当に損をするのは農業化学製品を製造して農家に売っている者たちだけだ。では得をするのは？　それ以外の全員だ。

不耕起、被覆作物、多様な作物の輪作で一セット

リジェネラティブ農業慣行は、徐々に受け入れられている。一九九〇年には、不耕起農家はアメリカの農地の六パーセントを占めるにすぎなかった。今ではアメリカの農地の約四分の一で、継続的に不耕起栽培が行なわれているが、あと二つの重要な慣行――被覆作物と多様な作物を含む輪作――も行なわれているのは、ごく一部にすぎない。三つの慣行すべてを使って保全農業が行なわれている全世界の耕地面積は、一九七〇年代初めの三二〇万ヘクタール（メリーランド州の大きさ）未満から、二〇一六年には約一億八二〇〇万ヘクタール（アラスカ州とカリフォルニア州を合わせた大きさ）――世界の耕地のほぼ一〇分の一――まで拡大した。二〇一八年現在、全世界で一年間に保全農業へと転換する農地面積は一〇五〇万ヘクタールほど、オハイオ州と同じくらいになる。このような現場の変化は、主流の農業を、土壌や土地を荒廃させるのではなく改善させるような農法へと移行させることが、可能であり現実的でもあることを証明している。

導入が始まったとしても、土壌の健康を促進・維持するような栽培と放牧の手法が定着するには、持続的な取り組みが必要だろう。また、基本理念は万国共通のように見えても、特定の慣行をどのように実行に移すかは、地形、気候、作物によって違ってくる。それでも、作物と菌根菌の協力関係を再建し、栄養、抵抗力、再

生型システム内での能率を目的に品種改良することが、共通の基礎になるだろう。それはより多様な食用作物の市場を確立し、地域に合った輪作と多様な作物の混作が、システム全体の能率にどのような影響をおよぼすかを精査するのに役立つはずだ。われわれは型にはまった耕起をやめ、作物残渣を残し、微生物資材の利用、輪換放牧、堆肥づくりを始めなければならない。農薬使用量を減らす総合的害虫管理のような方策も大いに要求される。このすべてが創造力、創意工夫、重層的な支援を必要とする。

すでに明らかになっていることがいくつかある。土壌の健康の再建は、可能であるのはもちろんだが、化学資材の投入をほとんど、あるいはまったく行なわなくても比較的短い時間で起こりうる。また、そうすることで、土壌肥沃度の低下やヒトの健康という長期的な関連問題への取り組みにも役立つのだ。さらに、リジェネラティブ農業慣行は、炭素を大気から土壌へと取り込ませるため、世界的な環境危機を社会的な価値へと変える。

近代農業がもたらした高収量のおかげで、人類は十分なカロリー摂取の機会が増えた。そのことを否定するのは無理がある。しかしこれまでに強調してきたように、人間が食べるものは、われわれを無力な赤ん坊から丈夫な成人に成長させるための、単なる燃料ではない。われわれは、長い生涯にわたり身体を支えるのに必要な備えのために、食べものを必要とするのだ。

COVID-19のパンデミックのさなかに、慢性疾患を持つ人の抵抗力の弱さがあらわになった。また、別の形でも脆弱性は明るみに出た。アメリカの精肉工場が閉鎖を余儀なくされたことで、工業化された畜産のもろさが露呈したのだ。だがパンデミックは、多様化した小規模サプライチェーンが回復力を——そして適応力を——持つことも証明して見せた。レストランの休業で卸売りの取引が途絶えても、小規模農家の多くは消費者直売と電子取引に移行した。それが簡単だとか、みんながみんなうまくいったとは言えない。それでも学ぶべきことはある。有機的につながった比較的小さな要素はすばやい反応ができ、硬直して危機に対し迅速に対応できない中央集権的産業システムに比べて回復力が高くなっているのだ。

作物の多様化も個々の農場レベルでの回復力を高める。一種類か二種類しか栽培していない農家は、関税やその他の市場の混乱に弱点を抱えている。より多様な作物を従来の輪作に組み込もうと思ったら、旧来の穀物や青果に加えて、豆類と繊維作物（アマやアサのような）を栽培してもいい。農家がリジェネラティブ農法を使って、四種類以上の作物を畑で常時輪作すれば、土地の回復力はいっそう高まるだろう。有機物が豊富な土壌は保水力も高く、作物が干魃に耐えるのを助ける。

作物の多様性を高めることと、どのような食べもの、繊維、飼料を農家に求めるかとは、直結するだろう。過去半世紀、アメリカの農家では単一の作物か、トウモロコシとダイズのような二毛作への専門化が進んだ。もっと多様な輪作を行なえば土地の回復を助けるが、農家は言うまでもなく作物を売らなければならない。そのためには、多様な作物と家畜を育て、売ることが可能になるような農業、流通、消費基盤が必要になる。その地域で売れるものがトウモロコシとダイズだけだったら、農家はそれしか作らない。そして農家が多種多様な作物を栽培して売るためには、われわれがもっといろいろな食べものを食べる必要があるのだ。

現在の食料システムは、政策と社会経済的圧力により、数世代をかけて形成された。経済的推進力はリジェネラティブ農法に有利にはたらき始めているが、政策と補助金制度はそうではない——少なくとも今のところは。そうしたものは、未来の農業へと移行すべきときに過去の農業を支え続けている。土壌の健康を増進する農法の採用を、農家に奨励するには、税制上の優遇措置かカーボンクレジットが必要だろう。われわれが将来いっそう成長する力になるような作物の栽培法に補助金を出すほうが、現在やっているその逆のことに出すよりも意義があるのではないだろうか。

しかし、あまり認識されていないが、現在の農法を改革すべき理由がもう一つある——人間の健康だ。今こそ農法と、それを左右する農業政策を、公衆衛生と医療の重要でありながら見過ごされている部分として見るときだ。土地を癒やすことと、健康を取り戻すために人間が本来持っている回復力と病気への抵抗力をよみがえらせることは、突き詰めれば同じ基礎、健康な土壌の上に立っている。そこに至るためには、土壌の健康という共通の土台の上に築かれ、農家に繁栄をもたらし消費者を満足させる農業と栄養学の統一理論が必要だ。農業政策は医療政策なのだ。

未来の農業

土壌の健康を中心にした農業方式への支持は、どのような形を取るのだろうか？　三段階の農場の規模に合わせた政策設計とインフラストラクチャーへの投資を考えてみよう。大規模な放牧あるいは栽培事業は、税制とカーボンクレジット、補助金制度の改革、幅広い作物の市場構築によって支えられるだろう。一〇〇〇エーカー〔約四〇〇ヘクタール〕を超える農場や牧場は、家畜と商品作物生産を再統合するのに向いている。数十エーカーから数百エーカーの昔ながらの家族経営農場にも、混作と畜産に再度取り組むことを奨励できる。さらに、都市や郊外の小規模な不耕起野菜畑の育成も欠かせない。一エーカー〔約〇・四ヘクタール〕未満から二〇エーカー〔約八ヘクタール〕規模のこうした農家は、都市の有機廃棄物を再利用して土壌を肥沃にし、都市部の市場の近郊で新鮮な食べものを供給する。

荒廃した農地に肥沃な土壌を再建するためには、若い農家にスウェット・イクイティ〔不動産の再開発の際、改築や修繕などの労役を提供した者に賃貸料を減免したり所有権を付与したりする制度〕を提供する新しいホームステッド法〔西部開拓時代、入植する自営農民に公有地を無償で払い下げることを定めた法律〕のようなものが必要だろう。ビジョンのある投資は、小規模で採算性の高いリジェネラティブ農場を経営する新進気鋭の農家を触発し、農村部の町と経済の復活につながる可能性がある。農村共同体をこのような形で支える農場は、気候変動への対処と農業排水による農場外の汚染を減らすのに役立ち、全方面の利益になるだろう。

作物、食肉、乳製品の栄養素密度と健康促進・保護効果のある食物成分に応じて――あるいは単純に、土壌の健康を増進・維持することが知られている農法を採用することで――農家に見返りがあるとしたらどうだろうか？　過去一〇〇年で、各国政府は高収量作物の栽培を奨励し、補助してきた。それにより安く大量にカロリーが供給されるからだ。しかし健康は商品ではない。箱や瓶に詰めて売っているわけではないのだ。健康な土壌が生み出す恩恵をすべて受けるために、農業は二重のパラダイムを必要とする。簡単に言えば、われわれは栄養素密度の高い食品を――量と質の両方において――生み出す農法に補助金を出してしかるべきなのだ。このような要請は、個人、社会全体、環境の利害が、土壌の健康からヒトの健康まで一続きにつながっていることをはっきりと見据えている。土壌を未来の世代のために委託されたものと考えれば、土壌の健康を損ねる慣行農法に補助金を出すのではなく、土壌を改善した農家に報いるような経済制度や取り決めを作り出す一助となるだろう。

農業は、土壌とその肥沃度を枯渇させることも、土壌の健康を促進・維持することもできる。そして今世紀にわれわれが土壌に何をするかが、これからの数世紀の人類に影響をおよぼす。土壌の健康と栄養素密度を犠牲にして高収量を得ることに専念するなら、われわれは健康を守ることなく飢餓を解決するという危険を冒す。この道を歩み続ければ、人類が持つもっとも重要な自然の財産――健康で肥沃な土壌と健康な人間――を浪費するという、過去の文明の過ちをくり返すことになるだろう。推定される土壌の経済的価値は少なくとも二〇兆ドル、ほぼアメリカの経済規模であり、それゆえに土壌は世界でもっとも貴重な天然資源となっている。この上なくかけがえのない土壌を守れば、土壌は人間を守ってくれるのだ。

土壌劣化を進行させる作用は社会的、経済的、政治的な力が動かしているので、未来をはぐくむ健康で肥沃な土壌の再建も、この三つすべてを基礎にする必要がある。せっぱ詰まった人々がその窮状を土壌に転嫁すれば、劣化した土壌からはただちに貧困が返ってくる。土地の健康をわれわれ自身の健康の中心として捉えるため、土壌の見方を変えることが全世界で切実に必要とされているのだ。

現代の人々を食べさせるか、将来のために土壌を改善するかという、極端な選択をわれわれは迫られているわけではない。これまでの章で論じたように、高いレベルの土壌有機物は、作物収量によい影響をもたらす。この点について、二〇一九年のイェール林学・環境学大学院による、窒素肥料の使用、土壌型、気候などの要因を説明した世界規模の分析は、有機物が四パーセント未満の土壌では、有機物の量が増えると作物収量が向上することを明らかにした。世界の農地土壌の多くは現在、その半分以下なので、改善の余地は大きい——土壌有機物を一パーセントから四パーセントに増やせば、肥料の使用料を約四分の三削減できるだろう。土壌有機物を補充することで、大気中の炭素を取り込んで地下に貯蔵できるだけでなく、合成窒素肥料の使用量を大幅に減らす可能性があるのだ。

われわれに必要なのは、慣行農業か有機農業かという月並みな議論を超えて、土壌の健康と、栄養など有益な物質が作物に移動するのを助ける重要な生物学的プロセスに注目することだ。しかしカンザス州やカリフォルニア州で効果のあることが、ガーナやインドでもそうだとは限らない。リジェネラティブ農業の一般原則を受け入れ、農場に固有の条件に合わせた農法を採り、同時に農家の創意工夫をはたらかせることが、土地に健康を取り戻す速さと成否をおおむね左右すると、私たちは考えている。要するに、土壌の健康をはぐくむことは、正しい道筋なのだ。

医療と農業両方の分野でたびたび言われていることだが、現場の実務は、ある単純な理由から軽視されがちだ。それは市場に出してすぐに売れるものではないからだ。そこが販売業者に大きな利益をもたらす化学肥料、殺虫剤、除草剤といった製品とは違うところだ。同様に医療界は、健康促進よりも新薬開発の研究に没頭している。新しいやり方が問題を解決したり、そもそも起こらないようにしたのでは、多額の利益を上げ続けるのが難しくなる。

それでも行動の変化が新しい慣行を推進すれば、不耕起播種機や家畜用の可動柵のような新技術や新製品を支持するだろう。そしてリジェネラティブ農場向けに、多彩な被覆作物の種子を開発している農家は、慣行の変化が新しい製品を生み出すことを示している。土壌肥沃度を高め、農地に生物を呼び戻して、作物にも、農家にも、納税者にも、消費者にも利益があるようにするためには、両面の取り組み――新しいやり方と新しい製品――が必要なのだ。

未来の選択――農業のやり方が人間のありようを形作る

地球上で凍結しない土地の三分の一から半分は、すでに農耕と牧畜に利用されている。だから農地に起きることは生物多様性と、人類を含む自然の未来を形作る。もっとも広く捉えれば、生命を育む哲学は土壌倫理の基礎だ。土壌は今生きている人間を食べさせるだけでなく、子々孫々にわたって糧を与え、それが畏敬の念を呼び起こす。地下に有益な生物を育てることに根ざした態度を農業の基本とすれば、われわれのもっとも小さな仲間、すべての植物の繁栄に欠かせないことが前々から知られていた、土壌微生物の群れに気を配ることになるだろう。そしてこの極小の生き物たちにとってよいことは、もっとも大きなものたちにも同様に当てはまる。動物福祉を畜産の根本思想として、動物たちが進化の過程で身につけたとおりに行動し、餌を食べられるようにすれば、それは人間の身体にも好ましいことになる。

ヒトの健康改善の手段として、土壌の健康を改善するという考えは、食物に関わる医学および栄養学研究ではほとんど調査されずにおかれている。しかし、われわれが土地をどのように扱うかが、未来を織りなす糸になるのだ。その糸で織る布はできあがる前から虫が食ってぼろぼろなのだろうか？　それとも土地と人間の健康のために投資することで、織物は強くなり、より回復力の高い世界ができるのだろうか？　土壌、地球、人間自身のために環境回復の道を選ぶのなら、まだ間に合う。ただ、あまり長く待つことはできないが。

そう、食べものをどのように作るかは本当に大事なのだ。土地にいいことは人間にもいいことだという面倒で込み入った現実から逃げ続けてはいられない。どうやら人間は、この古くからの知恵を学び直しながら、イブ・バルフォアが一世紀近く前に気づいていたことは、見過ごしているようだ――農業のやり方が人間のありようを形作るということを。いずれにせよ、われわれはみな、単純で簡単に呑み込める事実に向き合う必要がある――人はその食べたものなのだということに。

謝辞

本を書くのは孤独なマラソンのように感じられることがある。だが運よく私たちは、時に背中を押し、時には先導してくれるすばらしい仲間に恵まれた。まず、栄養素密度分析と執筆の両面で支えてくれたディロン・ファミリー財団に感謝を述べたい。それがなければ本書は世に出なかっただろう。エージェントのエリザベス・ウェールズは、今回も本の企画から出版までに尽力してくれた。彼女の見識は、いつもながら、私たちの主張により明確な形を与えている。W・W・ノートン社のスタッフ、特に私たちの担当編集者メラニー・トルトローリにも感謝している。打てば響くように機転の利く彼女の熱意と導きは、私たちを常に元気づけてくれた。原稿の執筆と推敲にあたって、彼女の根気強さと提案は特に力になった。カリーナ・ウェルズは図書館での調査を助けてくれた。また、ここに名前を挙げきれないが、多くの人たちから有益な参考文献とアイディアを教示された。ガスティバス・アドルファス大学は、前半のいくつかの章を執筆するのに居心地のよい場所を提供してくれた。ここに感謝の意を記す。

ギャレット・ダイクとノア・ウィリアムズは、自分たちの被覆作物試験で採れたコムギを調べるといいと言って、サンプルを送ってくれた。アレックス・ギャニオンとタマス・ウグライには私たちの最初のコムギ分析において、ミネラル成分を同定する高精度原子質量分光法に研究室を使わせてもらい、また作業に協力してもらった。オレゴン州立大学ライナス・ポーリング研究所のアレクサンダー・マイケルズとスタッフには、私たちが農場で採取したサンプルの分析にあたり指導と実施で大変世話になった。レイ・アーチュレッタは、著者二人の土壌サンプルの求めに的確に応じてくれただけでなく、一緒に旅をしていて本当に楽しかった。スティーブン・ジョーンズにはコムギのサンプルを分けてもらい、ゲイブとポール・ブラウン夫妻は試験結果を共有してくれた。ブライアンとアニータ・オハラ夫妻、ポールとエリザベス・カイザー夫妻、スティーブン・ジョーンズ、ジョナサン・ラングレン、デイビッド・ジョンソンとウェイ゠チン・スー・ジョンソン夫妻は、私たちの訪問を快く迎えてくれた。ノーマン・アプホフからはSRIコメの歴史の教示を受け、この主題についての調査を導いてもらった。

末筆ではあるが、私たちが執筆中に出会い、わざわざ時間を割いて農場を案内し、土壌や作物のサンプル採取を許可してくれたすべての農家、牧場経営者と労働者、研究者に深く感謝する。言うまでもないことだが、本書に不注意による誤りがあったとすれば、それはすべて著者の責任である。

401　謝辞

訳者あとがき

本書は、デイビッド・モントゴメリーによる土と農業と人間の関係を探求する著作の第四作であり、アン・ビクレーとの共著としては『土と内臓』に次ぐ二作目となるものだ。

最初の『土の文明史』は、土壌の肥沃さと文明の盛衰興亡との関係を明らかにし、土壌を荒廃させた文明が滅亡することを示した。初の共著である二作目『土と内臓』では、植物の根と人間の腸の類似性に注目し、どちらにおいても微生物が栄養の取り込みと免疫に、ひいては植物と人間の健康に重要な役割を果たしていることを明らかにした。植物の根と人間の腸は、裏返しのものであり、根を取り巻く土壌中の微生物や腸内の細菌との共生が生きていく上で欠かせないという事実は、ある意味でセンセーショナルだった。三作目の『土・牛・微生物』では、前二作を踏まえて、土壌を疲弊させず、反対に豊かにするような農業の可能性を、世界各地での取材に基づいて提起している。それは、原題*Growing a Revolution*からわかるように、農業革命の可能性を予見させる「楽天的な環境問題の本」だった。そして本書では、地質学者であるモントゴメリーと生物学者のビクレーが再びタッグを組み、それぞれの専門から、農業のやり方が土壌から作物や家畜へ、そして人間の健康にどのように影響を与えるかを探っている。

本書の原題*What Your Food Ate*は、直訳すれば「あなたの食べものが食べたもの」という意味になる。野菜、果物、コメやコムギなどの穀物は土から育つ。肉やミルクを作るのは家畜が食べた餌であり、それもまた土に育ったものだ。私たちの食べものが食べたものとは土であり、その健康は、さらにそれを食べる人間の健康は、土に左右される。そして土の健康を決めるのは土壌生物であり、土壌生物を痛めつけるような農法を採っていれば、それは土壌の健康を損ない、巡り巡って人間の健康も損ねる。現在、先進国を中心に増加している心臓疾患、がん、糖尿病などの慢性疾患の多くは、その結果と考えられる。

邦題『土と脂』は、第11章の章題「地の脂」に由来する。これは旧約聖書の創世記にある言葉で、日本語では一般に「その土地の最上のもの」というように訳される。また、英語の慣用句で「live off the fat of the land」は「土地の恵みで豊かに暮らす」という意味だ。だが、土地がもたらす脂は、比喩ではなかった。土の中の物質が、土壌生物のはたらきで脂肪をはじめさまざまな栄養となって、農作物や家畜に取り込まれ、それを人間が食べる。合成化学物質や耕起によって土壌や土壌生物を撹乱すれば、土からの栄養は減ったり、バランスが変わったりするのだ。

もちろん、解決策はある。土壌生物を増やし多様性を高めるような農法、環境再生型《リジェネラティブ》農業は、作物や家畜、そしてそれを食べる人間の健康を高める。こうした農法は、炭素を土壌に貯蔵する効果を持ち、地球温暖化対策にも貢献する。慢性疾患の予防は医療費の削減につながり、社会全体の利益にもなる。個人、社会、地球環境の健康が一体となる可能性がそこにはあるのだ。

栄養と健康の情報はメディアにあふれている。だが、食品に含まれる栄養や健康成分への関心は高くても、本当にその食品に期待する成分が十分に含まれているのか、まして栽培法がどのように影響しているのかまで気にかける人は少ない。食べものがどのように育ったかは、健康のために何を食べるべきか、何を食べるべきではないかという議論から抜け落ちているが、食べ物の選択と同じくらい重要だ。モントゴメリーとビクレーはそれを膨大な論文の精査と実地の調査により見事に描き出した。

参考文献

https://www.dig2grow.com/sources

この文献リストは*What Your Food Ate*の調査と執筆にあたって著者が参照したものである。リストには約一〇〇〇件の文献が含まれ、六〇ページを超える膨大なものとなるので、森林保護と、本の厚さ、価格、重さを抑えるため、電子化することにした。文献は章ごとにまとめ、その章で言及した研究、事実の出所、土壌・作物・家畜・人間の健康の結びつきを考える上で、著者の理解の元になった背景についての資料を掲載した。

著者の調査は決して網羅的なものではないが、こうしたつながりの検証と調査を行なうにあたって、科学的・歴史的資料をできるだけ深く掘り下げるように努めた。本書で取りあげた問題についてさらに詳しく学びたい読者には、この文献リストが出発点として役立つだろう。また、科学論文にはあまり深入りしたくないという読者にも、本書が明らかにしている学際的融合がどのようなものかを感じ取れるものと思う。

最後に、引用文献を著わした多くの研究者に感謝の意を記す。その取り扱いについては、遺漏や不注意による間違いがないとは言えないが、公平を期したつもりである。

【や行】

【ら行】

【ま行】

【な行】

【は行】

【た行】

【さ行】

索引

著者紹介

デイビッド・モントゴメリー (David R. Montgomery)

ワシントン大学地形学教授。地形の発達、および地質学的プロセスが生態系と人間社会に及ぼす影響の研究で、国際的に認められた地質学者である。天才賞と呼ばれるマッカーサーフェローに2008年に選ばれる。

邦訳された著書には、『土の文明史』、『土と内臓』(アン・ビクレーとの共著)、『土・牛・微生物』(以上、築地書館)の3部作のほか、『岩は嘘をつかない』(白揚社)がある。

また、ダム撤去を追った『ダムネーション』(2014年)などのドキュメンタリー映画ほか、テレビ、ラジオ番組にも出演している。執筆と研究以外の時間は、バンド「ビッグ・ダート」でギターを担当する。

アン・ビクレー (Anne Biklé)

流域再生、環境計画、公衆衛生などに幅広く関心を持つ生物学者。公衆衛生と都市環境および自然環境について魅力的に語る一方、環境スチュワードシップや都市の住環境向上事業に取り組むさまざまな住民団体、非営利団体と共同している。余暇は庭で土と植物をいじって過ごす。

モントゴメリーとビクレー夫妻は、盲導犬になれなかった黒いラブラドールレトリーバー、ロキと共にワシントン州シアトル在住。

訳者紹介

片岡夏実 (かたおか・なつみ)

1964年神奈川県生まれ。主な訳書に、土3作を成すデイビッド・モントゴメリー『土の文明史』、『土と内臓』(アン・ビクレーと共著)、『土・牛・微生物』トーマス・D・シーリー『ミツバチの会議』、デイビッド・ウォルトナー=テーブズ『排泄物と文明』、スティーブン・R・パルンビ+アンソニー・R・パルンビ『海の極限生物』(以上、築地書館)、ジュリアン・クリブ『90億人の食糧問題』、セス・フレッチャー『瓶詰めのエネルギー』(以上、シーエムシー出版)など。

土と脂《あぶら》

微生物が回すフードシステム

2024 年 9 月 6 日　初版発行
2024 年 10 月 31 日　2 刷発行

著者　デイビッド・モントゴメリー ＋ アン・ビクレー
訳者　片岡夏実
発行者　土井二郎
発行所　築地書館株式会社
東京都中央区築地 7-4-4-201　〒 104-0045
TEL 03-3542-3731　FAX 03-3541-5799
https://www.tsukiji-shokan.co.jp/
振替 00110-5-19057
印刷・製本　シナノ印刷株式会社
装丁　吉野愛

ISBN 978-4-8067-1669-3

くわしい内容はホームページで。URL=https://www.tsukiji-shokan.co.jp/

●築地書館の本

◎総合図書目録進呈。ご請求は左記宛先まで。
〒一〇四—〇〇四五　東京都中央区築地七—四—四—二〇一　築地書館営業部

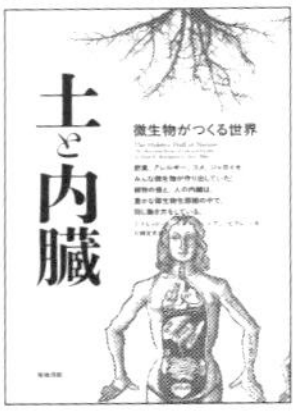

土と内臓　微生物がつくる世界

デイビッド・モントゴメリー＋アン・ビクレー［著］
片岡夏実［訳］　二七〇〇円＋税
土三部作第二弾。農地と私たちの内臓にすむ微生物への、

医学、農学による無差別攻撃の正当性を疑い、地質学者と生物学者が微生物研究と人間の歴史を振り返る。微生物理解によって、食べもの、医療、私たち自身の身体の見方が変わる本。

土・牛・微生物

文明の衰退を食い止める土の話
デイビッド・モントゴメリー［著］　片岡夏実［訳］
二七〇〇円＋税

土三部作第三弾。足元の土と微生物をどう扱えば、世界中の農業が持続可能で、農民が富み、温暖化対策になるのか。世界から飢饉をなくせる、輝かしい未来を語る。

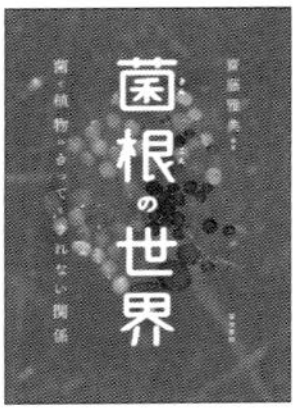

菌根の世界

菌と植物のきってもきれない関係
齋藤雅典［編著］　二四〇〇円＋税
植物は菌根菌なしでは生きられない。内生菌根・外生菌根・

ラン菌根などの菌根の特徴、最新の研究成果、菌根菌の農林業への利用をまじえ、日本を代表する菌根研究者七名が多様な菌根の世界を総合的に解説する。

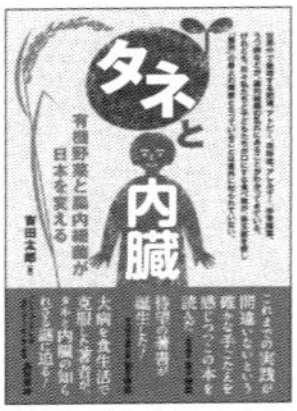

タネと内臓

有機野菜と腸内細菌が日本を変える
吉田太郎［著］　一六〇〇円＋税
私たちと子どもたちが口にする食べ物が、善玉菌を殺し「腸

活」の最大の障壁となっていることは意外に知られていない。日本の農政や食品安全政策に対して、タネと内臓の深いつながりへの気づきから、警鐘を鳴らす。